高等职业教育（本科）机电类专业系列教材

智能传感与检测技术

主　编　徐小华

副主编　李丽荣　梁晓明

参　编　崔培雪　杨月彩　高　倩

　　　　孙　伟　王　健　龚承汉

机械工业出版社

本书主要内容包括绪论、电阻式传感器、电容式传感器、电感式传感器、压电式传感器、热电式传感器、光电式传感器、霍尔式传感器与其他磁敏传感器、波式传感器、数字式传感器、智能传感器、机器视觉技术、现代智能制造工业领域中的传感器、智慧未来与物联网、智能检测与虚拟仪器技术、检测装置的干扰抑制技术以及"创新与制作"实训工作页。

本书可作为高职本科院校、应用型本科院校机电设备类、自动化类、电子信息类等专业的教材，也可以作为企业的岗位培训教材。

为方便教学，本书植入二维码微课，配有免费电子课件、思考题与习题答案、模拟试卷及答案等，凡选用本书作为授课教材的教师，可登录机械工业出版社教育服务网（www.cmpedu.com），注册后免费下载电子资源，本书咨询电话：010-88379564。

图书在版编目（CIP）数据

智能传感与检测技术／徐小华主编． —— 北京：机械工业出版社，2024.8．——（高等职业教育（本科）机电类专业系列教材）． —— ISBN 978-7-111-76072-6

Ⅰ．TP212.6

中国国家版本馆 CIP 数据核字第 2024Z2M536 号

机械工业出版社（北京市百万庄大街 22 号　邮政编码 100037）

策划编辑：冯睿娟　　　　　　　责任编辑：冯睿娟　韩　静
责任校对：韩佳欣　牟丽英　　　封面设计：马精明
责任印制：任维东
北京中兴印刷有限公司印刷
2024 年 8 月第 1 版第 1 次印刷
184mm×260mm · 14.5 印张 · 357 千字
标准书号：ISBN 978-7-111-76072-6
定价：49.00 元

电话服务　　　　　　　　　　网络服务
客服电话：010-88361066　　机　工　官　网：www.cmpbook.com
　　　　　010-88379833　　机　工　官　博：weibo.com/cmp1952
　　　　　010-68326294　　金　　书　　网：www.golden-book.com
封底无防伪标均为盗版　　机工教育服务网：www.cmpedu.com

前　言

本书根据党的二十大精神和全国教材工作会议精神编写，党的二十大报告指出：教育、科技、人才是全面建设社会主义现代化国家的基础性、战略性支撑。本书通过"科技前沿"和"知识拓展"版块，弘扬中国制造与中国创造，培养学生的大国情怀和爱国情怀。本书致力于落实高等职业教育立德树人的根本任务，突显现代高等职业教育特色。

智能传感与检测技术在现代智能装备中的应用极为广泛，智能传感与检测技术是现代工程师和技师必备的核心技术。

本书涵盖了智能传感与检测技术领域的基本知识，内容丰富，视野开阔。对智能传感与检测技术基础知识、新知识和新技术的介绍，符合学生的认知规律，体现了当代高等职业教育的特点。

本书主要内容包括绪论、电阻式传感器、电容式传感器、电感式传感器、压电式传感器、热电式传感器、光电式传感器、霍尔式传感器与其他磁敏传感器、波式传感器、数字式传感器、智能传感器、机器视觉技术、现代智能制造工业领域中的传感器、智慧未来与物联网、智能检测与虚拟仪器技术、检测装置的干扰抑制技术以及"创新与制作"实训工作页。

本书的编写特色如下：

1. 本书在保持传统教材优秀风格的基础上，以更为开阔的视野，引入"知识拓展"和"科技前沿"版块，介绍了国家政策、科技前沿和相关领域的新知识、新技术。

2. 为了响应国家发展智能制造产业、实现制造强国的战略目标，本书加大了智能传感器、现代智能制造工业领域中的传感器、智慧未来与物联网等章节的篇幅。

3. 精选了 11 个典型的智能传感与检测技术创新与制作实训项目，使本书的结构体系更为完整。

4. 以实用知识和技能为核心，进一步简化了烦琐的理论计算、特性分析和公式推导。

5. 精选了大量的机械装备与产品图片，图文并茂，版面生动美观。

6. 本书为"岗课赛证"教材，校企合作开发，突出教、学、做一体化，体现工学结合。

本书由徐小华担任主编，李丽荣、梁晓明担任副主编，崔培雪、杨月彩、高倩、孙伟、王健、龚承汉参与了本书的编写工作。武汉华中数控股份有限公司高级工程师龚承汉对本书的编写思路提出了很多合理化建议，在此表示感谢。

由于编者水平所限，书中难免会出现疏漏和不妥之处，欢迎广大读者提出宝贵意见。

编　者

二维码清单

名称	二维码	页码	名称	二维码	页码
电桥的工作方式		7	光电管和光电倍增管		54
电容式传感器的原理及类型		15	光敏电阻和光电二极管		55
自感式传感器		25	光电池		57
变气隙式自感传感器		26	霍尔效应		67
压电元件		32	磁敏二极管的应用		77
压电效应		34	声波的分类		79
热电偶的测温原理		41	超声波的物理基础和波形		79
热敏电阻的分类		51	超声波传感器的应用		82
热敏电阻组成材料和应用		51	光栅的分类		86

IV

（续）

名称	二维码	页码	名称	二维码	页码
莫尔条纹		86	雨量和光线识别传感器		134
莫尔条纹特性		86	无线射频识别技术		158
智能传感器的实现方式		99	智慧农业		165
奔驰发动机多传感器数据融合系统		120	LabVIEW 的启动		177
机器人传感器		131	虚拟仪器设计项目		182

目 录

绪　　论

0.1　智能传感与检测技术的发展

0.1.1　传感器的发展

智能传感与检测技术是一门涉及电工电子、计算机、仪器仪表、光电检测、智能感知、先进控制、精密机械设计、人工智能、大数据处理、信息安全等众多基础理论和前沿技术的综合性技术，现代检测系统通常集光、机、电、算等于一体，软硬件相结合。

国外各发达国家都将传感器的发展视为现代高新技术发展的关键。从 20 世纪 80 年代起，日本就将传感器的发展列为应优先发展的十大技术之首，美国等西方国家也将其列为国家科技和国防技术发展的重点内容。

我国自 20 世纪 80 年代末以来也将传感器的发展列入国家高新技术发展的重点，近几十年来的投入不仅使我国在此方面得到飞速的发展，同时也带动了检测与控制等多学科领域的发展。现代传感器的发展主要体现在以下五个方面：

1）新材料的开发。传感器材料是传感器发展的重要基础，早期使用的半导体材料、陶瓷材料、光导以及超导材料，为传感器的发展提供了物质基础。此外，近几年人们极为关注的高分子有机敏感材料极具应用潜力，可制成湿敏、气敏、热敏、光敏、力敏和生物敏等传感器。传感器的不断发展，也促进了新材料的开发，如纳米材料等。

2）集成化技术的应用。随着大规模集成电路和半导体技术的发展，传感器也应用了集成化技术，从而实现了高功能和微型化。

3）多维、多功能集成传感器的开发。由于应用时往往需要测量一条线或一个面上的参数，所以诞生了二维乃至三维的传感器，成功开发出了在一块集成传感器上可以同时测得两个或者更多参数的多功能集成传感器。

4）智能传感器的开发。智能传感器将微处理器和传感器结合，具有一定的数据处理能力，并能自检、自校、自补偿，为网络化传感器的发展提供了基础。

5）网络传感器的开发。将网络接口芯片与传感器集成起来，使现场测控数据能够就近进入网络传输，在网络覆盖范围内实时发布和共享。网络传感器特别适用于远程分布式测量、监控和控制，大大简化了连接电路，节省了投资。

0.1.2　智能检测技术的发展

检测技术的发展是随着社会历史时代与生产方式的变化而不断进步的。

传感器与微处理器、数据挖掘、深度学习、模糊理论等技术结合，利用微处理器作为控制单元，可使仪表内各个环节自动地协调工作，传感器兼有检测、变换、逻辑判断、数据处理、功能计算、故障自诊断以及"思维"等人工智能功能。

在传感网、移动互联网、大数据、超级计算、脑科学等新理论新技术驱动下，人工智能呈现深度学习、人机协同、自主操控等新特征，正在对经济发展、社会进步等产生重大而深远的影响。我国高度重视创新发展，把新一代人工智能作为推动科技跨越式发展、产业优化升级、生产力整体跃升的驱动力量，努力实现高质量发展。在此背景下，传感器的智能化成为当前传感器技术发展的重要方向之一。

0.2 智能传感与检测技术基础

0.2.1 传感器的概念

GB/T 7665—2005 中传感器（Transducer/Sensor）的定义是："能感受被测量并按照一定的规律转换成可用输出信号的器件或装置。"

这一定义包含以下四个方面的含义：①传感器是测量装置，能完成检测任务；②它的输入量是某一被测量，被测量绝大部分为非电量，常见的被测量有位移、力、速度、温度、液位和浓度等；③它的输出量是某种物理量，这种量要便于传输、转换、处理和显示等，这种量通常是电量；④它的输出与输入有对应关系，且应有一定的精确程度。

传感器起源于自然界中的生物感知和仿生学研究（见图 0-1），生物在生长过程中会感知周围环境，并与环境交换信息、产生互动。

"忽如一夜春风来，千树万树梨花开。"

"竹外桃花三两枝，春江水暖鸭先知。"

a）千树万树梨花开　　　　　　　　　　b）春江水暖鸭先知

图 0-1　自然变化与生物感知

春暖花开是因为树木根系感受到了地温的变化，春天来到气温适宜时，花自然会迎季节开放，鸭也会感知春江水暖。

人们为了从外界获得信息，必须借助于感觉器官。人的"感官"——眼睛、耳朵、鼻子、舌头、皮肤分别具有视觉、听觉、嗅觉、味觉、触觉等直接感受周围事物变化的功能，人的大脑对"感官"感受到的信息进行加工、处理，从而调节人的行为活动。但人们在研究自然现象、规律以及生产活动中，单靠人的自身感觉器官的功能是远远不够的，这样传感器就诞生了。传感器是人类"感官"的延伸，是信息采集系统的首要部件。

因此，传感器的功能和作用是将被测物理量转换成与其直接相关联的电信号，实现信号的采集、数据的交换和信息的控制等功能。

0.2.2　传感器的组成

传感器一般由敏感元件、转换元件、信号调理与转换电路、辅助电源四部分组成，如图 0-2 所示。

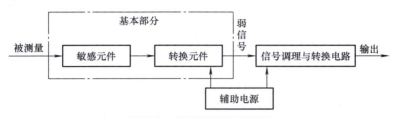

图 0-2　传感器的组成框图

敏感元件直接感受被测量，并输出与被测量有确定关系的物理量信号；转换元件将敏感元件输出的物理量信号转换为电信号。

值得指出的是，并不是所有的传感器都能明显地区分敏感元件和转换元件这两个部分，如半导体气体或湿度传感器、热电偶、压电晶体、光电器件等，它们一般是将感受到的被测量直接转换为电信号输出，即将敏感元件和转换元件两者的功能合二为一。

由敏感元件和转换元件组成的传感器通常输出信号较弱，还需要信号调理与转换电路将输出信号进行放大，并转换为容易传输、处理、记录和显示的可用电信号。另外，传感器的基本部分和信号调理与转换电路还需要辅助电源提供工作能量。

0.2.3　智能检测技术基础

智能检测技术是指为了对被测对象所包含的信息进行定性的了解和定量的掌握，所采取的技术措施。智能检测技术也是智能控制中不可缺少的组成部分。智能检测技术的完善和发展推动着现代科学技术的不断进步。目前，智能检测技术已渗透到人类的一切活动领域，在未来也将发挥越来越大的作用。

一个完整的智能检测系统或检测装置通常由传感器、测量电路和显示记录装置等几部分组成，其中还包括电源和传输通道等不可缺少的部分。智能检测系统的组成框图如图 0-3 所示。

传感器完成信息获取后，将被测量转换成电量。传感器是智能检测系统中直接与被测对象发生联系的部件，是智能检测系统最重要的环节，其性能决定了智能检测系统获取信息的质量。

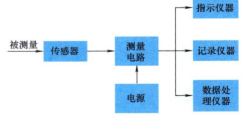

图 0-3　智能检测系统的组成框图

测量电路可完成信息转换，将传感器的输出信号转换成易于测量的电流或电压信号。一般情况下，传感器的输出信号是微弱的，需要用测量电路将其放大，以达到显示记录装置的要求。根据需要，测量电路还能进行阻抗匹配、微分、积分、线性化补偿等信号处理工作。

显示记录装置是检测人员和智能检测系统联系的主要环节，人们通过显示记录装置了解被测量的大小或变化过程。常用的显示方式有图像显示、模拟显示和数字显示三种。

0.3　课程性质及主要任务

　　智能传感与检测技术是高等职业教育机电设备类、自动化类相关专业的一门重要的专业课程，它的主要内容是研究智能检测系统中的信息提取、信息转换以及信号处理的理论与技术。

　　通过对本课程的学习，学生可以掌握智能传感与检测技术的基本理论、基础知识和分析解决问题的方法，了解智能传感与检测技术的发展趋势和新技术，为学生进一步学习有关专业课程和日后从事相关专业工作打下基础，因此本课程在工科各专业的教学中占有极其重要的地位。

第1章 电阻式传感器

电阻式传感器种类很多，其基本原理是将被测信号的变化转换成电阻值的变化，因此被称为电阻式传感器。利用电阻式传感器可进行位移、形变、力、力矩、加速度、气体成分、温度及湿度等物理量的测量。由于各种电阻材料在受到被测量作用时转换成电阻参数变化的机理各不相同，所以在电阻式传感器中就形成了许多种类。本章主要介绍电阻应变式传感器、气敏电阻传感器、湿敏电阻传感器。

1.1 电阻应变式传感器

1.1.1 应变片与应变效应

导体或半导体在外力作用下产生机械变形时，其电阻值也发生相应变化的现象称为电阻应变效应。

金属电阻应变片的阻值变化主要由其几何尺寸变化引起，半导体应变片的阻值变化主要由其电阻率变化引起。金属电阻应变片的电阻值相对变化与导体的应变成正比，可以用公式表示为

$$\frac{\Delta R}{R} = K\varepsilon \tag{1-1}$$

式中，K 为与应变片结构等有关的常数；ε 为应变片产生的应变（应变是一个无量纲单位，表示的是轴向长度的伸长量或压缩率，如果每米伸长 1m，称为 1 个应变或 1ε；若每米伸长 1mm，即 $1mm/1m = 0.001$，称为 $1m\varepsilon$）。

半导体应变片式传感器（也称压阻式传感器）受外力变形时的电阻值相对变化，与半导体所受的应力成正比，用公式表示为

$$\frac{\Delta R}{R} = \pi_L \sigma \tag{1-2}$$

式中，π_L 为压阻系数（m^2/N）；σ 为半导体所受的应力（半导体内部单位面积上受到的力，单位为 N/m^2）。

1.1.2 应变片的种类与结构

电阻应变片根据材料不同可分为金属电阻应变片和半导体电阻应变片。

（1）金属电阻应变片 金属电阻应变片有丝式、箔式和薄膜式三种类型，如图 1-1 所示。

金属丝式应变片使用最早，价格便宜，但其蠕变较大，金属丝易

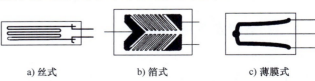

a）丝式　　　　b）箔式　　　　c）薄膜式

图 1-1　金属电阻应变片的类型

脱胶，有逐渐被箔式应变片所取代的趋势，多用于要求不高的应变及应力的大批量、一次性试验。

金属箔式应变片中的箔栅是金属箔通过光刻、腐蚀等工艺制成的，其厚度一般为 0.001 ~ 0.005mm，尺寸和形状可按照使用者的需要制作。由于箔式应变片与基片的接触面积比丝式应变片大得多，所以散热条件好，可允许通过较大电流，而且其长时间测量时的蠕变也较小。箔式应变片的一致性好，适用于大批量生产，目前广泛用于各种应变式传感器的制造中。

金属薄膜式应变片主要采用真空蒸镀技术将金属薄膜蒸镀在绝缘基片上，是近年来薄膜技术发展的产物。

（2）半导体电阻应变片　半导体电阻应变片是用半导体材料作敏感栅而制成的。它的灵敏度高（是丝式、箔式应变片的几十倍），但灵敏度的一致性差、温漂大，电阻与应变之间的非线性严重，在使用时需采用温度补偿及非线性补偿措施。

1.1.3　应变片的粘贴工艺

（1）应变片的检查　检查应变片的外观是否平整，是否有破损，是否存在断路、短路、金属丝折断，片内是否有气泡或霉变现象等。测量应变片的阻值是否符合要求。

（2）试件表面处理　清除试件表面的污物、氧化层等，保持表面平整、光滑。通过喷砂处理消除弹性试件的表面缺陷。表面处理面积为应变片面积的 3 ~ 5 倍。

（3）确定贴片位置　标出应变片中心线和弹性试件粘贴位置中心线。

（4）粘贴　粘贴前，用脱脂棉球蘸上清洁溶剂（无水酒精、四氯化碳等溶剂）擦洗被测点，以便增加粘贴的牢固程度，注意勿用手触摸清洁后的表面。然后，在应变片的粘贴面涂上一层薄薄的胶水（如 KH502 胶），再将应变片的中心线对准试件上的中心线贴牢。在应变片上盖上一层蜡纸，一只手捏住应变片的引出线，另一只手反复轻轻滚压蜡纸表面，挤出接触面中多余的胶水和气泡。

（5）固化　根据所选胶水类型和要求将其固化。固化过程中，一般在试件表面盖一层玻璃纸，然后垫一块硅片，用平整的压块轻轻压住应变片的粘贴处，防止应变片在粘贴过程中发生错位或偏移，保证应变片和试件粘贴定位线完全重合。

（6）粘贴质量检查　取出试件检查粘贴效果，检查内容包括：应变片和试件定位线是否重合，粘贴面是否有气泡，是否存在断路、短路，绝缘电阻是否大于 100MΩ 等。

（7）引线和组桥　在应变片的引出线附近粘贴好接线端子，同时在引出线下面粘贴一层绝缘胶布，导线焊接端去绝缘层约 3mm 并涂上焊锡，与应变片引出线锡焊。焊接时要快，以免产生氧化层影响焊点质量。应变片接好导线后应立即在应变片的焊接端子处涂一层防护层，对其进行防潮、防老化处理，延长其使用寿命，防护剂可采用密封性较好的环氧树脂、氯丁橡胶和硅橡胶等。

1.1.4　测量转换电路

由于弹性体产生的机械形变微小，引起的应变量 ε 也很微小，从而引起电阻应变片的电阻值变化也很小，这时直接用电阻表测量其阻值的变化将十分困难，且误差很大。所以，必须采用专门的测量转换电路，将应变片微弱的电阻变化转换成电压或电流的变化，从而达到精确测量的目的，最常用的是电桥电路。

电桥电路根据供电电源不同分为直流电桥和交流电桥，这里仅介绍直流电桥，交流电桥可参考直流电桥来分析。直流电桥的基本形式如图 1-2 所示，R_1、R_2、R_3、R_4 为电桥的四个桥臂电阻，R_L 为负载。当 $R_1 = R_2 = R_3 = R_4 = R$ 时，为等臂电桥；当 $R_1 = R_2 = R$ 且 $R_3 = R_4 = R'$ 时，为输出对称电桥；当 $R_1 = R_3 = R$ 且 $R_2 = R_4 = R'$ 时，为电源对称电桥。

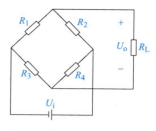

图 1-2　直流电桥的基本形式

1. 电桥的平衡条件

电桥的输出电压很小，一般需要加入放大器进行放大。而放大器的输入阻抗比电桥的输出阻抗高很多，因此一般视负载 R_L 为开路，此时电桥的输出电压为

$$U_o = \left(\frac{R_1}{R_1 + R_2} - \frac{R_3}{R_3 + R_4} \right) U_i$$
$$= U_i \frac{R_1 R_4 - R_2 R_3}{(R_1 + R_2)(R_3 + R_4)} \tag{1-3}$$

当电桥平衡时，$U_o = 0$，由式（1-3）可得

$$R_1 R_4 = R_2 R_3 \tag{1-4}$$

即电桥的平衡条件是对臂电桥阻值乘积相等。

2. 电桥的加减特性

当每个桥臂电阻变化值 $\Delta R_i \ll R_i (i = 1, 2, 3, 4)$，且 $R_1 = R_2 = R_3 = R_4 = R$ 时，电桥的输出电压可以近似表示为

$$U_o = \frac{U_i}{4} \left(\frac{\Delta R_1}{R_1} - \frac{\Delta R_2}{R_2} - \frac{\Delta R_3}{R_3} + \frac{\Delta R_4}{R_4} \right) \tag{1-5}$$

当每个桥臂应变片的灵敏度 K 都相同时，有

$$U_o = \frac{U_i}{4} K (\varepsilon_1 - \varepsilon_2 - \varepsilon_3 + \varepsilon_4) \tag{1-6}$$

若应变片承受拉应变时电阻增大，则 ΔR_i 和 ε_i 以正值代入；若应变片承受压应变时电阻减小，则 ΔR_i 和 ε_i 以负值代入。

3. 电桥的工作方式

（1）惠斯通电桥（俗称单臂电桥）　如图 1-3 所示，R_1 为电阻应变片，$R_2 \sim R_4$ 为固定电阻。应变片未工作（未形变）之前，满足电桥的平衡条件，即 $R_1 R_4 = R_2 R_3$，此时 $U_o = 0$。

电桥的工作方式

当应变片开始工作（发生形变）时，假设 R_1 增大了 ΔR，对于等臂电桥（$R_1 = R_2 = R_3 = R_4$，R_1 为未工作时电阻值）和输出对称电桥（$R_1 = R_2$，$R_3 = R_4$，R_1 为未工作时电阻值），此时的输出电压近似为

$$U_o = \frac{U_i}{4} \frac{\Delta R}{R} = \frac{U_i}{4} K \varepsilon \tag{1-7}$$

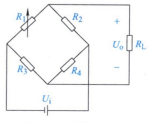

图 1-3　惠斯通电桥

7

（2）开尔文电桥（差动半桥，俗称双臂电桥） 开尔文电桥如图1-4所示，R_1、R_2为电阻应变片，一个受拉应变时阻值增大，另一个受压应变时阻值减小，接入电桥的相邻桥臂，R_3、R_4为固定电阻。应变片未工作之前，满足电桥的平衡条件，即$R_1R_4 = R_2R_3$，此时$U_o = 0$。

当应变片开始工作时，R_1增大ΔR，同时R_2减小ΔR，对于等臂电桥，此时输出电压为

$$U_o = \frac{U_i}{2}\frac{\Delta R}{R} = \frac{U_i}{2}K\varepsilon \qquad (1\text{-}8)$$

（3）双差动全桥 如图1-5所示，R_1、R_2、R_3、R_4都是电阻应变片，两个受拉应变时阻值增大，两个受压应变时阻值减小，对臂电阻应变极性相同，相邻臂的电阻应变极性相反。当应变片开始工作时，$\Delta R_1 = -\Delta R_2 = -\Delta R_3 = \Delta R_4 = \Delta R$，对于等臂电桥，此时输出电压为

$$U_o = U_i\frac{\Delta R}{R} = U_iK\varepsilon \qquad (1\text{-}9)$$

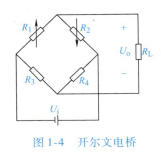 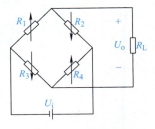

图1-4 开尔文电桥   图1-5 双差动全桥

结论：上述三种工作方式中，双差动全桥的灵敏度最高，差动半桥次之，惠斯通电桥灵敏度最低。

1.1.5 电阻应变片的温度补偿

当环境温度变化时，由于金属材料的电阻温度系数为正，使应变片电阻值随温度升高而增大（会引起测量误差），所以温度变化时需要进行温度补偿，以便消除或减小由于温度变化带来的误差。下面介绍常用的温度补偿方法。

（1）补偿块补偿法 补偿块补偿法常在惠斯通电桥中使用，就是把两个相同的应变片，一个贴到弹性元件上，另一个贴到和弹性元件相同环境温度的补偿块上，并且接到相邻的两个桥臂上，如图1-6所示。当环境温度变化时，两个应变片的阻值变化相同，在直流电桥输出表达式中一正一负互相抵消，不影响输出，消除了温度的影响。

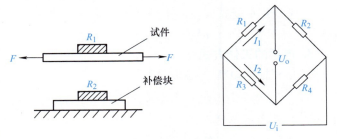

图1-6 补偿块补偿法

（2）差动电桥线路补偿法 在差动电桥中，相邻桥臂上的应变片应变极性相反（其电阻在电桥输出中相加），这不仅提高了电桥的灵敏度，而且使应变片的温度影响得到补偿，如图1-7所示。当温度变化时，贴在同一弹性元件上的两个应变片产生相同的变化（阻值变化相同，但极性相反），在直流电桥输出表达式中一正一负互相抵消。

（3）**热敏电阻电路补偿法**　当温度升高时，电阻应变片的灵敏度降低。把负温度系数的热敏电阻 R_t 与固定电阻并联后，再串入电桥输入回路，如图 1-8 所示。温度升高后并联电阻的阻值减小，使电桥的输入电压升高，灵敏度提高，这样就使由应变片灵敏度下降对电桥输出造成的影响得到很好的补偿。

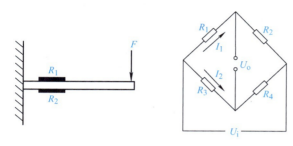

图 1-7　差动电桥线路补偿法

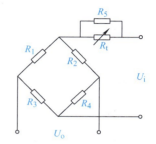

图 1-8　热敏电阻电路补偿法

 科技前沿

压阻式传感器在高科技领域中的应用

压阻式传感器频率响应快、体积小、耗电少、灵敏度高、精度好（有 0.1% 的精度），被广泛应用于航空、航天、航海、石油化工、动力机械、生物医学工程、气象、地质、地震等各个领域。

压阻式传感器可用于测量直升机机翼的气流压力分布，测试发动机进气口的动态畸变、叶栅的脉动压力和机翼的抖动等。在波音客机的大气数据测量系统中采用了精度高达 0.05% 的配套硅压力传感器。在尺寸缩小的风洞模型试验中，压阻式传感器能密集地安装在风洞进口处和发动机进气管道模型中，单个传感器直径仅 2.36mm，固有频率高达 300kHz，非线性和滞后均为全量程的 ±0.22%。

在生物医学方面，压阻式传感器也是理想的检测工具。压阻式传感器还应用于爆炸压力和冲击波的测量、真空测量、汽车发动机性能监测和控制以及诸如枪炮膛内压力测量、发射冲击波测量等兵器方面。

此外，在油井压力测量、地下密封电缆故障点的检测以及流量和液位测量等方面，都广泛应用压阻式传感器。

1.2　气敏电阻传感器

1.2.1　基本概念与工作原理

使用气敏电阻传感器（简称气敏电阻），可以把某种气体的成分、浓度等参数转换成电阻变化量，再转换为电流、电压信号。气敏电阻是一种半导体敏感元件，它利用半导体材料对气体的吸附而使自身电阻率发生变化的机理进行测量。人们发现，某些氧化物半导体材料如 SnO_2、ZnO、Fe_2O_3、MgO、NiO、$BaTiO_3$ 等都具有这种现象。

N 型半导体在检测可燃气体时，阻值随气体浓度的增大而减小，P 型半导体的阻值随可燃气体浓度的增大而增大。例如，SnO_2 金属氧化物半导体气敏材料属于 N 型半导体，在 $200\sim300℃$ 温度范围内，它吸附空气中的氧，形成氧的负离子吸附，使半导体中的电子密度减小，从而使其电阻值增大。当遇到能供给电子的可燃气体（如 CO 等）时，原来吸附的氧脱附，而可燃气体以正离子状态吸附在金属氧化物半导体表面；氧脱附放出电子，可燃气体以正离子状态吸附也要放出电子，从而使氧化物半导体导带电子密度增大，电阻值下降。当可燃气体不存在时，金属氧化物半导体又会自动恢复氧的负离子吸附，使电阻值升高到初始状态。对于 P 型半导体来说，当检测到可燃气体时其电阻值将增大，而当检测到氧气、氯气及二氧化碳等气体时，其电阻值将减小。

半导体气敏电阻的特性差别很大，单一基质材料的半导体气敏电阻不可能检测所有气体，只能选择性地检测某种特定性质的气体。在选择时，应引起注意。

1.2.2 结构特性

1. 气敏电阻的结构

气敏电阻一般由敏感元件、加热器和外壳三部分组成，电路符号如图 1-9 所示。

气敏电阻的外形及引脚如图 1-10 所示。它有 6 只引脚，其中的两只引脚 A、两只引脚 B 各自相连后作为气敏电阻的输出引线，两只引脚 f 为加热器引线。

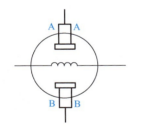

图 1-9　气敏电阻的电路符号

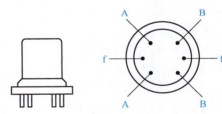

图 1-10　气敏电阻的外形及引脚

f—加热器引线　A、B—气敏电阻引线

2. 气敏电阻的加热方式

半导体气敏电阻按其加热方式可分为直热式和旁热式两种。

直热式气敏电阻的加热丝和测量电极一同烧结在金属氧化物半导体管芯内，加热电极与信号检测电极没有隔离，会互相影响，应用独立电源分别为加热回路和信号检测回路供电。图 1-11 所示为直热式气敏电阻的结构和电路符号。

旁热式气敏电阻以陶瓷管为基底，管内穿加热丝，管外侧有两个测量电极，测量电极之间为金属氧化物气敏材料，经高温烧结而成。旁热式气敏电阻的加热电极与信号检测电极隔离，避免了信号检测回路与加热回路之间的相互影响，其结构上往往加有封压双层的防爆不锈钢丝网，性能稳定、功耗小，是目前应用广泛的气敏电阻之一。图 1-12 所示为旁热式气敏电阻的结构和电路符号。

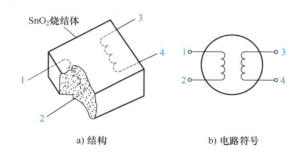

a) 结构

b) 电路符号

图 1-11 直热式气敏电阻的结构和电路符号

1、2—电极 3、4—SnO$_2$ 烧结体的加热丝兼电极

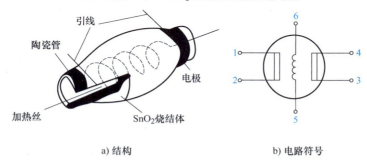

a) 结构

b) 电路符号

图 1-12 旁热式气敏电阻的结构和电路符号

1、2、3、4—电极 5、6—SnO$_2$ 烧结体的加热丝兼电极

1.2.3 气敏电阻传感器的应用实例

图 1-13 所示为由 QM-N5 型气敏电阻组成的可燃气体（CO）检测电路，由 VD_6、VD_7、R_2、R_3、C_2 组成延时电路。由于 QM-N5 的初期稳定特性，刚通电瞬间电阻到达稳定阻值需要的时间，一般为 2～10min，取得安全值需要 10min，延时时间常数由 R_2、C_2、VD_6 正向电阻决定。电源断开后，C_2 上的充电电压通过 VD_7、R_3 放电。7805 为 QM-N5 型气敏电阻加热提供稳定的 +5V 电压。当 CO 浓度很低时，VT_1 截止，NE555 输出低电平，排气扇电

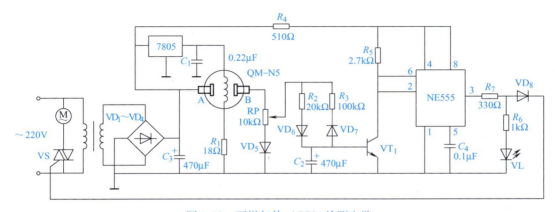

图 1-13 可燃气体（CO）检测电路

动机 M 不转动，VL 不发光。当室内 CO 浓度上升时，QM-N5 的 AB 极间的电阻减小，可使 VT_1 导通，NE555 的 6 脚由高电平变为低电平，3 脚输出高电平，双向晶闸管 VS 触发导通，排气扇电动机 M 通电转动，排出有害气体，VL 发光报警。当室内 CO 浓度下降到正常值后，排气扇自动停转，VL 熄灭。VD_5 起限幅作用，调节 RP 时，使气敏信号取值电压最低限制在 0.7V。

1.3   湿敏电阻传感器

1.3.1   基本概念与工作原理

湿敏电阻传感器（简称湿敏电阻）的特点是在基片上覆盖一层用感湿材料制成的膜，当空气中的水蒸气吸附在感湿膜上时，元件的电阻率和电阻值都发生变化，利用这一特性即可测量湿度。

1.3.2   结构特性

1. 半导体陶瓷湿敏元件

铬酸镁-二氧化钛陶瓷湿敏元件是较常用的一种湿度传感器，它是由 $MgCr_2O_4$-TiO_2 固熔体组成的多孔性半导体陶瓷。这种材料的表面电阻值能在很宽的范围内随湿度的增加而变小，即使在高湿条件下，对其进行多次反复的热清洗，性能仍不改变。这种湿敏元件的结构如图 1-14 所示，该湿敏元件采用了 $MgCr_2O_4$-TiO_2 多孔陶瓷，电极材料二氧化钌通过丝网印制到陶瓷片的两面，在高温烧结下形成多孔性电极。在陶瓷片周围装置有由电阻丝绕制的加热器，以 450℃、1min 对陶瓷表面进行热清洗。湿敏电阻的电阻－相对湿度特性曲线如图 1-15 所示。

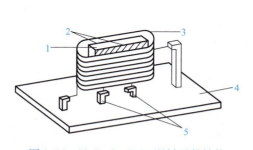

图 1-14 $MgCr_2O_4$-TiO_2 湿敏元件结构   图 1-15   湿敏电阻的电阻-相对湿度特性曲线

1—感湿陶瓷片   2—二氧化钌电极   3—加热器   4—基板   5—引线

2. 氯化锂湿敏电阻

图 1-16 所示为氯化锂湿敏电阻的结构。它是在聚碳酸酯基片上制成一对梳状电极，然后浸涂一层溶于聚乙烯醇的氯化锂胶状溶液，再在其表面涂上一层多孔性保护膜而成的。氯

化锂是潮解性盐，这种电解质溶液形成的薄膜能随着空气中水蒸气的变化而吸湿或脱湿。感湿膜的电阻随空气相对湿度的变化而变化，当空气中湿度增大时，感湿膜中电解质的浓度降低。

3. 有机高分子膜湿敏电阻

有机高分子膜湿敏电阻是在氧化铝等陶瓷基板上设置梳状电极，然后在其表面涂以具有感湿性能又有导电性能的高分子材料薄膜，再涂一层多孔质的高分子膜保护层。这种湿敏电阻的测量原理是水蒸气附着于感湿薄膜上，其电阻值与相对湿度相对

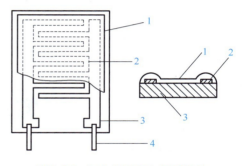

图 1-16　氯化锂湿敏电阻的结构

1—感湿膜　2—电极　3—绝缘基板　4—引线

应。由于使用了高分子材料，所以适用于高温气体中相对湿度的测量。图 1-17 所示为三氧化二铁-聚乙二醇高分子膜湿敏电阻的结构与特性曲线。

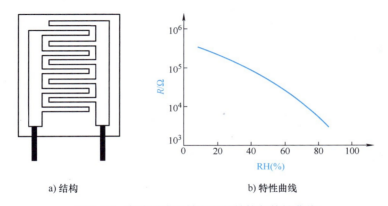

a) 结构　　　　　　　　　　　　b) 特性曲线

图 1-17　高分子膜湿敏电阻的结构与特性曲线

1.3.3　湿敏电阻传感器的应用实例

图 1-18 所示为 HOS103 结露传感器测量电路，HOS103 为结露传感器。在低湿时，结露传感器的电阻值为 $2k\Omega$ 左右，VT_1 基极电压低于 0.6V 而截止，VT_2 的发射结截止，集电极

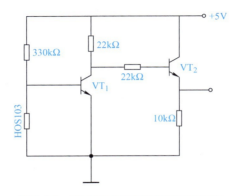

图 1-18　HOS103 结露传感器测量电路

输出电压为低电平。

在结露时，传感器的电阻值大于 $50k\Omega$，VT_1 基极电压高于 $0.6V$ 而导通，VT_2 的基极电压降低，使发射结为正向偏置且饱和导通，集电极输出电压为高电平。

思考题与习题

一、填空题

1. 电阻应变片根据材料可分为_____应变片和_____应变片。

2. 导体或半导体在外力作用下产生_____变形时，其_____也发生相应变化的现象称为电阻应变效应。

3. 直流电桥的平衡条件为_____。

4. 开尔文电桥的灵敏度是惠斯通电桥的_____倍，双差动全桥的灵敏度是开尔文电桥的_____倍。

5. 电桥测量电路的作用是把传感器的参数变化转为_____的输出。

二、综合题

1. 简述电阻应变传感器的工作原理。

2. 简述惠斯通电桥、差动半桥和双差动全桥的异同点。

3. 为什么气敏电阻要加热使用？

4. 简述气敏电阻的工作原理。

5. 简述湿敏电阻的工作原理。

第2章　电容式传感器

电容式传感器是利用电容器的原理，将被测物理量的变化转换为电容的变化，从而实现将非电量转换为电量，再经过测量转换电路转变为电压、电流或频率。电容式传感器具有结构简单、性能稳定、动态响应快、灵敏度高、分辨力强、价格低廉、易实现非接触测量等特点，广泛地应用于位移、振动、角度、加速度、压力、液位等多方面的测量中，也可用于测量物质成分、含量、温度、湿度等参数。

2.1　电容式传感器的工作原理与结构

电容式传感器的
原理及类型

电容式传感器的工作原理可以用平行板电容器加以说明，如图2-1所示。当忽略边缘效应时，平行板电容器的电容为

$$C = \varepsilon \frac{A}{d} = \varepsilon_0 \varepsilon_r \frac{A}{d} \tag{2-1}$$

式中，A 为极板相互遮盖的有效面积（m^2）；d 为极板间的距离，也称极距（m）；ε 为极板间介质的介电常数（F/m）；ε_0 为真空介电常数，$\varepsilon_0 = 8.85 \times 10^{-12}$ F/m；ε_r 为极板间介质的相对介电常数。

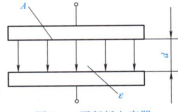

图2-1　平行板电容器

由式（2-1）可知，电容 C 与 A、d、ε 三个参量有关，当改变 A、d、ε 三个参量中的任意一个时，都会引起电容 C 的变化，若保持其中任意两个参量不变，只改变另一个参量，那么该参量的变化就能转换为电容的变化。根据引起电容变化的参量不同，电容式传感器可以分为三种类型：变遮盖面积型电容式传感器、变极距型电容式传感器和变介电常数型电容式传感器。

> 🔍 **知识拓展**
>
> 电容式传感器在使用中要注意以下几个方面对测量结果的影响：
> 1）减小环境温度和湿度变化（可能引起某些介质的介电常数或极板的几何尺寸、相对位置发生变化）。
> 2）减小边缘效应。
> 3）减小寄生电容。
> 4）使用屏蔽电极并接地（对敏感电极的电场起保护作用，与外电场隔离）。
> 5）注意漏电阻、激励频率和极板支架材料的绝缘性。

2.1.1 变遮盖面积型电容式传感器

变遮盖面积型电容式传感器的结构有很多，图 2-2 给出了较为常见的两种结构。

图 2-2a 所示为直线位移式（平板式）结构，极板 A 固定不动，称为定极板，极板 B 能够左右移动，称为动极板（与被测物相连）。当被测物移动时，会带动极板 B 发生位移，从而改变动极板 B 与定极板 A 的相互遮盖面积，使两极板间的电容发生变化。其值为

$$C = \frac{\varepsilon b\,(a - \Delta x)}{d} = C_0 - \frac{\varepsilon b}{d}\Delta x$$

电容因位移而产生的变化量为

$$\Delta C = C - C_0 = -\frac{\varepsilon b}{d}\Delta x = -C_0\frac{\Delta x}{a}$$

其灵敏度为

$$K = \frac{\Delta C}{\Delta x} = -\frac{\varepsilon b}{d}$$

可见，增加 b 或减小 d 均可提高传感器的灵敏度。

图 2-2b 所示为角位移式结构，当动极板围着转轴发生旋转角位移 θ 时，两极板的遮盖面积会发生变化，从而导致电容的变化，此时电容值为

$$C_\theta = \frac{\varepsilon A\left(1 - \dfrac{\theta}{\pi}\right)}{d} = C_0 - C_0\frac{\theta}{\pi}$$

图 2-3 中极板采用了齿形极板，其目的是为了增加遮盖面积，提高灵敏度。当齿形极板的齿数为 n，移动 Δx 后，其电容为

$$C = \frac{n\varepsilon b(a - \Delta x)}{d} = n\left(C_0 - \frac{\varepsilon b}{d}\Delta x\right)$$

$$\Delta C = C - nC_0 = -n\frac{\varepsilon b}{d}\Delta x$$

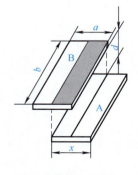

a) 直线位移式(平板式)

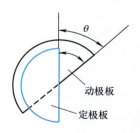

b) 角位移式

图 2-2 变遮盖面积型电容式传感器结构

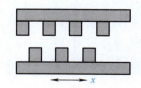

图 2-3 变遮盖面积型电容式传感器派生形式

其灵敏度为

$$K = \frac{\Delta C}{\Delta x} = -n\frac{\varepsilon b}{d}$$

由此可见，变遮盖面积型电容式传感器的灵敏度为常数，即输出与输入呈线性关系。

变遮盖面积型电容式传感器的输出特性是线性的，其测量范围宽，但是灵敏度较低，多用于直线位移、角位移等的测量。

2.1.2 变极距型电容式传感器

变极距型电容式传感器结构如图 2-4 所示。当动极板随着被测物发生移动时，两极板间的距离就会发生变化，从而改变两极板间的电容量。

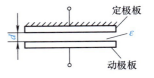

图 2-4 变极距型电容式传感器结构

当活动极板移动 x 后，其电容为

$$C = \frac{\varepsilon A}{d-x} = C_0 \frac{1+\dfrac{x}{d}}{1-\dfrac{x^2}{d^2}}$$

当 $x \ll d$ 时

$$1 - \frac{x^2}{d^2} \approx 1$$

则

$$C = C_0 \left(1 + \frac{x}{d}\right)$$

由此看出，电容 C 和 d 不是线性关系，只有在 $x \ll d$ 时，才认为近似呈线性关系。要提高灵敏度，应减小起始间距 d，但当 d 过小时，又容易引起击穿，因此加工精度要求较高。一般在极板间放置云母、塑料膜等介电常数高的物质来改善这种情况。

一般变极距型电容式传感器的起始电容在 20 ~ 30pF，极板起始间距 d 在 25 ~ 200μm，最大位移通常小于起始间距的1/10。所以，在实际应用时，为了减小非线性，提高灵敏度，多采用差动式结构，如图 2-5 所示。在差动式变极距型电容式传感器中，上下两个极板为定极板，中间极板为动极板。当动极板向上移动 Δx 后，C_1 的极距变为 $d_1 - \Delta x$，电容量增加，而 C_2 的极距变为 $d_2 + \Delta x$，电容量减小，二者形成差动变化，经测量转换电路后，其灵敏度提高一倍，非线性误差也会大大降低。此外，差动式变极距型电容式传感器能减小由引力给测量带来的影响，并有效地改善由于温度等环境影响所造成的误差。

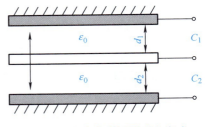

图 2-5 差动式变极距型电容式传感器

2.1.3 变介电常数型电容式传感器

不同介质的相对介电常数是不同的，因此在电容器的两个极板之间插入不同的介质时，电容也会随之变化，这就是变介电常数型电容式传感器的基本工作原理。变介电常数型电容式传感器能够用来测量纸张、绝缘薄膜厚度，也可以测量液位和物位的高度，还可以用来测量粮食、木材、纺织品等非导电固体介质的湿度等。表 2-1 给出了几种常见介质的相对介电常数。

表 2-1　几种常见介质的相对介电常数

介　　质	相对介电常数	介　　质	相对介电常数
真空	1	干的纸	2 ~ 4
空气	略大于 1	干的谷物	3 ~ 5
聚四氟乙烯	2	云母	5 ~ 8
聚丙烯	2 ~ 2.2	二氧化硅	38
聚苯乙烯	2.4 ~ 2.6	高频陶瓷	10 ~ 160
硅油	2 ~ 3.5	纯净的水	80
聚偏二氟乙烯	3 ~ 5	压电陶瓷、低频陶瓷	1000 ~ 10000
盐	6	纤维素	3.9

图 2-6 所示为变介电常数型电容式传感器的原理图。电容器上、下两极板保持相互遮盖面积和极距不变，当相对介电常数为 ε_{r2} 的介质插入电容器中的深度发生变化时，两种介质所对应的极板覆盖面积也会发生变化，从而使电容器的电容发生变化。被测介质 ε_{r2} 进入极板间的深度与电容的变化呈线性关系。

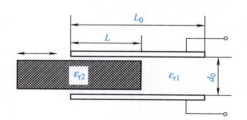

图 2-6　变介电常数型电容式传感器的原理图

2.2　电容式传感器的测量转换电路

电容式传感器将液位等非电量转换为电容的变化，为了将电容的变化转换为电压或频率的变化，还需选择合适的测量电路。选择的基本原则是尽可能使输出电压或频率与被测非电量呈线性关系。

2.2.1 调频电路

调频电路是将电容式传感器作为 LC 振荡器谐振回路的一部分，振荡器的频率受电容式传感器电容的调制。当被测参数变化导致电容发生变化时，LC 振荡器的振荡频率就会发生变化，从而实现 C/f 转换。图 2-7 所示

图 2-7　振荡器调频电路原理图

为振荡器调频电路原理图，振荡器输出频率的变化在鉴频器中转换为电压幅度的变化，经过

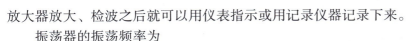

放大器放大、检波之后就可以用仪表指示或用记录仪器记录下来。

振荡器的振荡频率为

$$f = \frac{1}{2\pi \sqrt{LC}}$$

式中，L 为振荡回路的固定电感（H）；C 为振荡回路的总电容（F），C 包括振荡回路的固有电容 C_1、传感器的引线分布电容 C_2 以及传感器电容 $C_0 \pm \Delta C$，即

$$C = C_1 + C_2 + C_0 \pm \Delta C$$

2.2.2 脉冲宽度调制电路

图 2-8 所示为由电容式传感器构成的脉冲宽度调制电路，当双稳态触发器的 Q 端输出为高电平时，A 点通过 R_1 对 C_1 充电，F 点电位逐渐升高。在 Q 端为高电平期间，$\overline{Q}$ 端为低电平，电容 C_2 通过低内阻的二极管 VD_2 迅速放电，G 点电位被钳位在低电平。当 F 点电位升高超过参考电压 U_R 时，比较器 A_1 产生一个"置零脉冲"，触发双稳态触发器翻转，A 点跳变为低电位，B 点跳变为高电位。此时，C_1 经二极管 VD_1 迅速放电，F 点被钳位在低电平，而同时 B 点高电位经 R_2 向 C_2 充电。当 G 点电位超过 U_R 时，比较器 A_2 产生一个"置 1 脉冲"，使触发器再次翻转，A 点恢复为高电位，B 点恢复为低电位。如此周而复始，在双稳态触发器的两输出端各自产生一个宽度受电容 C_1、C_2 调制的脉冲波形，实现 C/U 转换。对于差动脉冲宽度调制电路，无论是改变平板电容器的极距或是极板间的相互遮盖面积，其变化量与输出量都呈线性关系。

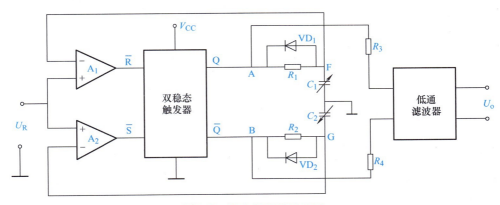

图 2-8 脉冲宽度调制电路

2.2.3 运算放大器电路

运算放大器具有放大倍数 K 非常大、输入阻抗 Z_i 很高的特点，因而可以作为电容式传感器比较理想的测量电路，如图 2-9 所示，C_x 为电容式传感器。在放大倍数和输入阻抗趋近于无穷大时，运算放大器的输出电压与动极板的机械位移 d（即极板距离）呈线性关系，运算放大器电路解决了单个变极距型电容式传感器的非线性问题。由于实际使用的运算放大器的放大倍数 K 和输入阻抗 Z_i 总是一个有限值，所以该测量电路仍然存在一定的非线性误

差,但在 K、Z_i 足够大时,这种误差非常小。

2.2.4 电桥电路

图 2-10 所示为由电容 C、C_0 和阻抗 Z、Z' 组成的交流电桥测量电路,其中 C 为电容式传感器的电容,Z' 为等效配接阻抗,C_0 和 Z 分别为固定电容和阻抗。

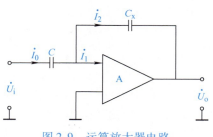

图 2-9 运算放大器电路

电桥初始状态调至平衡,当传感器电容 C 变化时,电桥失去平衡而输出电压,此交流电压的幅值随 C 而变化。电桥的输出电压为

$$\dot{U}_o = \frac{\Delta Z}{Z} \dot{U} \frac{\frac{1}{2}}{1 + \frac{1}{2}\left(\frac{Z'}{Z} + \frac{Z}{Z'}\right) + \frac{Z + Z'}{Z_i}}$$

式中,ΔZ 为传感器电容变化时对应的阻抗增量;Z_i 为电桥输出端放大器的输入阻抗。

这种交流电桥测量电路要求提供幅度和频率很稳定的交流电源,并要求电桥放大器的输入阻抗 Z_i 很高。为了改善电路的动态响应特性,一般要求交流电源的频率为被测信号最高频率的 $5 \sim 10$ 倍。

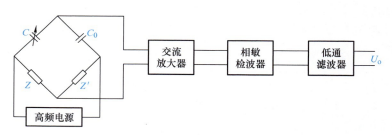

图 2-10 交流电桥测量电路

2.2.5 双 T 电桥电路

双 T 电桥电路如图 2-11 所示。图中 C_1、C_2 为电容,对于单电容工作的情况,可以使其中一个为固定电容,另一个为传感器电容。R_L 为负载电阻,VD_1、VD_2 为理想二极管,R_1、R_2 为固定电阻。

电路的工作原理如下:当电源电压 u 为正半周时,VD_1 导通,VD_2 截止,于是 C_1 充电;当电源电压 u 为负半周时,VD_1 截止,VD_2 导通,这时电容 C_2 充电,而电容 C_1 则放电。电容 C_1 的放电回路由图中可以看出,一路通过 R_1、R_L,另一路通过 R_1、R_2、VD_2,这时流过 R_L 的电流为 i_1。

到了下一个正半周,VD_1 导通,VD_2 截止,C_1 又被充电,而 C_2 则要放电。放电回路一路通过 R_2、R_L,另一路通过 R_2、R_1、VD_1,这时流过 R_L 的电流为 i_2。

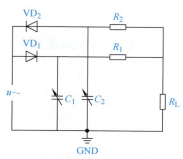

图 2-11 双 T 电桥电路

如果选择特性相同的二极管，且 $R_1 = R_2 = R$，$C_1 = C_2$，则流过 R_L 的电流 i_1 和 i_2 的平均值大小相等，方向相反，在一个周期内流过负载电阻 R_L 的平均电流为零，R_L 上无电压输出。当 C_1 或 C_2 变化时，在负载电阻 R_L 上产生的平均电流将不为零，因而有信号输出。此时输出电压值为

$$\overline{U} \approx \frac{R(R + 2R_L)}{(R + R_L)^2} R_L U f(C_1 - C_2)$$

当 R、R_L 为已知时，则

$$\frac{R(R + 2R_L)}{(R + R_L)^2} R_L = K$$

为一常数，故 $\overline{U}$ 又可写成

$$\overline{U} = K U f(C_1 - C_2)$$

双 T 电桥电路具有以下特点：
1）信号源、负载、传感器电容和平衡电容有一个公共的接地点。
2）二极管 VD_1 和 VD_2 工作在伏安特性的线性段。
3）输出电压较高。
4）电路的灵敏度与电源频率有关，因此电源频率需要稳定。
5）可以用作动态测量。

2.3　电容式传感器的应用实例

电容器的电容受到三个因素的影响，即极距、相互遮盖面积和极间介电常数，固定其中的两个变量，电容就是另一个变量的一元函数。只要想办法将被测非电量转换成极距、相互遮盖面积或者介电常数的变化，就能通过测量电容这个参数来达到测量非电量的目的。

电容式传感器的用途有很多，例如可以利用相互遮盖面积变化的原理，测量直线位移、角位移，构成电子千分尺；利用介电常数变化的原理，测量环境相对湿度、液位、物位；利用极距变化的原理，测量压力、振动等。

2.3.1　电容料位计

电容料位计原理如图 2-12 所示。

1. 被测物料为导电体

如图 2-12a 所示，电容料位计以直径为 d 的不锈钢或纯铜棒作为电极，外套聚四氟乙烯塑料绝缘套管。将其插在储液罐中，此时导电介质本身为外电极，内、外电极极距为聚四氟乙烯塑料绝缘套管的厚度，当料位发生变化时，内、外极板的相互遮盖面积发生变化，从而使电容随之变化。

2. 被测物料为绝缘体

如图 2-12b 所示，电容料位计可采用裸电极作为内电极，外套以开有液体流通孔的金属外电极，通过绝缘环装配。当被测液体的液面在两个电极间上下变化时，电极间介电常数不同的两种介质（上面部分为空气，下面部分为被测液体）的高度发生变化，从而使电容器的电容改变。被测液位的高度正比于电容器的电容变化。

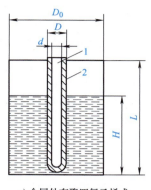

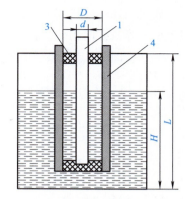

a) 金属外套聚四氟乙烯式　　　　b) 同轴内外金属管式

图 2-12　电容料位计原理

1—内电极　2—绝缘套管　3—绝缘环　4—外电极

2.3.2　电容测厚仪

电容测厚仪的工作原理如图 2-13 所示，在被测金属带材的上方和下方分别放置一块面积相等、与带材距离相等的定极板，则定极板与金属带材之间就形成了两个电容 C_1、C_2，将两个电容并联，总电容为 $C = C_1 + C_2$。当带材的厚度发生变化时，就会引起两电容的极距增大或减小，从而使总电容 C 发生变化，用交流电桥将电容的变

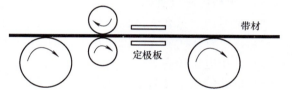

图 2-13　电容测厚仪的工作原理

化量检测出来，通过放大电路放大，可由显示仪器显示出带材厚度的变化。使用上、下两个极板是为了克服带材在传输过程中上下波动带来的误差。

2.3.3　差动式电容压力传感器

图 2-14 所示为一种小型差动式电容压力传感器，它由金属弹性膜片与镀金凹玻璃圆片组成，被测压力 p_1、p_2 分别通过上、下两个进气孔进入空腔。当两侧压力 $p_1 = p_2$ 时，弹性膜片处在中间位置，与上、下定极板距离相等，因此两个电容相等；当 $p_1 > p_2$ 时，弹性膜片向上弯曲，两个电容一个增大、一个减小，且变化量相等；当 $p_1 < p_2$ 时，压差反向，差动电容的变化量也反向。电容的变化量经测量转换电路最终转换成与压力或压力差相对应的电压或电流的变化。差动式

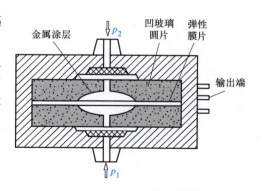

图 2-14　差动式电容压力传感器

电容压力传感器的灵敏度和分辨率都很高，其灵敏度取决于初始间隙 d_0，d_0 越小，灵敏度越高。

2.3.4　电容式湿度传感器

电容式湿度传感器利用的是两个电极间的电容随湿度变化的特性，其外形和基本结构如图 2-15 所示。湿敏材料作为电介质，在其两侧面镀上电极，当相对湿度增大时，湿敏材料吸收空气中的水蒸气，使两极板间介质的相对介电常数增大（水的相对介电常数为 80），从而使电容量增大。

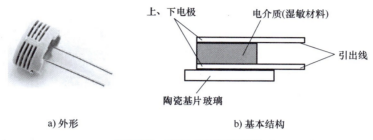

上、下电极　　电介质(湿敏材料)　　引出线

陶瓷基片玻璃

a) 外形　　　　　　　　　　　b) 基本结构

图 2-15　电容式湿度传感器

2.3.5　电容式加速度传感器

图 2-16 是一种电容式加速度传感器。该传感器有两个固定电极，两极板间有一个用弹簧支撑的质量块，质量块的两端平面作为动极板。当测量垂直方向的振动时，由于质量块的惯性作用，使得上下两对极板形成的电容发生变化。

2.3.6　电容式荷重传感器

电容式荷重传感器是利用弹性敏感元件的变形，造成电容随外加重量的变化而变化。图 2-17 为一种电容式荷重传感器结构示意图。在一块弹性极限高的镍铬钼钢料的同一高度上打上一排圆孔。在孔的内壁用特殊的粘接剂固定两个截面为 T 形的绝缘体，并保持其平行且留有一定间隙，在 T 形绝缘体顶平面粘贴铜箔，从而形成一排平行的平板电容。当钢块上端面承受重量时，将使圆孔变形，每个孔中的电容极板的间隙随之变小，其电容相应地增大。由于在电路上各电容是并联的，因而输出所反映的结果是平均作用力的变化。

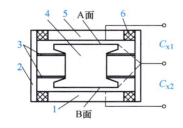

图 2-16　电容式加速度传感器
1—下固定极板　2—壳体　3—弹簧片　4—质量块
5—上固定极板　6—绝缘体

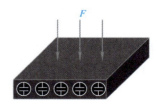

图 2-17　电容式荷重传感器结构示意图

🔍 知识拓展

人体接近电容式传感器

　　人体接近电容式传感器（又称电容接近开关）是一种具有开关输出的位置传感器，其原理如图2-18所示，它由振荡电路、f/U变换电路、信号处理器等部分构成，传感器的测量头构成电容器的一个极板，被测对象本身为电容器的另一个极板。

　　当没有被测对象靠近电容接近开关时，由于C很小，振荡器停振。当被测对象逐渐靠近接近开关的感应电极时，电极与被测对象构成的电容C逐渐增大，当C增大到某一设定值时，振荡器起振。通过后级电路的处理，将停振和起振两种信号转换为开关信号输出，从而起到检测有无被测对象存在的目的。

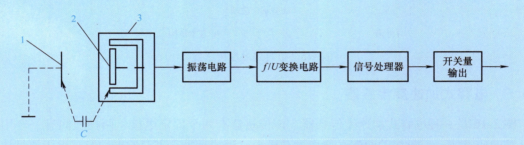

图 2-18　人体接近电容式传感器

1—被测对象　2—内部感应电极　3—屏蔽罐　C—被测对象和内部感应电极形成的电容

思考题与习题

一、填空题

1. 电容式传感器是利用_____的原理，将被测物理量的变化转换为电容的变化，从而实现将非电量转换为电量，再经过测量转换电路可以转换为_____、_____或_____。

2. 电容式传感器的电容值与_____和_____成正比，与_____成反比。

3. 根据引起电容量变化的参量的不同，电容式传感器可以分为三种类型：_____、_____和_____。

二、简答题

1. 简述电容式传感器的工作原理。

2. 简述电容式传感器的优缺点。

三、综合应用题

　　有一台变极距非接触式电容测微仪，其传感器的极板半径 $r = 8\text{mm}$，假设与被测工件的初始间隙 $d_0 = 0.3\text{mm}$，求：

1）若传感器与被测工件的间隙增大 $10\mu\text{m}$，电容变化量是多少？

2）若测量电路的灵敏度 $K_u = 100\text{mV/pF}$，则当 $\Delta d = \pm 2\mu\text{m}$ 时输出电压为多少？

第3章　电感式传感器

电感式传感器利用电磁感应将被测的物理量（如位移、压力、流量、振动等）的变化转换成线圈自感系数和互感系数的变化，再由电路转换为电压或电流的变化量输出，实现非电量到电量的转换。

电感式传感器主要用于位移测量和可以转换成位移变化的机械量（如张力、压力、压差、加速度、振动、应变、流量、厚度、液位、比重、转矩等）测量。

电感式传感器具有结构简单、工作可靠、测量力小、分辨率高、输出功率大及测试精度高等优点，但同时它也有频率响应慢、不宜用于快速动态测量等缺点。

常用电感式传感器有变气隙型、变面积型和螺管型三种类型。在实际应用中，这三种传感器多制成差动式，以便提高线性度和减小电磁吸力所造成的附加误差。

3.1　自感式传感器

自感式传感器（见图 3-1）又称电感式位移传感器，由铁心、线圈和衔铁构成，是将直线或角位移的变化转换为线圈电感量变化的传感器，其铁心和衔铁由导磁材料（如硅钢片或铁镍合金）制成。这种传感器的线圈匝数和材料磁导率都是一定的，其电感量的变化是由位移输入量导致线圈磁路的几何尺寸变化而引起的。当把线圈接入测量电路并接通激励电源时，就可获得正比于位移输入量的电压或电流输出。

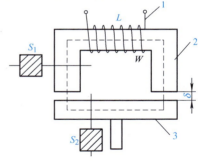

图 3-1　自感式传感器
1—线圈　2—铁心（定铁心）
3—衔铁（动铁心）

在铁心和衔铁之间有气隙，传感器的运动部分与衔铁相连，当衔铁移动时，气隙厚度 δ 发生改变，引起磁路总磁阻变化，从而导致电感线圈的电感变化。因此，只要能测出这种电感的变化，就能确定衔铁位移量的大小和方向。

根据电感的定义，线圈中电感量可表示为

$$L = \frac{\varphi}{I} = \frac{W\Phi}{I} \tag{3-1}$$

式中，W 为线圈匝数；I 为通过线圈的电流（A）；Φ 为穿过线圈的磁通（Wb）。

根据磁路欧姆定律，有

$$\Phi = \frac{IW}{R_{\mathrm{m}}} \tag{3-2}$$

式中，R_{m} 为磁路总磁阻（H^{-1}）。

式(3-1) 与式(3-2) 联立得

$$L = \frac{W^2}{R_{\mathrm{m}}} \tag{3-3}$$

当气隙很小时，可以认为气隙中的磁场是均匀的。若忽略磁路磁损，则磁路总磁阻为

$$R_m = \frac{l_1}{\mu_1 S_1} + \frac{l_2}{\mu_2 S_2} + \frac{2\delta}{\mu_0 S_0} \qquad (3-4)$$

式中，μ_1 为铁心材料的磁导率（H/m）；μ_2 为衔铁材料的磁导率（H/m）；μ_0 为空气的磁导率（约为 $4\pi \times 10^{-7}$ H/m）；l_1 为磁通通过铁心的长度（m）；l_2 为磁通通过衔铁的长度（m）；S_1 为铁心的截面面积（m^2）；S_2 为衔铁的截面面积（m^2）；S_0 为气隙的截面面积（m^2）；δ 为气隙的厚度（m）。

通常，气隙磁阻远大于铁心和衔铁的磁阻，即

$$\frac{2\delta}{\mu_0 S_0} \gg \frac{l_1}{\mu_1 S_1}, \quad \frac{2\delta}{\mu_0 S_0} \gg \frac{l_2}{\mu_2 S_2}$$

于是式(3-4)可写为

$$R_m = \frac{2\delta}{\mu_0 S_0} \qquad (3-5)$$

联立式(3-3)及式(3-5)，可得

$$L = \frac{W^2}{R_m} = \frac{W^2 \mu_0 S_0}{2\delta} \qquad (3-6)$$

式(3-6)表明：当线圈匝数为常数时，电感量 L 仅仅是磁路总磁阻 R_m 的函数，改变 δ 或 S_0 均可导致电感量变化，因此自感式传感器又可分为变气隙厚度 δ 的传感器和变气隙面积 S_0 的传感器。下面介绍目前使用最广泛的变气隙式自感传感器。

由式(3-6)可知，L 与 δ 之间呈非线性关系，特性曲线如图3-2所示。

当衔铁处于初始位置时，初始电感量为

$$L_0 = \frac{W^2 \mu_0 S_0}{2\delta_0}$$

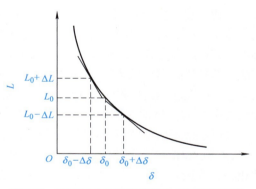

图3-2 变气隙式自感传感器的 L/δ 特性曲线

式中，δ_0 为初始气隙厚度（m）。

当衔铁上移 $\Delta\delta$ 时，传感器气隙厚度减小 $\Delta\delta$，即 $\delta = \delta_0 - \Delta\delta$，此时输出电感为

变气隙式
自感传感器

$$L = L_0 + \Delta L = \frac{W^2 \mu_0 S_0}{2(\delta_0 - \Delta\delta)} = \frac{L_0}{1 - \dfrac{\Delta\delta}{\delta_0}}$$

经过一系列数学公式处理，最后做线性处理（即忽略高次项），可得

$$\frac{\Delta L}{L_0} = \frac{\Delta\delta}{\delta_0}$$

自感式传感器的灵敏度 K_0 为

$$K_0 = \frac{\mathrm{d}L}{\mathrm{d}\delta} = \frac{\Delta L}{\Delta\delta} = \frac{L_0}{\delta_0}$$

线性度为

$$\gamma = \left| \frac{\Delta \delta}{\delta_0} \right| \times 100\%$$

注意：变气隙式自感传感器的灵敏度和线性度与测量范围相矛盾，因此变气隙式自感传感器适用于测量微小位移的场合。

为了减小非线性误差，实际测量中广泛采用差动式变气隙式自感传感器，如图 3-3 所示。图中，差动式变气隙式自感传感器由两个相同的电感线圈 L_1、L_2 和磁路组成。测量时，衔铁通过导杆与被测体相连，当被测体上下移动时，导杆带动衔铁也上下移动相同的位移，使两个磁路中的磁阻产生大小相等、方向相反的变化，导致一个线圈的电感量增大，另一个线圈的电感量减小，形成差动形式。

经过计算，差动式变气隙式自感传感器的灵敏度 K_0 为

$$K_0 = \frac{\mathrm{d}L}{\mathrm{d}\delta} = \frac{\Delta L}{\Delta \delta} = \frac{2L_0}{\delta_0}$$

线性度为

$$\gamma = \left| \frac{\Delta \delta}{\delta_0} \right|^2 \times 100\%$$

比较单线圈和差动式两种变气隙式自感传感器的特性，可以得到如下结论：

1）差动式变气隙式自感传感器的灵敏度是单线圈式的两倍。

2）差动式变气隙式自感传感器的线性度得到明显改善。

为了使输出特性得到有效改善，构成差动的两个变气隙式自感传感器在结构尺寸、材料、电气参数等方面均应完全一致。

图 3-3　差动式变气隙式自感传感器
1—铁心　2—线圈　3—衔铁

3.2　互感式传感器

把被测非电量的变化转换为线圈互感变化的传感器称为互感式传感器。这种传感器是根据变压器的基本原理制成的，并且二次绕组用差动形式连接，故又称差动变压器式传感器。

不同类型差动变压器式传感器的结构如图 3-4 所示。

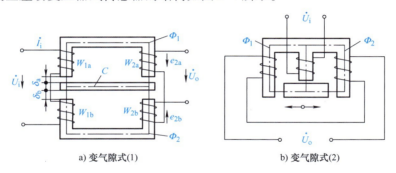

a) 变气隙式(1)　　　　　　　　　　b) 变气隙式(2)

图 3-4　不同类型差动变压器式传感器的结构

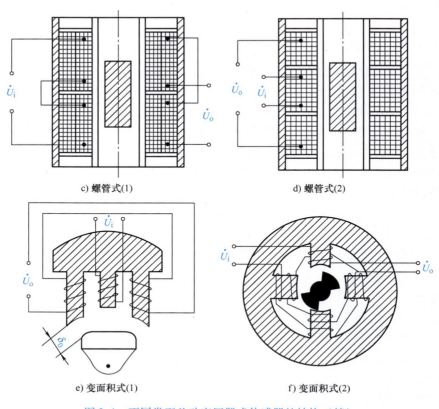

c) 螺管式(1)　　　　　　　　　　　d) 螺管式(2)

e) 变面积式(1)　　　　　　　　　　f) 变面积式(2)

图 3-4　不同类型差动变压器式传感器的结构（续）

在非电量测量中，应用最多的是螺管式差动变压器式传感器，它可以测量 1 ~ 100mm 机械位移，并具有测量精度高、灵敏度高、结构简单、性能可靠等优点。

3.3　电涡流式传感器

根据法拉第电磁感应定律，金属导体置于变化的磁场中或在磁场中做切割磁力线运动时，导体内将产生呈漩涡状流动的感应电流，称之为电涡流，这种现象称为电涡流效应。基于电涡流效应制成的传感器称为电涡流式传感器，其原理如图 3-5 所示。

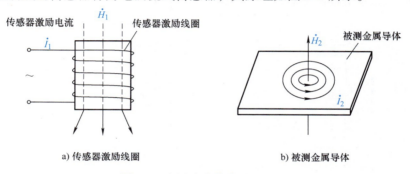

a) 传感器激励线圈　　　　　　　　b) 被测金属导体

图 3-5　电涡流式传感器的原理

电涡流式传感器由于具有测量范围大、灵敏度高、结构简单、抗干扰能力强、可实现非接触式测量等优点，被广泛地应用于工业生产和科学研究的各个领域，可以用来测量位移、振幅、尺寸、厚度、热膨胀系数和轴心轨迹等，还可以用来进行金属件探伤。

图 3-6 所示为透射式涡流厚度传感器的结构原理图，在被测金属板的上方设有发射传感器线圈 L_1，在被测金属板下方设有接收传感器线圈 L_2。当在 L_1 上加低频电压 $\dot{U}_1$ 时，L_1 上产生交变磁通 Φ_1，若两线圈间无金属板，则交变磁通 Φ_1 直接耦合至 L_2 中，L_2 产生感应电压 $\dot{U}_2$。如果将被测金属板放入两线圈之间，则 L_1 线圈产生的磁场将在金属板中产生电涡流，并将贯穿金属板，此时磁场能量受到损耗，使到达 L_2 的磁通减弱为 Φ_1'，从而使 L_2 产生的感应电压 $\dot{U}_2$ 减小。金属板越厚，涡流损耗就越大，电压 $\dot{U}_2$ 就越小。因此，可根据电压 $\dot{U}_2$ 的大小推知被测金属板的厚度。透射式涡流厚度传感器的检测范围为 1～100mm，分辨率为 0.1μm，线性度为 1%。

电涡流式传感器可以对被测对象进行非破坏性探伤，例如金属的表面裂纹检查、热处理裂纹检查以及焊接部位的探伤等。在检查时，使传感器与被测体的距离不变，如有裂纹出现，导体电阻率、磁导率将发生变化，从而引起传感器的等效阻抗发生变化，达到探伤的目的。电涡流式传感器无损探伤原理如图 3-7 所示。

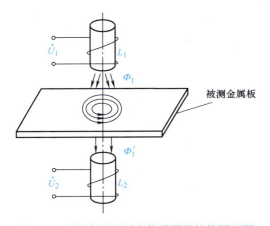

图 3-6　透射式涡流厚度传感器的结构原理图

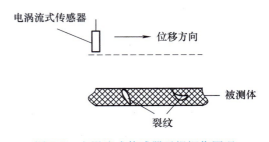

图 3-7　电涡流式传感器无损探伤原理

3.4　电感式传感器的应用实例

3.4.1　变气隙式自感传感器的应用

变气隙式自感传感器结构如图 3-8 所示。当膜盒的顶端在压力 p 的作用下产生与压力 p 大小成正比的位移时，衔铁发生移动，从而使气隙发生变化，流过线圈的电流也发生相应的变化，电流表 A 的指示值就反映了被测压力的大小。

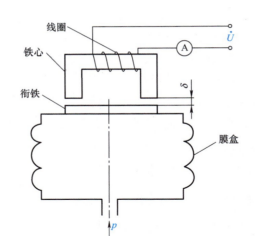

图 3-8　变气隙式自感传感器结构

3.4.2　电涡流式传感器的应用

　　电涡流式传感器可制成开关量输出的检测元件，这时可使测量电路大为简化。目前，应用比较广泛的有接近传感器，其可用于工件的计数（见图 3-9）。

　　电涡流式传感器可用于测量转速。在一个旋转体上开一条或数条槽，或者将其加工成齿轮状，旁边安装一个电涡流式传感器。当旋转体转动时，传感器将周期性地改变输出信号，此电压信号经过放大整形后，可用频率计输出频率值，并由此计算出转速为

$$n = 60f/N$$

式中，f 为输出信号的频率（Hz）；N 为旋转体开的槽数；n 为被测体的转速（r/min）。

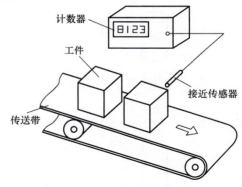

图 3-9　接近传感器计数原理

　　电涡流式传感器转速测量原理如图 3-10 所示。电涡流式传感器还可用于测量振幅，其原理如图 3-11 所示。

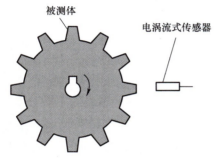

图 3-10　电涡流式传感器转速测量原理

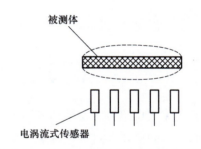

图 3-11　电涡流式传感器振幅测量原理

思考题与习题

一、填空题

1. 电感式传感器是利用_____将被测物理量的变化转换成线圈_____的变化，再由电路转换为电压或电流的变化量输出，实现_____到_____的转换。

2. 自感式传感器由_____、_____和衔铁构成，是将_____的变化转换为线圈电感量变化的传感器。

3. 金属导体置于变化的磁场中或在磁场中做_____运动时，导体内将产生呈漩涡状流动的_____，称之为电涡流，这种现象称为_____。

二、综合题

1. 简述变气隙式自感传感器的测量原理。

2. 列举电涡流式传感器的应用场合。

第4章 压电式传感器

压电式传感器是利用某些电介质受力后产生压电效应制成的传感器，是一种典型的自发电式传感器。它以某些电介质在受到某一方向的外力作用而发生形变（包括弯曲和伸缩形变）时，由于内部电荷的极化现象，会在其表面产生电荷为基础，从而实现非电量电测的目的。压电传感元件是力敏感元件，它可以测量最终能变换为力的非电物理量，如动态力、动态压力、振动加速度等，但不能用于静态参数的测量。

压电式传感器具有体积小、重量轻、信噪比高、结构简单、可靠性和稳定性高等优点。特别是随着电子技术的发展，已可以将测量调理电路与压电探头安装在同一壳体中，不受电缆长度的影响。缺点是某些压电材料需要防潮措施，而且输出的直流响应差，需要采用高输入阻抗电路或电荷放大器来克服这一缺陷。

4.1 压电元件与压电效应

压电元件

4.1.1 压电元件

压电式传感器中的压电元件一般有三类：第一类是压电晶体（单晶体）；第二类是经过极化处理的压电陶瓷（多晶体）；第三类是高分子压电材料。压电式传感器中用得最多的是属于压电多晶的各类压电陶瓷和压电单晶中的石英晶体。

1. 石英晶体

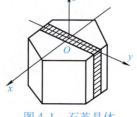

图 4-1 石英晶体

如图 4-1 所示，石英（SiO_2）晶体结晶形状为六角形晶柱，两端为一对称的棱锥，六棱柱是它的基本组织，纵轴 z-z 无压电效应，称作中心轴，也称光轴。通过六角棱线而垂直于光轴的轴线 x-x 压电效应最强，称作电轴。垂直于棱面的轴线 y-y 在电场作用下变形最大，称作机械轴。

石英晶体是一种性能优良的压电晶体，它的突出优点是性能非常稳定。在 20 ~ 200℃ 的范围内压电常数的变化率只有 – 0.0001/℃。此外，它还具有自振频率高、动态响应好、机械强度高、绝缘性能好、迟滞小、重复性好、线性范围宽等优点。石英晶体的不足之处是压电常数较小（$d = 2.31 \times 10^{-12}\,\text{C/N}$）。因此石英晶体大多只在标准传感器、高精度传感器或使用温度较高的传感器中使用，而在一般要求的测量中，常采用压电陶瓷。

2. 压电陶瓷

压电陶瓷是人工制造的多晶压电材料，它由无数细微的电畴组成。这些电畴实际上是分子自发极化的小区域。在无外电场作用时，各个电畴在晶体中杂乱分布，它们的极化效应被相互抵消，因此原始的压电陶瓷呈电中性，不具有压电性质。为了使压电陶瓷具有压电效应，必须在一定温度下做极化处理。极化处理之后，陶瓷材料内部存有很强的剩余极化强度，当压电陶瓷受外力作用时，其表面也能产生电荷，所以压电陶瓷也具有压电效应。压电陶瓷的极化处理如图4-2所示。

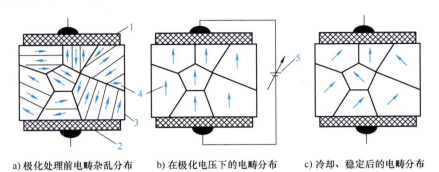

a) 极化处理前电畴杂乱分布　　　b) 在极化电压下的电畴分布　　　c) 冷却、稳定后的电畴分布

图 4-2　压电陶瓷的极化处理

1—镀银上电极　2—镀银下电极　3—压电陶瓷　4—电畴　5—极化高压电源

压电陶瓷的制造工艺成熟，通过改变配方或掺杂微量元素可使材料的技术性能有较大改变，以适应各种要求。它还具有良好的工艺性，可以方便地加工成各种需要的形状，在通常情况下，它比石英晶体的压电系数高得多，而制造成本却较低，因此目前国内外生产的压电元件绝大多数都采用压电陶瓷。压电陶瓷有属于二元系的钛酸钡压电陶瓷、锆钛酸铅系列压电陶瓷、铌酸盐系列压电陶瓷和属于三元系的铌镁酸铅压电陶瓷。压电陶瓷的优点是烧制方便、易成型、耐湿、耐高温，缺点是具有热释电性，会对力学量测量造成干扰。

常用的压电陶瓷材料主要有以下几种：

1）锆钛酸铅系列压电陶瓷（PZT）。锆钛酸铅系列压电陶瓷是由钛酸铅和锆酸铅组成的固熔体，具有较高的压电常数 $\left[d = (200 \sim 500) \times 10^{-12} \mathrm{C/N}\right]$ 和居里点温度⊖（500℃左右），是目前经常采用的一种压电材料。在上述材料中加入微量的镧（La）、铌（Nb）或锑（Sb）等，可以得到不同性能的PZT材料，PZT是工业中应用较多的压电陶瓷。

2）非铅系压电陶瓷。为减少铅对环境的污染，人们正积极研制非铅系压电陶瓷。目前非铅系压电陶瓷体系主要有 $BaTiO_3$ 基无铅压电陶瓷、BNT基无铅压电陶瓷、铌酸盐基无铅压电陶瓷、钛酸铋钠钾无铅压电陶瓷和钛酸铋锶钙无铅压电陶瓷等，它们的各项性能多已超过含铅系列压电陶瓷，是今后压电陶瓷的发展方向。

3. 高分子压电材料

高分子压电材料是近年来发展很快的一种新型材料，典型的高分子压电材料有聚偏二氟乙烯（PVF_2 和 PVDF）、聚氟乙烯（PVF）和改性聚氯乙烯（PVC）等。其中，以 PVDF 的压电常数最高，有此材料的压电常数是压电陶瓷的十几倍，其输出脉冲电压有的可以直接驱动 CMOS 集成门电路。

高分子压电材料是一种柔软的压电材料，可根据需要制成薄膜或电缆套管等形状，经极化处理后就显现出压电特性。它不易破碎，具有防水性，可以大量连续拉制，制成较大面积

⊖ 压电材料开始丧失压电特性的温度称为居里点温度。

或较长的尺度，因此价格便宜。高分子压电材料测量动态范围可达80dB，频率响应范围为$0.1\sim10^{9}$Hz。这些优点都是其他压电材料所不具备的，因此在一些不要求测量准确度的场合（如水声测量，防盗、振动测量等领域中）获得普遍应用。它的声阻抗与空气的声阻抗有较好的匹配，因而是很有希望的电声材料。例如在它的两侧面施加高压音频信号时，可以制成特大口径的壁挂式低音扬声器。高分子压电材料的工作温度一般低于100℃，温度升高时，其灵敏度将降低。它的机械强度不够高，耐紫外线能力较差，不宜暴晒，以免老化。

> 🔍 **知识拓展**
>
> 压电式传感器的主要特性：
>
> 1）压电常数是衡量材料压电效应强弱的参数，它直接关系到压电输出的灵敏度。
>
> 2）压电材料的弹性常数、刚度决定着压电元件的固有频率和动态特性。
>
> 3）对于一定形状、尺寸的压电元件，其固有电容与介电常数有关，而固有电容又影响着压电式传感器的频率下限。
>
> 4）在压电效应中，机械耦合系数等于转换输出能量（如电能）与输入能量（如机械能）之比的二次方根；它是衡量压电材料机电能量转换效率的一个重要参数。
>
> 5）压电材料的绝缘电阻会减少电荷泄漏，从而改善压电式传感器的低频特性。

4.1.2　压电效应

压电效应可分为正压电效应和逆压电效应。

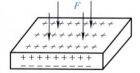

压电效应

正压电效应：某些物质，当沿着一定方向对其加力而使其变形时，在一定表面上将产生电荷，当外力去掉后，其又重新回到正常的不带电状态，如图4-3所示。当外力作用方向改变时，电荷的极性也随之改变；晶体受力所产生的电荷量与外力的大小成正比。压电式传感器大多是利用正压电效应制成的。

逆压电效应（电致伸缩效应）：如果在某些物质的极化方向施加电场，某些物质就在一定方向上产生机械形变或机械应力，当外电场撤去时，这些形变或应力也随之消失。用逆压电效应制造的变送器可用于电声和超声工程。

图4-3　正压电效应

生活中与压电效应有关的现象很多。取一块干燥的冰糖，在完全黑暗的环境中，用榔头敲击之，可以看到冰糖在破碎的一瞬间，发出暗淡的蓝色闪光，这是强电场放电所产生的闪光。这就是晶体的正压电效应。音乐贺卡中的压电陶瓷片就是利用逆压电效应而发声的，当在压电陶瓷片上施加一交变电场时，压电陶瓷片产生相对应的形变即振动，若振动频率在音频波段内就发出对应的声音。

在晶体的弹性限度内，压电材料受力后，其表面产生的电荷Q与所施加的力F成正比，即

$$Q = dF \tag{4-1}$$

式中，d为压电常数（C/N）。

以石英晶体为例，当在电轴 x 方向施加作用力 F_x 时，在与电轴 x 垂直的平面上将产生电荷，其大小为

$$Q_x = d_{11}F_x \tag{4-2}$$

式中，d_{11} 为 x 方向受力的压电常数（C/N）。

若在同一切片上，沿机械轴 y 方向施加作用力 F_y，则仍在与 x 轴垂直的平面上产生电荷，其大小为

$$Q_y = d_{12}F_y a/b \tag{4-3}$$

式中，d_{12} 为 y 轴方向受力的压电常数（C/N），$d_{12} = -d_{11}$；a、b 分别为晶体切片长度（m）和厚度（m）。

石英等单晶体材料是各向异性的物体，在 x 轴或 y 轴方向施力时，在与 x 轴垂直的面上会产生电荷，电场方向与 x 轴平行；在 z 轴方向施力时，不能产生压电效应。

4.2　压电式传感器的原理

压电式传感器大致可以分为四种：压电式测力传感器、压电式压力传感器、压电式加速度传感器和高分子材料压力传感器。

压电式加速度传感器的原理、结构及外形如图 4-4 所示。当传感器与被测振动加速度的机件紧固在一起后，传感器受机械运动的振动加速度作用，压电晶片受到质量块惯性引起的压力，其方向与振动加速度方向相反，大小由 $F = ma$ 决定。惯性引起的压力作用在压电晶片上产生电荷，电荷由引出电极输出，由此将振动加速度转换成电参量。弹簧是给压电晶片施加预紧力的，预紧力的大小基本不影响输出电荷的大小，但当预紧力不够而加速度又较大时，质量块将与压电晶片敲击碰撞；预紧力也不能太大，否则会引起压电晶片的非线性误差。常用的压电式加速度传感器的结构多种多样，图 4-4b 就是其中的一种，这种结构有较高的固有振动频率（符合 $f_0 > 5f$），可用于较高频率（几千至几十千赫兹）的测量，是目前应用较多的一种形式。

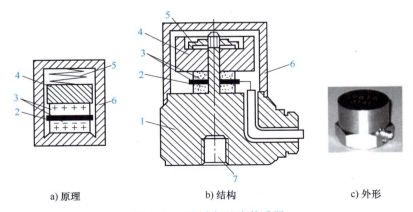

a) 原理　　　　　　　　b) 结构　　　　　　　　c) 外形

图 4-4　压电式加速度传感器

1—基座　2—引出电极　3—压电晶片　4—质量块　5—弹簧　6—壳体　7—固定螺孔

4.3 压电式传感器的等效电路和测量电路

4.3.1 压电元件的等效电路

压电元件在承受沿敏感轴方向的外力作用时，将产生电荷，因此它相当于一个电荷发生器，当压电元件表面聚集电荷时，它又相当于一个以压电材料为介质的电容器，两电极板间的电容 C_a 为

$$C_a = \frac{\varepsilon_r \varepsilon_0 A}{\delta} \tag{4-4}$$

式中，A 为压电元件电极面面积（m^2）；δ 为压电元件厚度（m）；ε_r 为压电材料的相对介电常数；ε_0 为真空介电常数（F/m）。

因此，可以把压电元件等效为一个电荷源与一个电容器相并联的电荷等效电路，如图 4-5 所示。如果忽略阻值较大的漏电阻 R_a，则压电元件的端电压为

$$U_o \approx \frac{Q}{C_a} \tag{4-5}$$

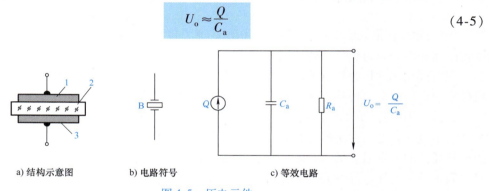

a) 结构示意图　　　　b) 电路符号　　　　c) 等效电路

图 4-5　压电元件

1—镀银上电极　2—压电晶体　3—镀银下电极

压电式传感器与二次仪表配套使用时，还应考虑到连接电缆的分布电容 C_c、放大器的输入电阻 R_i、输入电容 C_i 等的影响。R_a、R_i 越小，C_c、C_i 越大，压电元件的输出电压 U_o 就越小。

由于外力作用在压电元件上产生的电荷只有在无泄漏的情况下才能保存，即需要二次仪表的输入测量回路具有无限大的输入电阻，这实际上是不可能的，所以压电式传感器不能用于静态测量。压电元件在交变力的作用下，电荷可以不断补充，可以供给测量回路以一定的电流，故只适用于动态测量。

4.3.2 电荷放大器

压电式传感器的输出信号非常微弱，一般需将电信号放大后才能检测出来。根据压电式传感器的工作原理及等效电路，它的输出可以是电荷信号也可以是电压信号，因此与之相配的前置放大器有电压放大器和电荷放大器两种形式。

因为压电式传感器的内阻抗极高，所以它需要与高输入阻抗的前置放大器配合使用。如图 4-5 所示，如果使用电压放大器，其输入电压 $U_i = Q/(C_a + C_c + C_i)$，故电压放大器的输

入电压与屏蔽电缆线的分布电容 C_c 及放大器的输入电容 C_i 有关，它们均是变数，会影响测量结果，因此目前多采用性能稳定的电荷放大器（电荷/电压转换器），如图 4-6 所示。

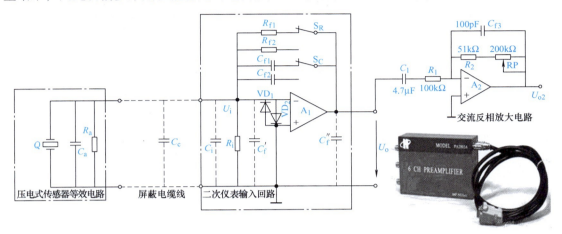

图 4-6 电荷放大器电路及实物

C_c—传输线分布电容 S_C—灵敏度选择开关 S_R—带宽选择开关

C_f'—C_f 在放大器输入端的密勒等效电容 C_f''—C_f 在放大器输出端的密勒等效电容

在电荷放大器电路中，C_f（电荷放大器的反馈电容）在放大器输入端的密勒等效电容 $C_f' = (1+A)C_f \gg C_a + C_c + C_i$，所以 $C_a + C_c + C_i$ 的影响可以忽略，电荷放大器的输出电压仅与输入电荷和反馈电容有关，电缆长度等因素的影响很小。电荷放大器的输出电压为

$$U_o \approx -\frac{Q}{C_f} \tag{4-6}$$

式中，Q 为压电式传感器产生的电荷（C）；C_f 为并联在放大器输入端和输出端之间的反馈电容（F）。

4.4 压电式传感器的应用实例

压电式传感器主要用于脉动力、冲击力、振动等动态参数的测量。由于压电材料可以是石英晶体、压电陶瓷和高分子压电材料等，它们的特性不尽相同，所以用途也不一样。

石英晶体主要用于精密测量，多作为实验室基准传感器；压电陶瓷灵敏度较高，机械强度稍低，多用作测力和振动传感器；而高分子压电材料多用作定性测量。下面分别介绍几种典型的应用。

4.4.1 压电陶瓷传感器的应用

压电陶瓷多制成片状，称为压电片。压电片通常是两片（或两片以上）粘接在一起，由于压电片上的电荷是有极性的，因此有串联和并联两种接法，一般常用的是并联接法，如图 4-7 所示。其输出电容 $C_并$ 是单片电容 C 的两倍，但输出电压 $U_并$ 仍等于单片电压 U，极板上的总电荷 $Q_并$ 为单片电荷 Q 的两倍，即 $C_并 = 2C$，$U_并 = U$，$Q_并 = 2Q$。

压电片在传感器中必须有一定的预紧力，因为这样首先可以保证压电片在受力时，始终受到压力,其次能消除两压电片之间因接触不良而引起的非线性误差,保证输出与输入作用力之间的线性关系。但是这个预紧力也不能太大,否则将会影响其灵敏度。

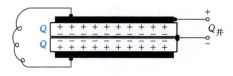

图4-7 压电片的并联接法

1. 压电式单向动态力传感器的工作原理

图4-8所示为压电式单向动态力传感器的外形及结构,它主要用于变化频率不太高的动态力的测量,如车床动态切削力的测量。被测力通过传力上盖使压电晶片在沿轴方向受压力作用而产生电荷,两块压电晶片沿轴向反方向叠在一起,中间是一个片形电极,它收集负电荷。两压电晶片正电荷侧分别与传感器的传力上盖及底座相连,因此两块压电晶片被并联起来,提高了传感器的灵敏度。片形电极通过电极引出插头将电荷输出。电荷 Q 与所受的动态力成正比。只要用电荷放大器测出 ΔQ,就可以测知 ΔF。

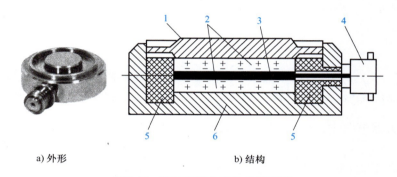

a) 外形   b) 结构

图4-8 压电式单向动态力传感器

1—传力上盖 2—压电晶片 3—片形电极 4—电极引出插头 5—绝缘材料 6—底座

压电式单向动态力传感器的测力范围与压电晶片的尺寸有关。例如,一片直径为18mm、厚度为7mm的压电晶片可承受5kN的力,固有振动频率可达数万赫兹。

2. 压电式单向动态力传感器的应用

图4-9所示为利用压电式单向动态力传感器测量刀具切削力的示意图,压电式单向动态力传感器位于车刀前端的下方。切削前,虽然车刀紧压在传感器上,压电晶片在压紧的瞬间也会产生出很多的电荷,但几秒之内,电荷就会通过电路的泄漏电阻泄放完。

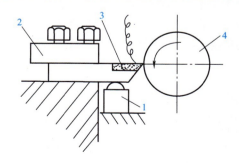

图4-9 刀具切削力测量示意图

1—压电式单向动态力传感器 2—刀架 3—车刀 4—工件

切削过程中，车刀在切削力的作用下，上下剧烈颤动，将脉动力传递给压电式单向动态力传感器。传感器的电荷变化量由电荷放大器转换成电压，再用记录仪记录下切削力的变化量。

4.4.2　高分子压电材料的应用

1. 玻璃破碎报警装置

玻璃破碎时会发出几千赫兹甚至超声波（高于20kHz）的振动。将高分子压电薄膜粘贴在玻璃上，可以感受到这一振动，并将电压信号传送给集中报警系统。图4-10所示为高分子压电薄膜振动感应片示意图。

高分子薄膜厚约0.2mm，用聚偏二氟乙烯（PVDF）薄膜裁制成10mm×20mm大小。在它的正反两面各喷涂透明的二氧化锡导电电极，也可以用热印制工艺制作铝薄膜电极，再用超声波焊接上两根柔软的电极引线，并用保护膜覆盖。

使用时，用瞬干胶（502等）将高分子压电薄膜粘贴在玻璃上。当玻璃遭暴力打碎的瞬间，压电薄膜感受到剧烈振动，表面产生电荷Q。在两个输出引脚之间产生窄脉冲电压，脉冲信号经放大后，用电缆输送到集中报警装置，产生报警信号。由于感应片很小且透明，不易察觉，所以可安装于贵重物品柜台、展览橱窗、博物馆及家庭等玻璃窗角落处。

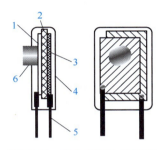

图4-10　高分子压电薄膜振动感应片

1—正面透明电极　2—PVDF薄膜
3—反面透明电极　4—保护膜
5—引脚　6—质量块

2. 压电式周界报警系统

周界报警系统又称线控报警系统。它警戒的是一条边界包围的重要区域。当入侵者进入防范区之内时，系统就会发出报警信号。

周界报警器最常见的是安装有报警器的铁丝网，但在民用部门常使用隐蔽的传感器。常用的有以下几种形式：地音式、高频辐射漏泄电缆、红外激光遮断式、微波多普勒式及高分子压电电缆等。高分子压电电缆周界报警系统如图4-11所示。

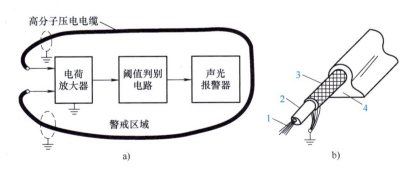

图4-11　高分子压电电缆周界报警系统

1—铜芯线（分布电容内电极）　2—管状高分子压电塑料绝缘层　3—铜网屏蔽层（分布电容外电极）
4—橡胶保护层（承压弹性元件）

在警戒区域的四周埋设多根以高分子压电材料为绝缘物的单芯屏蔽电缆。屏蔽层接大地，它与电缆芯线之间以PVDF为介质而构成分布电容。当入侵者踩到电缆上面的柔性地面时，该压电电缆受到挤压，产生压电脉冲，引起报警。通过编码电路，还可以判断入侵者的大致方位。压电电缆可长达数百米，可警戒较大的区域，不易受电、光、雾、雨水等干扰，费用也比微波等方法便宜。

知识拓展

压电式振动传感器与汽车点火时间控制

汽车发动机中气缸的点火时刻必须十分精确，如果恰当地将点火时间提前一些，即有一个提前角，就可使气缸中汽油与空气的混合气体得到充分燃烧，使转矩增大、排污减少。但提前角太大或压缩比太高时，混合气体燃烧受到干扰或自燃，就会产生冲击波，以超音速撞击气缸壁，发出尖锐的金属敲击声，称为爆燃（俗称敲缸或爆震），可能使火花塞、活塞环熔化损坏，使缸盖、连杆、曲轴等部件过载、变形。

将压电式振动传感器旋在气缸体的侧壁上。当发生爆燃时，传感器产生共振，输出尖脉冲信号（5kHz左右）并送到汽车发动机的电控单元（又称 ECU），进而推迟点火时刻，尽量使点火时刻接近爆燃区而不发生爆燃，又能使发动机输出尽可能大的转矩。

思考题与习题

一、填空题

1. 压电元件一般有三类：第一类是_____；第二类是_____；第三类是_____。

2. 压电效应可分为_____和_____。

3. 将超声波（机械振动波）转换成电信号利用了压电材料的_____；蜂鸣器中发出"嘀嘀…"声（压电晶片发声）利用了压电材料的_____。

4. 在实验室作检验标准用的压电仪表应采用_____压电材料；能制成薄膜，粘贴在一个微小探头上，并用于测量人的脉搏的压电材料应采用_____。

5. 使用压电陶瓷制作的力或压力传感器可测量_____。

6. 动态力传感器中，两片压电晶片多采用_____接法，这可增大输出电荷量；在电子打火机和煤气灶点火装置中，多片压电晶片采用_____接法，可使输出电压达上万伏，从而产生电火花。

7. 用于厚度测量的压电陶瓷器件利用了_____原理。

二、综合题

1. 简述压电式加速度传感器的结构及原理。

2. 举例说明压电式传感器的应用。

第5章　热电式传感器

温度是工业生产中常见的工艺参数之一，任何物理变化和化学反应过程都与温度密切相关，因此温度控制是生产自动化的重要任务，如冶金、机械、热处理、食品、化工、玻璃、陶瓷和耐火材料等各类工业生产过程中广泛使用各种加热炉、热处理炉和反应炉等。图5-1所示为热电式传感器的工作原理。

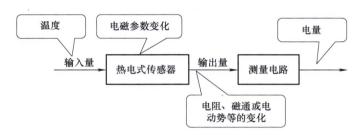

图 5-1　热电式传感器的工作原理

5.1　热电偶传感器

热电偶作为温度传感器，可测得与温度相应的热电动势，并由仪表显示出温度值。热电偶传感器被广泛用来测量 $-200 \sim 1800℃$ 范围内的温度，特殊情况下，可测至 $2800℃$ 的高温或 $4K（-269.15℃）$ 的低温。它具有结构简单、价格便宜、准确度高、测温范围广等特点。由于热电偶将温度转化成电量进行检测，使温度的测量、控制以及对温度信号的放大、变换变得很方便，适用于远距离测量和自动控制。

5.1.1　热电偶的测温原理

热电偶的测温原理基于热电效应，如图5-2所示。将两种不同材料的导体 A 和 B 串接成一个闭合回路，当两个接点 1 和 4 的温度不同时，如 $T > T_0$，在回路中就会产生热电动势，并且回路中会产生一定大小的电流，此种现象称为热电效应。该电动势就是著名的"塞贝克温差电动势"，简称"热电动势"，记为 E_{AB}，导体 A、B 称为热电极。接点 1 通常是焊接在一起的，测量时将它置于测温场所感受被测温度，故称为测量端（或工作端、热端）。接点 4 要求温度恒定，称为参考端（或冷端）。由两种导体组合并将温度转化为热电动势的传感器称为热电偶传感器。

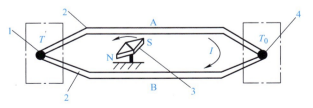

图 5-2　热电偶的测温原理

1—工作端　2—热电极　3—指南针　4—参考端

热电偶回路产生的热电动势由接触电动势和温差电动势两部分组成，如图5-3所示。

41

1. 接触电动势

两种不同材料的导体 A、B 接触时，由于两者的自由电子密度不同，假设 A 的自由电子密度大于 B，则 A 的自由电子向 B 扩散，A 带正电，B 带负电，形成 A 到 B 的电场。该电场能够阻止电子的继续扩散，当达到动态平衡时，A 与 B 之间的电位差就是接触电

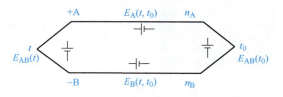

图 5-3　热电偶热电动势

动势，即图 5-3 中的 $E_{AB}(t)$ 和 $E_{AB}(t_0)$。经推导，两接触电动势又可以表示为

$$E_{AB}(t) = \frac{Kt}{e} \ln \frac{n_A}{n_B}$$

$$E_{AB}(t_0) = \frac{Kt_0}{e} \ln \frac{n_A}{n_B}$$

式中，K 为波尔兹曼常数；e 为电子电量。

2. 温差电动势

单一导体 A 或 B，其两端分别置于不同的温度 t 和 t_0 时，假设 $t > t_0$，则高温端的自由电子向低温端扩散，t 端带正电，t_0 端带负电。形成由高温端指向低温端的电场。该电场能够阻止电子的继续扩散，当达到动态平衡时，两端之间的电位差就是温差电动势，即图 5-3 中的 $E_A(t, t_0)$ 和 $E_B(t, t_0)$。温差电动势比接触电动势小得多，通常被忽略。

3. 热电动势

接触电动势与温差电动势的代数和为热电偶的热电动势。如图 5-3 所示，热电偶的热电动势可由下式得到：

$$
\begin{aligned}
E_{AB}(t, t_0) &= E_{AB}(t) - E_{AB}(t_0) + E_A(t, t_0) - E_B(t, t_0) \\
&\approx E_{AB}(t) - E_{AB}(t_0) \\
&= \frac{K(t - t_0)}{e} \ln \frac{n_A}{n_B}
\end{aligned}
$$

这一关系式在测温领域得到广泛应用，但通常只用于定性分析，不用于定量计算。对于不同金属材料组成的热电偶有不同的函数关系，一般用实验方法求取该函数关系并将它们列成表，称为热电偶分度表。由于温差电动势比接触电动势小得多，可忽略不计，若冷端温度 t_0 保持不变，则 t_0 端的接触电动势为常数，热电动势的计算公式可化简为

$$
\begin{aligned}
E_{AB}(t, t_0) &\approx E_{AB}(t) - E_{AB}(t_0) \\
&= E_{AB}(t) - C
\end{aligned}
$$

由上式可看出，热电偶的热电动势只随热端温度的变化而变化，即一定的热电动势对应一定的温度，测得热电动势就能测得温度了。

5.1.2　热电偶基本定律

热电偶测温完全是建立在利用实验特性和一些热电定律的基础上。下面介绍几个常用的热电定律。

1. 均质导体定律

如果热电偶的两个热电极材料相同，即使两接点温度不同，热电偶回路内的热电动势均为零。

应用：判断热电偶热电极材料的均匀性以及两种导体材料是否相同。

2. 中间导体定律

如图 5-4 所示，在热电偶 A、B 回路中接入第三种导体 C，只要第三种导体的两接点温度相同，则回路中的热电动势不变。

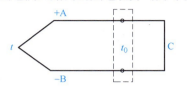

图 5-4　接入导体 C 的热电偶回路

证明：接入导体 C 后的热电动势（忽略温差电动势）

$$E_{AB C}(t, t_0) = E_{AB}(t) + E_{BC}(t_0) + E_{CA}(t_0)$$

若 $t = t_0$，则回路的总电动势为零，即

$$E_{ABC}(t, t_0) = E_{AB}(t_0) + E_{BC}(t_0) + E_{CA}(t_0) = 0$$
$$E_{AB}(t_0) = -E_{BC}(t_0) - E_{CA}(t_0)$$

所以有

$$E_{ABC}(t, t_0) = E_{AB}(t) - E_{AB}(t_0) = E_{AB}(t, t_0)$$

同理，在热电偶回路中接入更多的导体 D、E……，只要保证接入点的温度相同，均不会影响原来回路的热电动势大小。

应用：在热电偶回路中接入各种仪表，不影响回路的热电动势。利用热电偶来实际测温时，连接导线、显示仪表和插接件等均可看成是中间导体，只要保证这些中间导体两端的温度各自相同，则对热电偶的热电动势没有影响。

3. 标准电极定律

如果两种导体 A、B 分别与第三种导体 C 组成的热电偶的热电动势已知，则由 A、B 两种导体组成的热电偶热电动势也就已知，如图 5-5 所示，即

$$E_{AB}(t, t_0) = E_{AC}(t, t_0) - E_{BC}(t, t_0)$$

图 5-5　三种导体分别组成的热电偶

下面来证明这种关系，从等式的右面开始：

$$\begin{aligned}
&E_{AC}(t, t_0) - E_{BC}(t, t_0)\\
&= E_{AC}(t) - E_{AC}(t_0) - E_{BC}(t) + E_{BC}(t_0)\\
&= \frac{Kt}{e}\left(\ln\frac{n_A}{n_C} - \ln\frac{n_B}{n_C}\right) - \frac{Kt_0}{e}\left(\ln\frac{n_A}{n_C} - \ln\frac{n_B}{n_C}\right)\\
&= \frac{Kt}{e}\ln\frac{n_A}{n_B} - \frac{Kt_0}{e}\ln\frac{n_A}{n_B}\\
&= E_{AB}(t) - E_{AB}(t_0)\\
&= E_{AB}(t, t_0)
\end{aligned}$$

应用：标准电极定律也是一个有实用价值的定律。热电偶生产厂常需要选配热电偶的电极材料，要测试两种电极材料的热电动势、了解其工作性能，工作量非常大。根据热电偶标准电极定律，已知两种材料与第三种材料组成的热电偶热电动势后，用相减的方法就可以得出已知两种材料组成热电偶的热电动势，这就简化了热电极材料的选配工作。

4. 中间温度定律

热电偶回路中，两接点温度分别为 t、t_0 时的热电动势，等于接点温度为 t、t_n 和 t_n、t_0 的两支同性质热电偶的热电动势的代数和，如图 5-6 所示，即

$$E_{AB}(t, t_0) = E_{AB}(t, t_n) + E_{AB}(t_n, t_0)$$

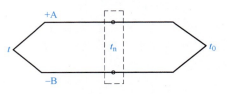

图 5-6　热电偶中间温度定律

证明：

$$
\begin{aligned}
& E_{AB}(t, t_n) + E_{AB}(t_n, t_0) \\
& = E_{AB}(t) - E_{AB}(t_n) + E_{AB}(t_n) - E_{AB}(t_0) \\
& = E_{AB}(t) - E_{AB}(t_0) \\
& = E_{AB}(t, t_0)
\end{aligned}
$$

应用：为热电偶分度表的制定和补偿导线的使用提供了理论基础。

5.1.3　热电偶的材料、结构及性能

1. 热电偶的材料

任意两种导体（或半导体）都可以配制成作为测温件的热电偶，但实用中总是希望配制成的热电偶的热电动势较大，热电动势与被测温度之间尽量地呈线性单值关系，且测温的范围较宽。此外，还希望元件的物理和化学性能稳定、不易氧化和腐蚀、电阻温度系数小和电导率高等。由此看来，并不是所有材料都适于制作热电偶。一般情况下，纯金属热电偶容易复制，但其热电动势小；非金属热电极的热电动势大、熔点高，但复制性和稳定性都较差；合金热电极的热电性能和工艺性能介于前面两者之间，因此合金热电极使用得比较多。

根据热电极的材料，热电偶可分为难熔金属热电偶、贵金属热电偶、廉金属热电偶、非金属热电偶等；根据测温范围，热电偶可分为高温热电偶、中温热电偶、低温热电偶；根据工业标准化的情况，又分为标准化热电偶和非标准化热电偶。标准化热电偶国家已定型批量生产，它具有良好的互换性，有统一的分度表，并有与之配套的记录和显示仪表，这为生产和使用都带来了方便。目前，我国大量生产和使用的有八种标准热电偶，见表 5-1。

表 5-1　八种标准热电偶特性表

名称	分度号	测温范围/℃	特性
铂铑$_{30}$-铂铑$_6$	B	50~1820	熔点高，测温上限高，性能稳定，精度高，100℃以下热电动势极小，所以可不必考虑冷端温度补偿；价格昂贵，热电动势小，线性差；只适用于高温域的测量
铂铑$_{13}$-铂	R	−50~1768	使用上限较高，精度高，性能稳定，复现性好；但热电动势较小，不能在金属蒸气和还原性气氛中使用，在高温下连续使用时特性会逐渐变坏，价格昂贵；多用于精密测量

（续）

名称	分度号	测温范围/℃	特性
铂铑$_{10}$-铂	S	$-50 \sim 1768$	优点同上；但性能不如 R 热电偶；长期以来曾经作为国际温标的法定标准热电偶
镍铬-镍硅	K	$-270 \sim 1370$	热电动势大，线性好，稳定性好，价廉；但材质较硬，在 1000℃ 以上长期使用会引起热电动势漂移；多用于工业测量
镍铬硅-镍硅	N	$-270 \sim 1300$	是一种新型热电偶，各项性能均比 K 热电偶好，适宜于工业测量
镍铬-铜镍（康铜）	E	$-270 \sim 800$	热电动势比 K 热电偶大 50% 左右，线性好，耐高湿度，价廉；但不能用于还原性气氛；多用于工业测量
铁-铜镍（康铜）	J	$-210 \sim 760$	价格低廉，在还原性气体中较稳定；但纯铁易被腐蚀和氧化；多用于工业测量
铜-铜镍（康铜）	T	$-270 \sim 400$	价廉，加工性能好，离散性小，性能稳定，线性好，精度高；铜在高温时易被氧化，测温上限低；多用于低温域测量。可作（$-200 \sim 0$）℃温域的计量标准

2. 热电偶的结构和性能

根据热电偶的用途和安装位置不同，有多种结构形式。

（1）普通工业热电偶　普通工业热电偶通常由热电极、绝缘套管、保护套管和接线盒组成，如图 5-7 所示。

（2）铠装热电偶　铠装热电偶是在细长的金属保护套管内，用细质石英砂或氧化镁埋住热电极拉制而成的，如图 5-8 所示。主要特点是：细长可弯曲，最细外径只有 0.25mm，长度可达 100m 以上。它具有响应速度快、可靠性好、耐冲击、比较柔软、可挠性好、便于安装等优点，特别适合用于狭窄、弯曲或结构复杂的管道中介质温度测量。

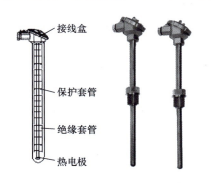

图 5-7　普通工业热电偶结构和外形

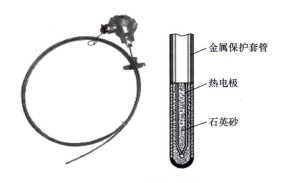

图 5-8　铠装热电偶

（3）薄膜热电偶　薄膜热电偶的结构如图 5-9 所示。用真空蒸镀的方法把热电极材料蒸镀在绝缘基板上，压上引线就做成了。测量端既小又薄，厚度约为几个微米，热容量小，响应速度快，便于敷贴。常用来测量微小面积上 300℃ 以下的瞬变温度。

除此之外，还有用于测量圆弧形固体表面的热电偶和用于测量液态金属的浸入式热电偶等。

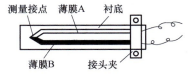

图 5-9　薄膜热电偶

5.1.4 热电偶的冷端温度补偿方法

由热电偶的工作原理可知，热电偶所产生的热电动势不仅与热端温度有关，还与冷端温度有关。只有当冷端温度恒定时，热电动势才是热端温度的单值函数。另外，热电偶分度表是以冷端温度为0℃的前提下制定的，因此，在使用时要正确反映热端温度，最好设法使冷端温度恒为0℃，否则将会产生测量误差。但在实际应用中，热电偶常常靠近被测对象，且受到周围环境温度的影响，其冷端温度不可能恒定不变。为此，必须采取一些相应的措施进行补偿或修正，以消除冷端温度变化和不为0℃所产生的影响。常用的方法有以下几种：

1. 补偿导线法

热电偶一般做的较短，通常为350～2000mm。当测温仪表与测量点距离较远时，冷端温度会受到周围环境的影响而波动，为节省热电偶材料，通常使用补偿导线法，即冷端温度延长法，如图5-10所示。

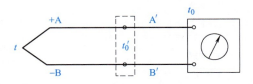

图 5-10　补偿导线法的原理图

所谓补偿导线，是由两种不同性质的廉价金属材料制成的一对导线，在0～150℃范围内与所配接热电偶热电特性完全相同，起到延长热电偶冷端的作用。在使用贵金属热电偶时，往往用补偿导线 A′和 B′将热电偶的冷端 t_0' 延伸到温度恒定且接近于0℃的 t_0 地方。注意热电偶补偿导线的两个接点温度 t_0' 相同，且不能超出 0～150℃ 的范围。

使用补偿导线时必须注意型号匹配，且极性不能接错。补偿导线的外形与双绞线没有区别，这点应特别注意。补偿导线的型号由两个字母组成，第一个字母与所配接热电偶的型号相对应，第二个字母表示补偿导线类型。补偿导线分为延伸型（X）和补偿型（C）两种。表5-2所示为常用热电偶补偿导线。

表 5-2　常用热电偶补偿导线

补偿导线型号	配用热电偶分度号	补偿导线材料		绝缘层着色	
		正极	负极	正极	负极
SC	S	SPC（铜）	SNC（铜镍合金）	红	绿
KC	K	KPC（铜）	KNC（铜镍合金）	红	蓝
KX	K	KPX（铜铬合金）	KNX（铜硅合金）	红	黑
EX	E	EPX（铜铬合金）	ENX（铜镍合金）	红	棕
JX	J	JPX（铁）	JNX（铜镍合金）	红	紫
TX	T	TPX（铜）	TNX（铜镍合金）	红	白

应当注意：补偿导线将热电偶的冷端延伸至远离热源、温度稳定的地方，若延伸端的温度不为零，则必须进行计算修正。

2. 冷端恒温法

冷端0℃恒温法的实现方法有以下几种：

1）冰浴法，将热电偶的冷端置于装有冰水混合物的恒温容器中，使冷端温度保持在

0℃不变。由于冰融化较快，所以一般只用于实验室中。

2）将热电偶冷端置于电热恒温箱内，可以保持冷端温度相对稳定（不一定为零，还需计算修正），但要有较大的投资。

3）将热电偶冷端置于恒温房或空调房中，使冷端温度恒定。

4）工业生产中，常将热电偶冷端置于大油槽中，使热电偶冷端温度相对稳定（不为零，需计算修正），达到恒温目的。这种方法准确度不高，但是经济、简单，所以在实际中常被选用。

应该指出的是，除了冰浴法是使冷端温度保持0℃外，后几种方法只是将冷端维持在某一恒定（或变化较小）温度上，因此后几种方法还必须采用其他方法修正。

3. 电桥补偿法

电桥补偿法是利用不平衡电桥产生的电动势来补偿热电偶因冷端温度不为0℃时引起的热电动势变化。如图5-11所示，在热电偶与测温仪表之间串接一个直流不平衡电桥，电桥中的 R_1、R_2、R_3 用电阻温度系数很小的锰铜丝制作，另一桥臂的 R_T 用温度系数较大的铜线绕制。

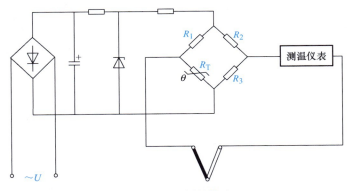

图 5-11 电桥补偿法

电桥的四个电阻均和热电偶冷端处于同一环境温度中，但由于 R_T 的阻值随环境温度变化而变化，使电桥产生的不平衡电动势的大小和极性随着环境温度的变化而变化，从而达到自动补偿的目的。

4. 计算修正法

当冷端温度恒定但不为零时，需要根据中间温度定律进行计算修正，消除冷端温度不为零产生的误差。

该方法适用于热电偶冷端温度恒定的情况。在智能化仪表中，查表及运算过程均可由计算机完成。

5. 显示仪表机械零位调整法

当热电偶与动圈式仪表配套使用时，若热电偶的冷端温度比较恒定，对测量精度要求又不高时，可采用此方法进行修正。

一般动圈仪表以冷端温度为零刻度，当冷端温度不为零时会产生较大误差。为减小该误差，在动圈仪表未工作之前，预先调整其机械零点到冷端环境温度值，这就相当于预先给仪表输入了一个 $E_{AB}(t_0, 0℃)$。所以当接入热电偶后，动圈仪表输入的热电动势相当于 E_{AB}

$(t,t_0)=E_{AB}(t,t_0)+E_{AB}(t_0,0℃)$，这样误差就小了。

　　进行仪表机械零位调整时，首先必须将仪表的电源及输入信号切断，然后用螺钉旋具调节仪表面板上的螺钉使指针指到 t_0 的刻度上。当冷端温度变化时，应及时断电，修正指针的位置。

　　此法虽有一定的误差，但非常简便，在工业上经常采用。

5.1.5　热电偶测温电路

1. 测量单点温度

热电偶测量单点温度的测温电路如图 5-12 所示。

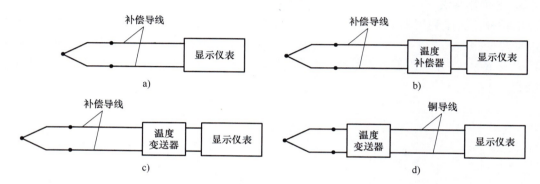

图 5-12　热电偶测量单点温度的测温电路

2. 测量多点温度和

在测量 n 个点的温度之和时，多将 n 个同型号的热电偶同相串联在一起，如图 5-13 所示。

3. 测量多点平均温度

有些大型设备，需要测量多点的平均温度，可通过将 n 个同型号的热电偶并联来实现，如图 5-14 所示。

4. 测量两点的温度差

将两个同型号的热电偶反相串联，即可测得两点的温度差，如图 5-15 所示。

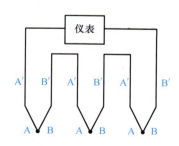

图 5-13　热电偶测量多点温度和

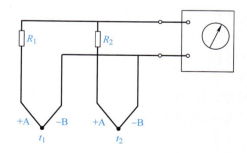

图 5-14　热电偶测量多点平均温度

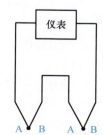

图 5-15　热电偶测量两点温度差

5.2 热电阻传感器

5.2.1 热电阻的工作原理

热电阻是根据导体的电阻率随温度变化的物理现象完成温度测量的。常用的热电阻材料有铂、铜等，低温测量中的热电阻材料为铟、锰、碳等。

1. 铂热电阻

铂热电阻具有化学性质稳定、电阻率大、耐高温等优点，常作基准器使用。铂热电阻的阻值与温度间的关系可表示为

$$0 \sim 650℃ \quad R_t = R_0(1 + At + Bt^2)$$
$$-200 \sim 0℃ \quad R_t = R_0[1 + At + Bt^2 + C(t-100)t^2]$$

式中，R_t 是温度为 $t℃$ 时的电阻值；R_0 是温度为 $0℃$ 时的电阻值；A、B、C 是和材料有关的常数，$A = 3.96847 \times 10^{-3}℃^{-1}$，$B = -5.847 \times 10^{-7}℃^{-1}$，$C = -4.22 \times 10^{-12}℃^{-1}$。

2. 铜热电阻

铜热电阻价格便宜，有较大的温度系数，电阻值和温度接近线性关系，但电阻率小、稳定性差、容易氧化，所以常在测量精度要求不高和测温范围较小的情况下使用，常用测温范围是 $-50 \sim 150℃$。铜热电阻的阻值与温度间的关系可表示为

$$R_t = R_0(1 + \alpha t)$$

式中，R_t 是铜热电阻在温度为 $t℃$ 时的电阻值；R_0 是温度为 $0℃$ 时的电阻值；α 是电阻温度系数，$\alpha = (4.25 \sim 4.28) \times 10^{-3}℃^{-1}$。

其他热电阻原理相似，这里不再赘述。

5.2.2 热电阻的结构

工业用热电阻由电阻体、绝缘支架、保护套管和接线盒组成。图 5-16 所示是铂热电阻的结构示意图，图 5-17 是铜热电阻的结构示意图。电阻体采用电阻丝双绕的方式绕在支架

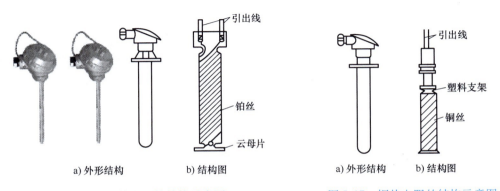

a) 外形结构   b) 结构图   a) 外形结构   b) 结构图

图 5-16　铂热电阻的结构示意图　　　图 5-17　铜热电阻的结构示意图

上，以便消除电感的影响，铂热电阻使用直径 0.03 ~ 0.07mm 的铂丝，铜热电阻使用直径 0.1mm 的铜丝；铂热电阻的绝缘支架使用石英玻璃或云母片叠成，铜热电阻的绝缘支架使用塑料支架；保护套管使用物理、化学性能稳定且导热性能好的材料，如不锈钢（1Cr18Ni9Ti）和金属陶瓷；接线盒是连接电阻丝和测量电路的装置。

1. 热电阻的规格和分度表

热电阻的规格用阻值表示，铂热电阻 R_0 有 100Ω 和 25Ω，分度号为 Pt100 和 Pt25；铜热电阻 R_0 有 100Ω 和 50Ω，分度号为 Cu100、Cu50。

2. 热电阻的电路符号

热电阻的文字符号用 R_t（旧时用 R_θ）表示，文字符号和图形符号如图 5-18 所示。

5.2.3 热电阻测量电路的选择

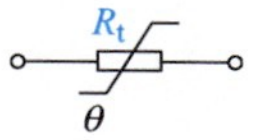

热电阻的测量电路有三种结构形式：二线制单臂电桥测量电路、三线制单臂电桥测量电路和四线制恒流源测量电路，如图 5-19 ~ 图 5-21 所示。

图 5-18　热电阻的文字符号和图形符号

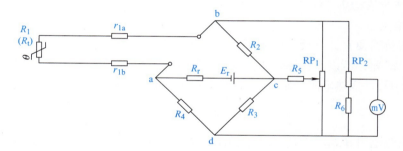

图 5-19　二线制单臂电桥测量电路

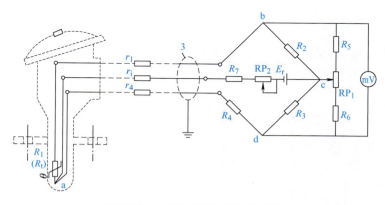

图 5-20　三线制单臂电桥测量电路

（1）二线制单臂电桥测量电路　二线制单臂电桥测量电路中，R_1 是热电阻，R_2、R_3、R_4 为固定的锰铜电阻，适当选配这些电阻值使其在 0℃ 电桥平衡，电压表电压为零。R_1 要装在介质的测温点上，需要有较长的导线连接。由于金属热电阻 R_1 的阻值较小，所以连接导

线 r_{1a}、r_{1b} 的阻值和随温度的影响将会使测量产生较大的误差。所以用金属热电阻时不宜采用二线制单臂电桥测量电路。如果采用半导体热敏电阻进行测量控制，由于半导体热敏电阻的阻值很大，导线的影响可以忽略，但热敏电阻线性度差，一般不用于测量，常用于温度补偿。

（2）三线制单臂电桥测量电路　热电阻 R_1 用三根导线连接电桥，在 R_1 和 R_4 两个相邻桥臂上都有连接导线的电阻 r_1、r_4，r_i 与电源串联，所以不影响电桥的平衡，这就避免了连接

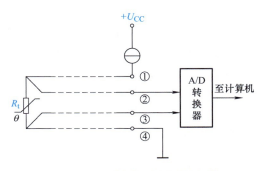

图 5-21　四线制恒流源测量电路

导线电阻受环境因素的影响。为减小电磁干扰，三导线常采用三芯屏蔽线，该电路常称为 3 导线 1/4 电桥。单臂电桥存在非线性误差，$\Delta R/R$ 和输出电压 U_0 的非线性使指示仪表不能均匀刻度，给读数带来困难。

（3）四线制恒流源测量电路　在四线制恒流源测量电路中，热电阻 R_t 与精密恒流源串联，在 R_t 两端产生电压 $U_o = I_i R_i$，经高阻抗 A/D 转换器送至计算机（微处理器或调节器）进行处理，根据分度表算出被测温度值，后对温度进行控制。50～80℃热交换系统出口处管道内的水温范围不宽，且对精度要求不高，所以可选三线制单臂电桥测量电路和调节器进行温度控制。当需要对温度进行准确控制或连续调节时选用四线制恒流源测量电路。

5.3　热敏电阻传感器

热敏电阻的分类

热敏电阻组成材料和应用

热敏电阻传感器的主要元件是热敏电阻。热敏电阻是一种电阻值随其温度呈指数变化的半导体热敏元件，被广泛应用于家电、汽车、测量仪器等领域。

热敏电阻是由两种以上的过渡金属 Mn、Co、N、Fe 等复合氧化物构成的烧结体，根据组成成分的不同，可以调整其常温电阻及温度特性。多数热敏电阻具有负温度系数，即当温度升高时，电阻值下降，同时灵敏度也下降。此外，还有正温度系数热敏电阻和临界温度系数热敏电阻。负温度系数热敏电阻的电阻-温度特性可表示为

$$R_T = R_{T_0} \exp B(1/T - 1/T_0)$$

式中，R_T、R_{T_0} 分别为温度为 T、T_0 时热敏电阻的阻值（Ω）；B 为热敏指数。

热敏电阻由热敏探头、引线、壳体等构成，图 5-22 所示为热敏电阻的结构与电路符号。

热敏电阻包括正温度系数（PTC）热敏电阻、负温度系数（NTC）热敏电阻和临界温度热敏电阻（CTR）。热敏电阻的主要特点如下：

1）灵敏度较高，其电阻温度系数要比金属大 10～100 倍。

2）工作温度范围宽，常温器件适用于 -50～

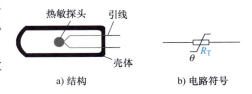

图 5-22　热敏电阻的结构与电路符号

51

350℃，高温器件适用温度高于350℃（目前最高可达到2000℃），低温器件适用于 -273 ~ 50℃。

3）体积小，能够测量其他温度计无法测量的空隙、腔体及生物体内血管的温度。

4）使用方便，电阻值可在0.1 ~ 100kΩ 间任意选择。

5）易加工成复杂的形状，可大批量生产。

6）稳定性好，过载能力强。

 科技前沿

集成温度传感器

集成温度传感器将热敏晶体管与相应的辅助电路集成在同一芯片上，它能直接给出正比于绝对温度的理想线性输出，一般用于测量 -50 ~ 150℃ 的温度，当热敏晶体管集电极电流恒定时，晶体管的基极、发射极电压与温度呈线性关系。集成温度传感器采用了特殊的差分电路，具有线性好、精度适中、灵敏度高、体积小、使用方便等优点，得到广泛应用。

集成温度传感器的输出形式分为电压输出和电流输出两种。电压输出型温度传感器的灵敏度一般为10mV/K，温度为0℃时输出为0，温度为25℃时输出为2.982V。电流输出型集成温度传感器在一定温度下相当于一个恒流源，因此它不易受接触电阻、引线电阻、电压噪声的干扰，灵敏度一般为1mA/K。

思考题与习题

一、填空题

1. 热电偶作为温度传感器，可测得与温度相应的_____，并由仪表显示出_____。热电偶传感器广泛用来测量_____范围内的温度。

2. 热电偶冰浴法是指在实验室及精密测量中，通常把冷端放入_____的容器中，以使冷端温度保持在_____。

3. 热电阻传感器常用的两种材质为_____和_____。

二、简答题

1. 什么是热电效应？

2. 热电偶有哪几种类型？热电偶的冷端温度补偿有哪些方法？

3. 简述热电阻的测温原理，常用热电阻有哪些？它们的性能特点是什么？

4. 什么是热敏电阻？热敏电阻的主要特点是什么？

第6章　光电式传感器

光电式传感器的工作原理是将被测量转换成光信号的变化，然后将光信号作用于光电器件，从而转换成电信号的输出。光电式传感器可测量的参数很多，一般情况下具有非接触式测量的特点，并且光电式传感器的结构简单，具有很高的可靠性且动态响应极快。随着激光光源、光栅和光导纤维等的相继出现和成功应用，使得光电式传感器越来越广泛地应用于检测和控制领域。

6.1　光电式传感器的工作原理及应用

6.1.1　光电效应

光电式传感器通常是指能敏感检测到由紫外线到红外线的光能，并能将光能转变成电信号的器件。其工作原理是一些物质的光电效应，由于被光照射的物体材料不同，所产生的光电效应也不同，通常光照射到物体表面后产生的光电效应分为两类：

（1）外光电效应　在光线作用下，物体内的电子逸出物体表面，向外发射的现象称为外光电效应。基于外光电效应的光电器件有光电管、光电倍增管等。

（2）内光电效应　受光照的物体电导率发生变化，或产生光生电动势的效应叫内光电效应。内光电效应包括光电导效应和光生伏特效应等。

① 光电导效应。在光线作用下，电子吸收光子能量从键合状态过渡到自由状态，而引起材料电阻率的变化，这种现象称为光电导效应。基于这种效应的光电器件有光敏电阻等。

② 光生伏特效应。在光线作用下能够使物体产生一定方向电动势的现象叫光生伏特效应。基于该效应的光电器件有光电池和光电晶体管等。

根据爱因斯坦的假设，一个光子的能量只给一个电子，因此如果要使一个电子从物质表面逸出，光子具有的能量 E 必须大于该物质表面的逸出功 A_0，这时逸出表面的电子就具有动能 E_k。

$$E_k = \frac{1}{2}mv_0^2 = h\gamma - A_0 \tag{6-1}$$

式中，m 为电子质量（kg）；v_0 为电子逸出时的初速度（m/s）；h 为普朗克常数，$h = 6.626 \times 10^{-34}$（J·s）；$\gamma$ 为光的频率（Hz）。

由式（6-1）可见，光电子逸出时所具有的初始动能 E_k 与光的频率有关，频率高则动能大。由于不同材料具有不同的逸出功，所以对某种材料而言便有一个频率限，当入射光的频率低于此频率限时，无论光照强度多大，也不能激发出电子；反之，当入射光的频率高于此频率限时，即使光线微弱也会有光电子发射出来，这个频率限称为

"红限频率"，其波长 $\lambda = hc/A_0$，其中，c 为光在空气中的速度，λ 为波长，$\lambda = c/\gamma$，该波长称为临界波长。

> ### 🔍 知识拓展
>
> #### 光的研究历史
>
> 　　1887 年，光电效应首先由德国物理学家海因里希·赫兹在实验中发现，对发展量子理论及提出波粒二象性的设想起到了根本性的作用。赫兹将实验结果发表于《物理年鉴》，他没有对该效应做进一步的研究。
>
> 　　之后，许多国家的科学家通过大量实验推动了光的研究。1902 年，匈牙利物理学家菲利普·莱纳德用实验发现了光电效应的重要规律。
>
> 　　1905 年，阿尔伯特·爱因斯坦提出了正确的理论机制。但当时还没有充分的实验来支持爱因斯坦光电效应方程给出的定量关系。直到 1916 年，光电效应的定量实验研究才由美国物理学家罗伯特·密立根完成。
>
> 　　爱因斯坦的发现开启了量子物理的大门，爱因斯坦因为"对理论物理学的成就，特别是光电效应定律的发现"荣获 1921 年诺贝尔物理学奖。密立根因为"关于基本电荷以及光电效应的工作"荣获 1923 年诺贝尔物理学奖。

6.1.2　光电器件

光电管和
光电倍增管

1. 光电管

　　光电管和光电倍增管同属于用外光电效应制成的光电转换器件。光电管的结构如图 6-1 所示，金属阳极 A 和阴极 K 封装在一个玻璃壳内，当入射光照射到阴极时，光子的能量传递给阴极表面的电子，当电子获得的能量足够大时，就有可能克服金属表面对电子的束缚（称为逸出功）而逸出金属表面形成电子发射，这种电子称为光电子。在光照频率高于阴极材料红限频率的前提下，溢出电子数决定于光通量，光通量越大，则溢出电子越多。当光电管阳极与阴极间加适当正向电压（数十伏）时，从阴极表面溢出的电子被具有正向电压的阳极所吸引，在光电管中形成电流，称之为光电流。光电流 I_Φ 正比于光电子数，而光电子数又正比于光通量。光电管的测量电路如图 6-2 所示。

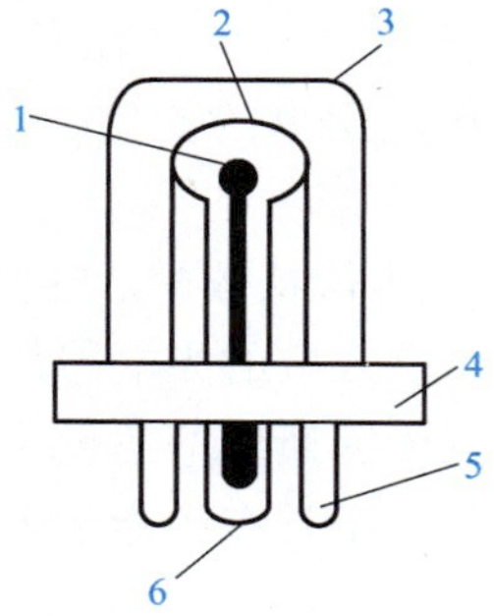

图 6-1　光电管的结构
1—阳极 A　2—阴极 K　3—玻璃外壳
4—管座　5—电极引脚　6—定位销

2. 光电倍增管

　　光电倍增管有放大光电流的作用，特点是灵敏度非常高、信噪比大、线性好，多用于微光测量，其结构及工作原理如图 6-3 所示。

　　从图 6-3 中可以看到，光电倍增管也有一个阴极 K、一个阳极 A，但与光电管不同的是，在它的阴极和阳极间设置许多二次发射电极 D_1、D_2、…，它们又称为第一倍增极、第二倍增极、…，相邻电极间通常加上 100V 左右的电压，其电位逐级升高，阴极电位最低，阳极电位最高，两者之差一般为 $600 \sim 1200\,\mathrm{V}$。

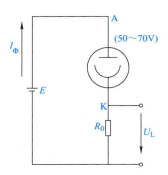

图6-2　光电管的测量电路

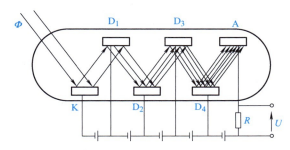

图6-3　光电倍增管的结构及工作原理示意

当微光照射阴极 K 时，从阴极 K 上逸出的光电子被 K、D_1 之间的电场加速，以很高的速度轰击 D_1，入射光电子的能量传递给 D_1 表面的电子，使它们由 D_1 表面逸出，这些电子称为二次电子，一个入射光电子可以产生多个二次电子；D_1 发射出来的二次电子被 D_1、D_2 间的电场加速，射向 D_2，并再次产生二次电子发射，得到更多的二次电子；这样逐级前进，一直到最后到达阳极 A 为止。若每级的二次电子发射倍增率为 δ，共有 n 级（通常可达 9 ~ 11 级），则光电倍增管阳极得到的光电流是普通光电管的 δ^n 倍，因此光电倍增管灵敏度极高，其光电特性基本上是一条直线。

3. 光敏电阻

光敏电阻是一种电阻元件，具有灵敏度高、体积小、重量轻、光谱响应范围宽、机械强度高、耐冲击和振动、寿命长等优点。在黑暗的环境下，它的阻值很高，当受到光照并且光辐射能量足够大时，光导材料禁带中的电子受到能量大于其禁带宽度 ΔE_g 的光子激发，由价带越过禁带而跃迁到导带，使其导带的电子和价带的空穴增加，电阻率变小。光敏电阻常用的半导体材料有硫化镉（CdS，$\Delta E_g = 2.4\text{eV}$）和硒化镉（CdSe，$\Delta E_g = 1.8\text{eV}$）。图6-4所示为光敏电阻的原理、外形及电路符号。

光敏电阻和光电二极管

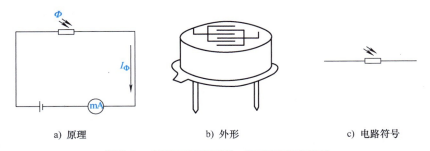

a) 原理　　　　　　　　　b) 外形　　　　　　　c) 电路符号

图6-4　光敏电阻的原理、外形及电路符号

4. 光电二极管

光电二极管的结构与一般二极管的不同之处在于：将光电二极管的 PN 结设置在透明管壳顶部的正下方，可以直接受到光的照射。图6-5a所示为其结构示意图，它在电路中处于反向偏置状态，如图6-5b所示。

PN 结加反向电压时，反向电流的大小取决于 P 区和 N 区中少数载流子的浓度，在没有

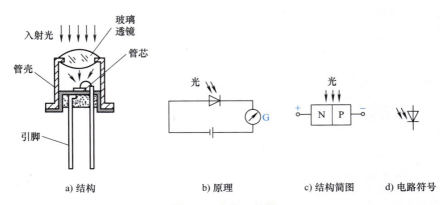

a) 结构　　　　　　　b) 原理　　　　　c) 结构简图　　　d) 电路符号

图 6-5　光电二极管

光照时，由于光电二极管反向偏置，所以反向电流很小，这时的电流称为暗电流，相当于普通二极管的反向饱和漏电流。当光照射在光电二极管的 PN 结（又称耗尽层）上时，PN 结附近产生的电子-空穴对数量随之增加，光电流也相应增大，光电流与照度成正比，光电二极管就把光信号转换成了电信号。

5. 光电晶体管

光电晶体管有两个 PN 结，与普通晶体管相似，其也有电流增益。图 6-6a 所示为 NPN 型光电晶体管的结构，多数光电晶体管的基极没有引出线，只有正、负极（C、E）两个引脚，所以其外形与光电二极管相似，从外观上很难区别。

其原理如图 6-6b 所示，集电结反偏，发射结正偏，无光照时，仅有很小的穿透电流流过，当光线通过透明窗口照射集电结时，和光电二极管的情况相似，将使流过集电结的反向电流增大，这就造成基区中正电荷的空穴积累，发射区中的多数载流子（电子）将大量注入基区。由于基区很薄，只有一小部分从发射区注入的电子与基区的空穴复合；而大部分电子将穿过基区流向与电源正极相接的集电极，形成集电极电流，与普通晶体管的电流放大作用相似，光电晶体管的等效电路如图 6-6c 所示，集电极电流 I_C 是原始光电流的 β 倍，因此光电晶体管比光电二极管的灵敏度高许多。光电晶体管的电路符号如图 6-6d 所示。

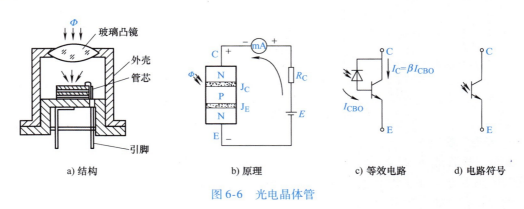

a) 结构　　　　　　　b) 原理　　　　　c) 等效电路　　　d) 电路符号

图 6-6　光电晶体管

6. 光电池

光电池是利用光生伏特效应把光能直接转变成电能的器件，是发电式有源元件。由于它可把太阳能直接转变为电能，所以又称之为太阳能电池。它有较大面积的 PN 结，当光照射在 PN 结上时，在结的两端出现电动势。

光电池

目前，应用最广、最有发展前途的是硅光电池。硅光电池价格便宜、转换效率高、寿命长，适于接收红外线。硒光电池光电转换效率低（0.02%）、寿命短，适于接收可见光（响应峰值波长 0.56μm），最适宜制造照度计。

砷化镓光电池转换效率比硅光电池稍高，光谱响应特性则与太阳光谱最吻合，且工作温度最高，更耐受宇宙射线的辐射，因此它在宇宙飞船、卫星、太空探测器等电源方面的应用是有发展前途的。

硅光电池的结构如图 6-7a 所示，它是在一块 N 型硅片上用扩散的办法掺入一些 P 型杂质（如硼）形成 PN 结，当光照到 PN 结区时，如果光子能量足够大，将在结区附近激发出电子－空穴对，在 N 区聚积负电荷，P 区聚积正电荷，这样 N 区和 P 区之间将出现电位差。若将 PN 结两端用导线连起来，电路中有电流流过，电流的方向由 P 区流经外电路至 N 区。若将外电路断开，可测出光生电动势。

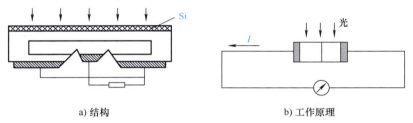

a) 结构　　　　　　　　　　　b) 工作原理

图 6-7　硅光电池

6.1.3　光电式传感器的应用实例

由于光电测量方法灵活多样，可测参数众多，一般情况下又具有非接触、精度高、分辨率高、可靠性高和响应快等优点，加之激光光源、光栅、光学码盘、CCD 器件、光导纤维等的相继出现和成功应用，使得光电式传感器在检测和控制领域得到了广泛的应用。按其接收状态可分为模拟式光电传感器和脉冲式光电传感器。

光电式传感器在工业上的应用可归纳为吸收式、遮光式、反射式和辐射式四种基本形式，如图 6-8 所示。

1. 烟尘浊度监测仪

监测工业烟尘污染是环保的重要任务之一，为了消除工业烟尘污染，首先要知道烟尘排放量，因此必须对烟尘源进行监测、自动显示和超标报警。烟道里的烟尘浊度是通过光在烟道里传输过程中的变化来检测的。如果烟道浊度增加，光源发出的光被烟尘颗粒吸收和折射也会增加，到达光检测器的光减少，因而光检测器输出信号的强弱便可反映烟道浊度的变化。图 6-9 为吸收式烟尘浊度检测系统原理图。

2. 光电数字式转速表

图 6-10 所示为光电数字式转速表的工作原理图，在待测转速转轴上固定一带孔的转速调制盘，调制盘一边由白炽灯产生恒定光，透过调制盘上的小孔到达由光电二极管组成的光

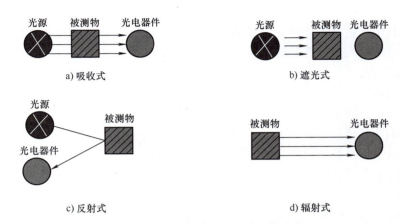

图 6-8　光电式传感器的四种工作方式

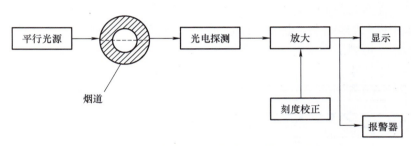

图 6-9　吸收式烟尘浊度检测系统原理图

电转换器上，转换成相应的电脉冲信号，经放大整形电路输出整齐的脉冲信号，转速可由该脉冲频率测定。

3. 光电式产品计数器

在日常生产生活中，很多地方要用到计数，如饮料装箱计数等。如图 6-11 所示，产品在传送带上运行时，不断地遮挡从光源到光电器件间的光路，使光电脉冲电路随产品的有无产生一个个电脉冲信号。产品每遮光一次，光电脉冲电路便产生一个电脉冲信号，因此输出的脉冲数即代表产品的数目。该脉冲经计数电路计数并由显示电路显示出来。

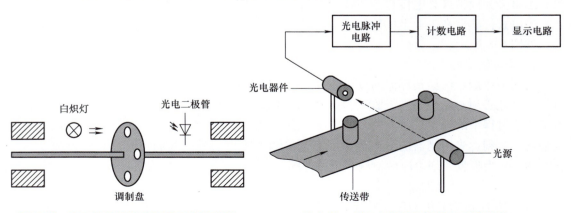

图 6-10　光电数字式转速表的工作原理图　　　图 6-11　光电式产品计数器的工作原理

太阳能发电系统

太阳能电池是利用半导体材料的光电效应，将太阳能转换成电能的装置，如图 6-12
所示。多个太阳能电池串联或并联起来就可以组成有较大输出功率的太阳能电池方阵。太
阳能绿色环保，是一种取之不尽、用之不竭的可再生能源。

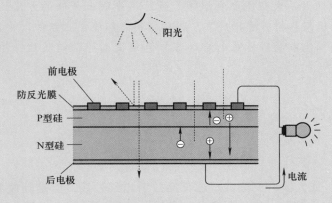

图 6-12　太阳能电池原理图

太阳能电池所用半导体材料以硅为主，其中又以单晶硅和多晶硅为代表。硅太阳能电
池是当前开发最快的一种太阳能电池，在应用中占主导地位，由于制造工艺不同，其可分
为单晶硅太阳能电池和多晶硅太阳能电池两种，制造流程如图 6-13 所示。

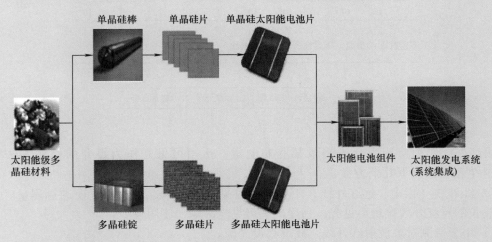

图 6-13　硅太阳能电池制造流程

（1）原材料硅砂→多晶硅　将原材料（工业硅）经过一系列的物理、化学反应提纯
后，就能得到达到一定纯度的电子材料——多晶硅。多晶硅是制造硅抛光片、太阳能电池
及高纯硅制品的主要原料，是信息产业和新能源产业最基础的原材料，按纯度要求不同，
其可分为电子级和太阳能级。

（2）单晶硅/多晶硅→硅片　将太阳能级多晶硅材料加工成硅片，可以通过多种不同的工艺途径实现：可以将太阳能级多晶硅直拉单晶，制成单晶硅棒，然后切割加工成单晶硅片；也可以将太阳能级多晶硅铸成多晶硅锭，然后切片制成多晶硅片。

（3）硅片→太阳能电池片　将硅片经过抛磨、清洗等工序后，制成待加工的原料硅片，然后经过表面织构化、发射区钝化、分区掺杂等烦琐的电池工艺后，硅片就成为半导体材料，产品就是能进行光电效应的太阳能电池片。

（4）太阳能电池片→太阳能电池组件　最后用串联或并联的方法，将太阳能电池片按所需要的规格用框架和材料进行封装，即可得到太阳能电池组件（太阳能电池板）。太阳能电池组件、太阳能控制器、蓄电池（组）和逆变器等通过集成，组成了能够发电的太阳能发电系统。

6.2　红外传感器

6.2.1　红外传感器概述

自然界的物体，如人体、火焰甚至冰都会放射出红外线，但是其放射的红外线波长不同。人体的温度为36～37℃，所放射出的红外线波长为9～10μm（属于远红外线区）；加热到400～700℃的物体，其放射出的红外线波长为3～5μm（属于中红外线区）。红外传感器可以检测到这些物体放射出的红外线，用于测量、成像或控制。图6-14所示为电磁波谱中的红外线。

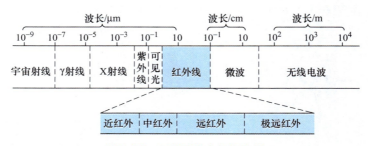

图6-14　电磁波谱中的红外线

用红外线作为检测媒介来测量某些非电量，比用可见光作为媒介的检测方法要好，其优越性表现在以下几个方面：

1）红外线（指中、远红外线）不受周围可见光的影响，因此可昼夜进行测量。0.5～3μm波长的近红外线接近可见光，易受周围可见光影响，使用较少。

2）由于待测对象放射红外线，故不必设光源。

3）大气对某些特定波长范围的红外线吸收甚少（2～2.6μm、3～5μm、8～14μm三个波段称为"大气窗口"），因此适用于遥感技术。

红外线检测技术被广泛应用于工业、农业、水产、医学、土木建筑、海洋、气象、航空、宇航等各个领域。红外线应用技术从无源传感发展到有源传感（利用红外激光器）。红外图像技术从以宇宙为观察对象的卫星红外遥感技术，发展到观察很小物体（如半导体器件）的红外显微镜，应用非常广泛。

红外线的发现

1800 年，英国物理学家赫胥尔在研究各种颜色光的热量时，把暗室开了一个孔，孔内装一个分光棱镜，太阳光通过棱镜时被分解为彩色光带，用温度计去测量不同颜色所含的热量。实验中他发现：放在红光光带外的温度计，比室内其他温度计数值高。于是他宣布太阳发出的辐射中除可见光线外，还有一种人眼看不见的"热线"，称为红外线。

红外线的发现是人类对自然认识的一次飞跃，为研究、利用和发展红外技术开辟了一条全新的广阔道路。

6.2.2　热释电红外传感器

早在 1938 年，就有人提出利用热释电效应探测红外辐射，但并未受到重视。直到 20 世纪 60 年代，随着激光、红外技术的迅速发展，才又推动了对热释电效应的研究和热释电晶体的应用开发。近年来，伴随着集成电路技术的飞速发展，以及对该传感器特性的深入研究，热释电晶体已广泛应用于红外光谱仪、红外遥感、热辐射探测器以及各种智能产品和自动化装置中。

1. 热释电效应

热释电效应是晶体的一种自然物理效应。对于具有自发式极化的晶体，当晶体受热或冷却后，由于温度的变化而导致自发式极化强度发生变化，从而在晶体某一个方向上产生表面极化电荷，这种由于热变化而产生的电极化现象称为热释电效应。

2. 热释电红外传感器的结构

热释电红外传感器由探测元件、场效应晶体管匹配器和干涉滤光片组成。

（1）探测元件　探测元件由热释电材料制成，主要有硫酸三甘肽、锆钛酸铅镧、透明陶瓷和聚合物薄膜。将热释电材料制成一定厚度的薄片，并在它的两面镀上金属电极，然后加电对其进行极化，相当于一个"小电容"。再将两个极性相反、特性一致的"小电容"串接在一起，可以消除因环境和自身变化引起的干扰。这样便制成了热释电探测元件，如图 6-15 所示。

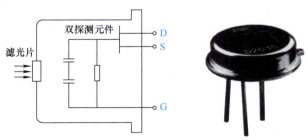

图 6-15　探测元件

当传感器没有检测到人体辐射出的红外线信号时，在电容两端产生极性相反、电量相等的正、负电荷。正、负电荷相互抵消，回路中无电流，传感器无输出。

当人体静止在传感器检测区域内时，照射到两个电容上的红外线光能能量相等，且达到平衡，极性相反、能量相等的光电流在回路中相互抵消，传感器仍然没有信号输出。

当人体在传感器检测区域内移动时，照射到两个电容上的红外线能量不相等，光电流在回路中不能相互抵消，传感器有信号输出。

综上所述，热释电红外传感器只对移动的人体或体温近似人体的物体起作用。

（2）场效应晶体管匹配器 热释电红外传感器在结构上引入场效应晶体管，其目的在于完成阻抗变换。由于热释电元件输出的是电荷信号，并不能直接使用，所以需要用电阻将其转换为电压信号。

（3）干涉滤光片 由于制造热释电红外传感器探测元件的探测波长为 0.2～20μm，而人体都有恒定的体温，一般为 36～37℃，会发出中心波长为 9～10μm 的红外线。为了对 9～10μm 的红外辐射有较高的灵敏度，热释电红外传感器在窗口上加装了一块干涉滤光片。这个滤光片可通过光的波长范围为 7～10μm，正好适合于人体红外辐射的探测，而其他波长的红外线则被滤光片滤除，这样便形成了一种专门用作探测人体辐射的热释电红外传感器。

（4）菲涅尔透镜 为了提高传感器的探测灵敏度（以增大探测距离），一般在传感器的前方装设一个菲涅尔透镜，如图 6-16 所示。该透镜用透明塑料制成，将透镜的上、下两部分各分成若干等份，制成一种特殊光学系统的透镜，其作用一是聚焦，将红外信号折射（反射）在探测元件上；二是将检测区分为若干个明区和暗区，使进入检测区的移动物体能以温度变化的形式在探测元件上产生变化的热释电红外信号。菲涅尔透镜使热释电人体红外传感器的灵敏度大大增加。

图 6-16 菲涅尔透镜

6.3 光纤传感器

光纤自 20 世纪 60 年代问世以来，就在传递图像和检测技术等方面得到了应用。利用光导纤维作为传感器的研究始于 20 世纪 70 年代中期。由于光纤传感器不受电磁场干扰、传输信号安全、可实现非接触测量，而且还具有高灵敏度、高精度、高速度、高密度、适应各种恶劣环境下使用以及非破坏性和使用简便等一系列优点，因此无论是在电量（电流、电压、磁场）的测量方面，还是在非电物理量（位移、温度、压力、速度、加速度、液位、流量等）的测量方面，都取得了惊人的进展。

6.3.1 光纤的结构

光纤是由纤芯、包层和涂覆层构成的同心玻璃体，呈柱状，如图 6-17 所示。在石英系光纤中，纤芯由高纯度二氧化硅（石英玻璃）和少量掺杂剂（如五氧化二磷和二氧化锗）构成，掺杂剂用来提高纤芯的折射率，纤芯的直径一般为 2～50μm。

实用的光纤是比人的头发丝稍粗的玻璃丝，通信用光纤的外径一般为 $125 \sim 140\mu m$。通常所说的光纤是由纤芯和包层组成的，纤芯完成信号的传输，包层与纤芯的折射率不同，使光信号封闭在纤芯中传输，还起到保护纤芯的作用。工程中一般将多条光纤固定在一起构成光缆，如图 6-18 所示。

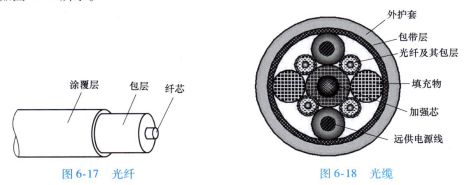

图 6-17 光纤

图 6-18 光缆

6.3.2 光纤传感器的工作原理及特点

1. 光纤传感器的工作原理

光纤传感器（见图 6-19）主要包括光纤、光源、光探测器和信号处理电路四个重要部分。

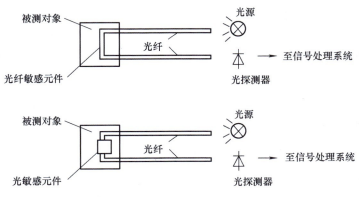

图 6-19 光纤传感器

光源可分为相干光源（各种激光器）和非相干光源（白炽灯、发光二极管）。实际中，一般要求光源的尺寸小、发光面积大、波长合适、足够亮、稳定性好、噪声小、寿命长、安装方便等。光探测器包括光电二极管、光电晶体管、光电倍增管、光电池等。光探测器在光纤传感器中有着十分重要的地位，它的灵敏度、带宽等参数将直接影响光纤传感器的总体性能。

光纤传感器的工作过程一般由三个环节组成，即信号的转换、信号的传输、信号的接收与处理。信号的转换环节：将被测参数转换成便于传输的光信号。信号的传输环节：利用光导纤维的特性将转换的光信号进行传输。信号的接收与处理环节：将来自光导纤维的信号送入测量电路，由测量电路进行处理并输出。

2. 光纤传感器的特点

1）灵敏度较高。

2）几何形状具有多方面的适应性，传感器可以制成任意形状。

3）可以制造传感各种不同物理信息（声、磁、温度、旋转等）的器件。

4）可以用于高电压、电气噪声、高温、腐蚀或其他恶劣环境中。

5）具有与光纤遥测技术的内在相容性。

6.3.3 光纤传感器的应用实例

1. 光纤位移传感器

与其他机械量相比，位移是既容易检测又容易获得高精度的检测量，因此测量中常将被测对象的机械量转换成位移来检测。例如，将压力转换成膜的位移，将加速度转换成重物的位移等。根据这种方法设计的位移传感器结构简单，所以位移传感器是机械量传感器中的基本传感器。因此，利用具有独特优势的光纤传感技术的位移测量越来越受到人们的重视。图 6-20 所示为线性位移测量装置示意图。

其基本原理：光从光源经凸透镜耦合进输入光纤射向被测物体，经被测物体反射，有一部分光进入输出光纤，待测距离越小，进入输出光纤的反射光越多，根据探测器的测量值就可以知道待测距离，从而实现位移量的检测。

2. 光纤液位传感器

光纤液位传感器是基于全内反射工作的，如图 6-21 所示。光源发出的光经入射光纤到达测量端的圆锥体反射器。如果测量端置于空气中，光线在圆锥体内发生全内反射，通过接收光纤全部返回到受光元件；如果测量端接触到液面，由于液体的折射率与空气的折射率不同，全内反射被破坏，部分光线透入液体，则返回受光元件的光照强度变弱。如果返回光的强度出现突变，则说明测量端已经接触到液位。

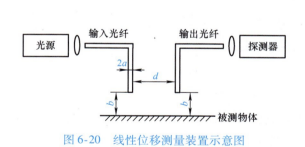

图 6-20　线性位移测量装置示意图　　　　图 6-21　光纤液位传感器

6.4　激光传感器

激光传感器是指利用激光技术进行测量的传感器，由激光器、激光检测器和测量电路组成。激光传感器的优点是能实现无接触远距离测量，速度快，精度高，量程大，抗光、电干扰能力强等。激光器是激光传感器的核心组成部分，按工作物质不同可分为固体激光器、气体激光器、液体激光器和半导体激光器四类。

1. 固体激光器

固体激光器的工作物质是固体，常用的有红宝石激光器、掺钕的钇铝石榴石激光器和钕玻璃激光器等。它们的结构大致相同，特点是小而坚固、功率高，钕玻璃激光器是目前脉冲输出功率最高的器件，已达到数十兆瓦。

2. 气体激光器

气体激光器的工作物质为气体，现已有各种气体原子、离子、金属蒸气、气体分子激光器。常用的有二氧化碳激光器、氦氖激光器和一氧化碳激光器，其形状如普通放电管，特点是输出稳定、单色性好、寿命长，但功率较小，转换效率较低。

3. 液体激光器

液体激光器又可分为螯合物激光器、无机液体激光器和有机染料激光器，其中最重要的是有机染料激光器，它的最大特点是波长连续可调。

4. 半导体激光器

半导体激光器是较"年轻"的一种激光器，其中较成熟的是砷化镓激光器。其特点是效率高、体积小、重量轻、结构简单，适于在飞机、军舰、坦克上使用，以及步兵随身携带，可制成测距仪和瞄准器。但其输出功率较小、定向性较差、受环境温度影响较大。

 科技前沿

激光测长、测距与测速

利用激光的高方向性、高单色性和高亮度等特点可实现无接触远距离测量。激光传感器常用于长度、距离、振动、速度和方位等物理量的测量，还可用于探伤和大气污染物监测等。

1. 激光测长

精密测量长度是精密机械制造工业和光学加工工业的关键技术之一。

现代长度计量多是利用光波的干涉现象来进行的，其精度主要取决于光的单色性。激光是最理想的光源，其单色性比以往最好的单色光源（氪-86灯）还纯10万倍，因此激光测长的量程大、精度高。一般测量数米之内的长度，其精度可达$0.1\mu m$。

2. 激光测距

它的原理与无线电雷达相同，将激光对准目标发射出去后，测量它的往返时间，再乘以光速即得到往返距离。激光具有的高方向性、高单色性和高功率等优点，对于测远距离、判定目标方位、提高接收系统的信噪比、保证测量精度等都很关键，因此激光测距日益受到重视。在激光测距仪的基础上发展起来的激光雷达不仅能测距，而且还可以测目标方位、运动速度和加速度等，已成功地用于人造卫星的测距和跟踪，例如采用红宝石激光器的激光雷达，测距范围为$500\sim2000km$，误差仅几米。

3. 激光测速

它也是基于多普勒原理的一种激光测速方法，用得较多的是激光多普勒流速计，它可以测量风洞气流速度、火箭燃料流速、飞行器喷射气流流速、大气风速和化学反应中粒子的大小及汇聚速度等。

思考题与习题

一、填空题

1. 光电式传感器通常是指能敏感检测到_____，并能将_____能转化成电信号的器件。其工作原理是一些物质的_____效应。

2. 光照射到物体表面后产生的光电效应分为三类：_____效应、_____效应和_____效应。

3. 热释电红外传感器由_____、_____和干涉滤光片组成。

4. 光纤传感器主要包括_____、_____、_____和信号处理电路四个重要部分。

二、综合题

1. 光电式传感器在工业上的应用有哪几种形式？

2. 简述光纤传感器的原理及其应用实例。

第7章　霍尔式传感器与其他磁敏传感器

霍尔式传感器是一种磁敏传感器，它是把磁学物理量转换成电信号的装置，广泛应用于自动控制、信息传递、电磁测量、生物医学等各个领域，它的最大特点是非接触测量。

7.1　霍尔效应

霍尔效应

将金属或半导体薄片置于磁感应强度为 B 的磁场中，磁场方向垂直于薄片（见图7-1），当有电流 I 通过时，在垂直于电流和磁场的方向上将产生电动势 U_H，这种物理现象称为霍尔效应。

图7-1中，假设霍尔元件为 N 型半导体薄片，薄片厚度为 d，磁感应强度为 B 的磁场方向垂直于薄片，在薄片前后两端通以控制电流 I，那么半导体中的载流子（电子）将沿着与电流 I 相反的方向运动。由于外磁场 B 的作用，使电子受到洛伦兹力 F_L 而发生偏转，结果半导体的右端面积累电子而带负电，左端面缺少电子带正电，在半导体的左右两端面间形成电场。该电场产生的电场力 F_E 阻止电子继续偏转。当 F_E 和 F_L 相等时，电子积累达到动态平衡，这时在半导体左右两端面之间（即垂

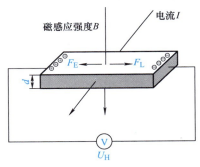

图7-1　霍尔效应

直于电流和磁场方向）建立的电场，称为霍尔电场 E_H，相应的电动势 U_H 称为霍尔电动势。

霍尔电动势的数学表达式为

$$U_H = \frac{R_H}{d}IB = K_H IB \qquad (7\text{-}1)$$

式中，R_H 为霍尔系数（m^3/C）；B 为磁感应强度（T）；K_H 为霍尔元件的灵敏度系数 $[mV/(mA \cdot T)]$。

如果磁场与法线薄片之间的夹角为 θ，那么霍尔电动势的数学表达式为

$$U_H = K_H IB\cos\theta \qquad (7\text{-}2)$$

从式(7-1) 和式(7-2) 可知，霍尔电动势 U_H 与输入电流 I 及磁感应强度 B 成正比，其灵敏度系数 K_H 与霍尔系数 R_H 成正比而与霍尔元件厚度 d 成反比。因此，为了提高灵敏度，霍尔元件常制成薄片形状。

当磁感应强度 B 的方向改变时，霍尔电动势的方向也随之改变。如果所施加的磁场为交变磁场，则霍尔电动势为同频率的交变电动势。

🔍 **知识拓展**

　　1879 年，美国物理学家霍尔（E. H. Hall）经过大量的实验发现：如果让恒定电流通过金属薄片，并将薄片置于强磁场中，则在金属薄片的另外两侧将产生与磁感应强度成正比的电动势，这个现象后来被人们称为霍尔效应。但是这种效应在金属中非常微弱，当时并没有引起人们的重视。

　　1948 年以后，半导体技术迅速发展，人们找到了霍尔效应比较明显的半导体材料，并制成了锑化铟、砷化镓、砷化铟、硅、锗等材料的霍尔元件。目前常用的霍尔元件材料是 N 型硅，它的灵敏度、温度特性、线性度均较好。

7.2　霍尔元件及其特性参数

7.2.1　霍尔元件

　　霍尔元件的结构很简单，它由霍尔片、引线和壳体组成，如图 7-2a 所示。霍尔片是一块矩形半导体单晶薄片，引出四根引线，a、b 两根引线加激励电压或电流，称为激励电极；c、d 引线为霍尔输出引线，称为霍尔电极。

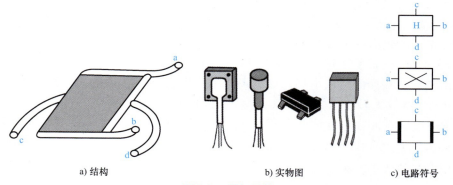

a) 结构　　　　　　　　　b) 实物图　　　　　　　　　c) 电路符号

图 7-2　霍尔元件

　　霍尔元件的壳体由非导磁金属、陶瓷或环氧树脂封装而成，实物图如图 7-2b 所示，电路符号如图 7-2c 所示。

　　霍尔元件的基本检测电路如图 7-3 所示。激励电流 I 由电源 E 供给，其大小由可变电阻器 RP 来调节。霍尔元件输出端接负载电阻 R_L（或接测量仪表的内阻、放大器的输入电阻等）。霍尔效应建立的时间很短，可以使用频率很高（如 10^9 Hz 以上）的交流激励电流。由于霍尔电动势正比于激励电流 I 和磁感应强度 B，所以在实际检测中，可以把激励电流 I 或磁感应强度 B，或者二者的乘积作为输入信号。

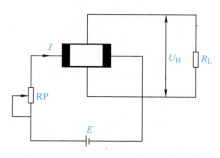

图 7-3　霍尔元件的基本检测电路

　　霍尔元件的输出电路如图 7-4 所示。在实际应用中，要根据不同的使用要求采用不同的连接电路方式。如在直流激励电流情况下，为了获得较大的霍尔电动势，可将几块霍尔元件的输出电压串联，如图7-4a所示。在交流激励电流情况下，几块霍尔元件的输出可通过变压器接成图7-4b所示的形式，以增加霍尔电动势或输出功率。

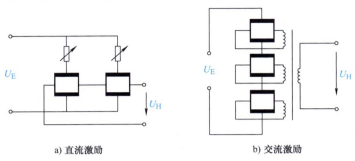

a) 直流激励　　　　　　　　　　　b) 交流激励

图7-4　霍尔元件的输出电路

7.2.2　霍尔元件的主要特性参数

（1）霍尔元件的灵敏度系数 K_H　　霍尔元件的灵敏度定义为在单位控制电流和单位磁感应强度下，霍尔元件输出端开路时的霍尔电动势，其单位为 V/（A·T），它反映了霍尔元件本身所具有的磁电转换能力，一般希望它越大越好。

（2）额定激励电流 I_N 和最大允许激励电流 I_{max}　　霍尔元件自身温升10℃时所流过的电流值称为额定激励电流 I_N。在相同的磁感应强度下，I_N 值越大则可获得的霍尔输出越大。在霍尔元件做好后，限制 I_N 的主要因素是散热条件。一般情况下锗元件的最大允许温升是80℃，硅元件的最大允许温升是175℃。当元件温升为最大允许温升时所对应的激励电流称为最大允许激励电流 I_{max}。

（3）输入电阻 R_i、输出电阻 R_o　　霍尔片的两个控制电极间的电阻值称为输入电阻 R_i，霍尔电极输出的霍尔电动势对外电路来说相当于一个电压源，其电源内阻即为输出电阻 R_o，即两个霍尔电极间的电阻。以上电阻值是在磁感应强度为零且环境温度为（20±5）℃时确定的，一般 R_i 大于 R_o，使用时不能出错。

（4）霍尔电动势温度系数 α　　在一定磁感应强度和激励电流下，温度每变化1℃时霍尔电动势变化的百分率，称为霍尔电动势温度系数 α，α 值越小越好。

7.3　集成霍尔式传感器

集成霍尔式传感器的输出是经过处理的霍尔输出信号。其输出信号快，传送过程中无抖动现象，且功耗低，对温度的变化是稳定的，灵敏度与磁场移动速度无关。按照输出信号的形式，其可以分为线性集成霍尔式传感器和开关集成霍尔式传感器两种类型。

🔍 **知识拓展**

微电子技术的发展，使得目前的霍尔元件多已集成化，即将霍尔元件、激励电流源、放大电路、施密特触发器以及输出电路等集成于一个芯片上，构成集成霍尔式传感器。

霍尔集成电路（又称霍尔IC）取消了传感器和测量电路之间的界限，实现了材料、元件、电路三位一体。集成霍尔式传感器减少了焊点，显著地提高了工作可靠性。

1. 线性集成霍尔式传感器

图7-5所示为典型的线性集成霍尔式传感器及其输出特性曲线。其中，图7-5a所示为传感器芯片的外形与尺寸。图7-5b所示为内部集成电路，主要由霍尔元件、恒流源和放大电路等组成，恒流源提供稳定的激励电流，霍尔电动势输出接入放大电路，输出电压较高，应用广泛。图7-5c所示为集成电路的输出特性曲线，集成电路的输出电压与霍尔元件感受的磁场变化近似呈线性关系。它主要用于对被测数据进行线性测量的场合，如角位移、压力、电流等的测量。

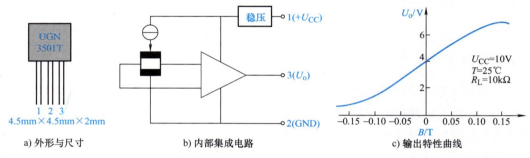

a) 外形与尺寸　　　　b) 内部集成电路　　　　c) 输出特性曲线

图7-5　线性集成霍尔式传感器

2. 开关集成霍尔式传感器

开关集成霍尔式传感器是利用霍尔效应与集成电路技术制成的一种传感器，以开关信号形式输出。霍尔开关集成器件具有使用寿命长、无触电磨损、无火花干扰、工作频率高、温度特性好及能适应恶劣环境等优点。

常用的开关集成霍尔式传感器如图7-6所示，它由霍尔元件、放大电路、施密特触发器等部分组成。稳压电路可使传感器在较宽的电压范围内工作，开关输出可使该电路方便地与各逻辑电路连接。

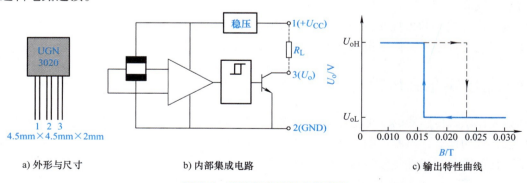

a) 外形与尺寸　　　　b) 内部集成电路　　　　c) 输出特性曲线

图7-6　开关集成霍尔式传感器

当有磁场作用在霍尔开关集成器件上时，根据霍尔效应原理，霍尔元件输出霍尔电动势，该电动势经放大器放大后，送至施密特整形电路。当放大后的霍尔电压大于"开启"阈值时，施密特电路翻转，输出高电平，晶体管导通，整个电路处于开状态。当磁场减弱时，霍尔元件输出的霍尔电动势很小，经放大器放大后其值还小于施密特的"关闭"阈值，此时施密特电路又翻转，输出低电平，晶体管截止，电路处于关状态。因此，一次磁场强度的变化，就使霍尔式传感器完成了一次开关动作。

7.4 霍尔式传感器的应用实例

7.4.1 金属零件霍尔计数装置

霍尔开关传感器 SL3501 是具有较高灵敏度的集成霍尔元件，能感受到很小的磁场变化，因而可对黑色金属零件进行计数，图 7-7 所示为霍尔计数装置示意图。

当钢球通过霍尔开关传感器上方时，传感器可输出峰值为 20mV 的脉冲电压，该电压经运算放大器 A（μA741）放大后，驱动半导体晶体管 VT（2N5812）工作，VT 输出端接计数器进行计数，并通过显示器显示检测数值，图 7-8 所示为霍尔计数装置工作电路。

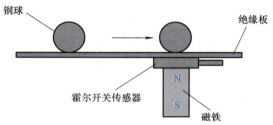

图 7-7　霍尔计数装置示意图

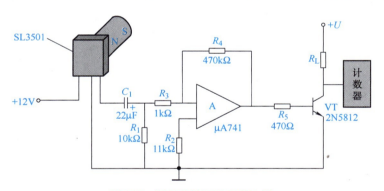

图 7-8　霍尔计数装置工作电路

7.4.2 霍尔式无触点电子点火装置

传统的汽车发动机点火装置采用机械式分电器，它由分电器转轴凸轮来控制合金触点的闭合，存在易磨损、点火时间不准确、触点易烧坏、高速时动力不足等缺点。霍尔式无触点电子点火装置能较好地克服上述缺点。图 7-9 所示为美国通用汽车公司生产的凯迪拉克轿车，其点火系统即采用了霍尔式无触点电子点火装置。

霍尔式无触点电子点火装置安装在分电器壳体中，图 7-10 所示为它的结构及工作原理。它由触发器叶片、永久磁铁、霍

图 7-9　采用霍尔式无触点电子点火装置的凯迪拉克轿车

尔 IC 及达林顿晶体管等组成。导磁性良好的触发器叶片固定在分电器转轴上，并随之转动。在叶片圆周上按气缸数目开出相应的槽口。叶片在永久磁铁和霍尔 IC 之间的缝隙中旋转，起屏蔽磁场和导通磁场的作用。

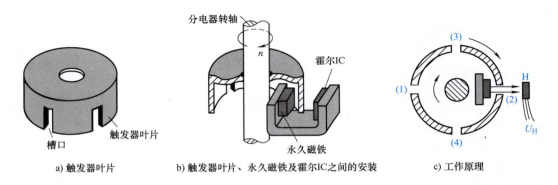

a) 触发器叶片　　　　　　b) 触发器叶片、永久磁铁及霍尔IC之间的安装　　　　　c) 工作原理

图 7-10　霍尔式无触点电子点火装置的结构及工作原理

　　汽车电子点火电路及高压侧输出波形如图 7-11 所示。当触发器叶片遮挡住霍尔 IC 面时，永久磁铁产生的磁力线被导磁性良好的叶片分流，无法到达霍尔 IC，这种现象称为磁屏蔽。此时 PNP 型霍尔 IC 的输出 U_H 为低电平，经反相变为高电平，达林顿晶体管导通，点火线圈低压侧有较大电流通过，并以磁场能量的形式存储在点火线圈的铁心中。

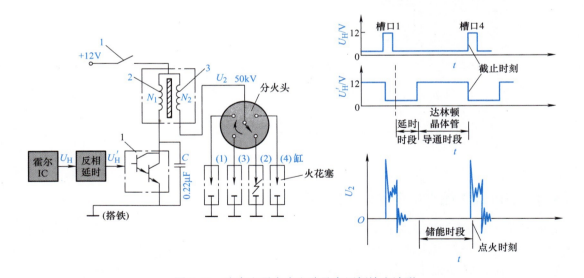

图 7-11　汽车电子点火电路及高压侧输出波形

1—达林顿晶体管功率开关　2—点火线圈低压侧　3—点火线圈高压侧

　　当触发器叶片槽口转到霍尔 IC 面时，霍尔 IC 输出跳变为高电平，经反相变为低电平，此时达林顿晶体管截止，切断点火线圈的低压侧电流。由于没有续流元件，所以存储在点火线圈铁心中的磁场能量在高压侧感应出 30～50kV 的高电压，火花塞产生电火花，依次完成各个气缸的点火过程。

7.5　其他磁敏传感器

7.5.1　磁敏电阻

1. 磁阻效应及磁敏电阻

半导体材料的电阻率随磁场强度的增强而变大，这种现象称为磁阻效应，利用磁阻效应制成的元件称为磁敏电阻。磁场引起磁敏电阻阻值增大有两个原因：一是材料的电阻率随磁场强度增强而变大；二是磁场使电流在器件内部的几何分布发生变化，从而使物体的等效电阻增大。目前实用的磁敏电阻主要是利用后者的原理制作的。

常用的磁敏电阻由锑化铟（InSb）薄片组成，磁阻效应如图 7-12 所示。图 7-12a 中，未加磁场时，输入电流从 a 端流向 b 端，内部的电子 e 从 b 电极流向 a 电极，这时电阻值较小；图 7-12b 中，当磁场垂直施加到锑化铟薄片上时，载流子（电子）受到洛伦兹力 F_L 的影响，向侧面偏移，电子所经过的路程比未受磁场影响时的路程长，从外电路来看，表现为电阻值增大。

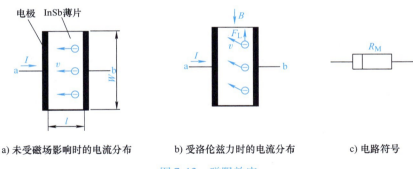

a) 未受磁场影响时的电流分布　　b) 受洛伦兹力时的电流分布　　c) 电路符号

图 7-12　磁阻效应

🔍 **知识拓展**

　　磁阻元件与霍尔元件的区别在于：前者是以电阻的变化来反映磁场的大小，但无法反映磁场的方向；后者是以电动势的变化来反映磁场的大小和方向。磁敏传感器包括磁敏电阻、磁敏二极管和磁敏晶体管等，它们的灵敏度很高，主要应用于微弱磁场的测量。

2. 磁敏电阻的基本特性

（1）磁阻特性　磁敏电阻磁感应强度为 B 时的电阻 R_B 与无磁场时的电阻 R_0 的比值（R_B/R_0）与磁感应强度 B 之间的关系曲线称为磁敏电阻的磁阻特性曲线，又称 $R-B$ 曲线，如图 7-13 所示。可以看出，无论磁场的方向如何变化，磁敏电阻的阻值仅与磁场强度的绝对值有关。当磁场强度较大时，其线性较好。

（2）温度特性　温度每变化 1℃ 时，磁敏电阻的相对变化 $\Delta R/R$ 称为温度系数。磁敏电阻的电阻值受温度影响较大，为补偿温漂常采用两个元件串联的补偿电路，如图 7-14 所示。

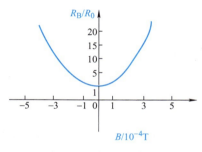

图 7-13　磁敏电阻的 R – B 曲线

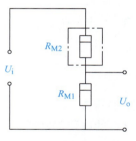

图 7-14　温度补偿电路

7.5.2　磁敏二极管

磁敏二极管是一种磁电转换器件，可以将磁信号转换成电信号，具有体积小、灵敏度高、响应快、无触点、输出功率大及性能稳定等特点。它可广泛应用于磁场的检测、磁力探伤、转速测量、位移测量、电流测量、无触点开关和无刷直流电动机等许多领域。

1. 磁敏二极管的结构和工作原理

磁敏二极管的结构及电路符号如图 7-15 所示。磁敏二极管是 PIN 结构，它的 P 区和 N 区均由高阻硅材料制成，在 P 区和 N 区之间有一个较长的由高阻硅材料制成的本征区 I，本征区 I 的一面磨成光滑的复合表面（称为 I 区），另一面打毛，变成高复合区（称为 r 区），电子–空穴对易于在粗糙表面复合而消失。

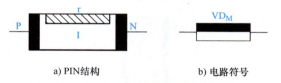

a) PIN结构　　　　　b) 电路符号

图 7-15　磁敏二极管的结构及电路符号

图 7-16 所示为磁敏二极管的工作原理。当磁敏二极管未受到外界磁场作用且外加图 7-16a 所示正偏压时，会有大量的空穴从 P 区通过 I 区进入 N 区，同时也有大量电子注入 P 区而形成电流。只有一部分电子和空穴在 I 区复合掉。

当磁敏二极管受到图 7-16b 所示外界磁场 H^+（正向磁场）作用时，电子和空穴受到洛伦兹力的作用而向 r 区偏转。由于 r 区的电子和空穴复合速度比光滑面 I 区快，所以内部参与导电的载流子数目减少，外电路电流减小。磁场强度越强，电子和空穴受到的洛伦兹力就越大，单位时间内进入 r 区复合的电子和空穴数量就越多，外电路的电流就越小。

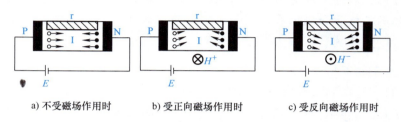

a) 不受磁场作用时　　b) 受正向磁场作用时　　c) 受反向磁场作用时

图 7-16　磁敏二极管的工作原理

当磁敏二极管受到图 7-16c 所示外界磁场 H^-（反向磁场）作用时，电子和空穴受到洛伦兹力作用而向 I 区偏移，此时外电路的电流比不受外界磁场作用时大。

利用磁敏二极管的正向导通电流随磁场强度的变化而变化的特性，即可实现磁电转换。

磁敏二极管是根据电子与空穴双重注入效应及复合效应原理工作的。在磁场作用下，两效应是相乘的，再加上正反馈的作用，磁敏二极管有着很高的灵敏度。由于磁敏二极管在正负磁场作用下输出信号增量方向不同，所以利用它可以判别磁场方向。

2. 磁敏二极管的主要特性及参数

　　（1）灵敏度　　当外加磁感应强度 B 为 $\pm 0.1\text{T}$ 时，输出端电压增量与电流增量之比即为灵敏度。

　　（2）工作电压 U_0 和工作电流 I_0　　零磁场时加在磁敏二极管两端的电压和电流值即为工作电压和工作电流。

　　（3）磁电特性　　磁敏二极管输出电压变化 ΔU 与外加磁场的关系，称为磁敏二极管的磁电特性。在弱磁场及一定的工作电流下，输出电压与磁感应强度的关系为线性关系；在强磁场下则呈非线性关系。

　　（4）伏安特性　　在不同方向和强度的磁场作用下，磁敏二极管正向偏压和通过电流的关系即为其伏安特性。在负向磁场作用下，磁敏二极管电阻小、电流大；在正向磁场作用下，磁敏二极管电阻大、电流小。

7.5.3　磁敏晶体管

1. 磁敏晶体管的工作原理

　　磁敏晶体管的工作原理与磁敏二极管是相同的，磁敏晶体管也具有 r 区和 I 区，并增加了基极、发射极和集电极，磁敏晶体管的结构及电路符号如图 7-17 所示。当无外界磁场作用时，由于 I 区较长，在横向电场作用下，发射极电流大部分形成基极电流，小部分形成集电极电流。在正向或反向磁场作用下，会引起集电极电流的减小或增大。因此，可以用磁场方向控制集电极电流的增大或减小，用磁场的强弱控制集电极电流增大或减小的变化量。

2. 磁敏晶体管的主要特性

　　（1）磁电特性　　磁敏晶体管的磁电特性为在基极电流恒定时，集电极电流与外加磁场的关系。在弱磁场作用下，特性曲线接近线性，如图 7-18 所示。

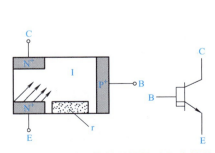

图 7-17　磁敏晶体管的结构及电路符号

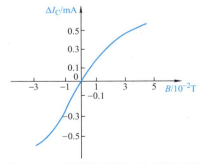

图 7-18　磁敏晶体管的磁电特性曲线

　　（2）伏安特性　　图 7-19a 所示为磁敏晶体管在零磁场强度下的伏安特性，图 7-19b 所示为磁敏晶体管在基极电流不变、但不同磁场强度下的伏安特性。

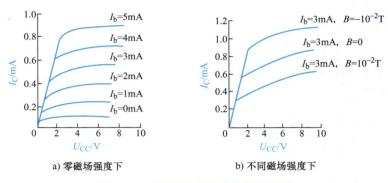

a) 零磁场强度下　　　　　　b) 不同磁场强度下

图 7-19　磁敏晶体管的伏安特性曲线

> 🔍 **知识拓展**
>
> 　　磁敏晶体管是一种新型的磁电转换器件，该器件的灵敏度非常高，同样具有无触点、输出功率大、响应快、成本低等优点，在磁力探测、无损探伤、位移测量及转速测量等领域有广泛的应用。磁敏晶体管的灵敏度比磁敏二极管高许多，但温漂也较大，需更注意温度补偿。

7.5.4　磁敏传感器的应用实例

1. 磁敏电阻的应用

（1）智能交通系统（ITS）的汽车信息采集　　现代交通管理需要对车辆的车型、流量和车速等数据进行采集，以便对交通信号灯、流通过道等进行智能控制。采用基于地磁传感器的数据采集系统可用于检测车辆的存在和车型的识别。传统的交通数据采集是在路面上铺设电涡流感应线圈，这种方法存在埋置线圈的切缝使路面受损、线圈易断、易受腐蚀等缺点。

　　地磁传感器利用磁阻效应，将三维方向（x，y，z）的三个磁敏传感器件集成在同一个芯片上，而且将传感器与调节、补偿电路一体化集成，可以很好地感测低于 1Gs[⊖] 的地球磁场。地磁传感器技术提供了一种高灵敏度的车辆检测的方法，可将它安装在公路或通道的上方，当含有铁性物质的汽车驶过时，会干扰地磁场的分布状况，如图 7-20 所示。

　　根据铁磁物体对地磁的扰动可检测车辆的存在与否，也可以根据不同车辆对地磁产生的不同扰动来识别车辆类型。其灵敏度可以达到 1mV/Gs，在 15m 之外或更远的地方可检测到有无汽车通过。典型的应用包括自动开门、路况监测、停车场检测、车辆位置监测和红绿灯控制等。

　　（2）小型探矿仪（磁力仪、金属探测仪）　　磁法探矿已成为地球物理探矿领域中一项重要和常用的方法，不仅用于铁矿的勘探，而且还用于与铁矿相伴生的其他矿物的勘探。前者称为磁法直接探矿，如磁铁矿、磁赤铁矿、钒钛磁铁矿和金铜磁铁矿等的勘探；后者称为磁法间接探矿，如含镍、铬、钴等金属矿床的普查和勘探。

　　⊖　10000Gs ＝ 1T。

2. 磁敏二极管的应用

磁敏二极管漏磁探伤仪是利用磁敏二极管可以检测微弱磁场变化的特性而制成的，原理如图 7-21 所示。

磁敏二极管
的应用

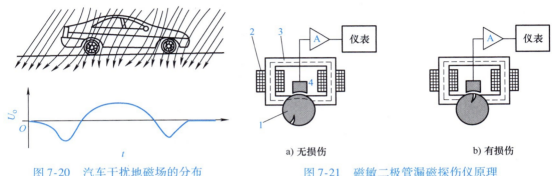

图 7-20 汽车干扰地磁场的分布

图 7-21 磁敏二极管漏磁探伤仪原理

1—钢棒 2—激励线圈 3—铁心 4—磁敏二极管探头

漏磁探伤仪由激励线圈、铁心、放大器和磁敏二极管探头等部分构成。将待测工件（如钢棒）置于磁敏二极管探头（以下简称探头）4 之下，并使之连续转动，当激励线圈 2 励磁后，钢棒 1 被磁化。若钢棒无损伤，则铁心 3 和钢棒 1 构成闭合磁路，此时无磁通泄漏，磁敏二极管探头 4 没有信号输出；若钢棒 1 上有裂纹，则裂纹部位旋转至探头 4 下时，裂纹处的泄漏磁通作用于探头 4，探头 4 将泄漏磁通量转换成电压信号，经放大器放大输出，根据指示仪的指示值可以得知待测铁棒中的缺陷。

思考题与习题

一、填空题

1. 霍尔式传感器是一种_____传感器，它是把_____物理量转换成_____信号的装置，被广泛应用于自动控制、信息传递、电磁测量、生物医学等各个领域。它的最大特点是_____。

2. 霍尔电动势 U_H 与_____及_____成正比，其灵敏度系数 K_H 与_____成正比而与霍尔元件_____成反比。因此，为了提高灵敏度，霍尔元件常制成_____形状。

3. 霍尔元件的结构很简单，它通常由_____、_____和_____组成。

4. 半导体材料的电阻率随_____的增强而变大，这种现象称为磁阻效应，利用磁阻效应制成的元件称为_____。

二、简答题

1. 简述霍尔效应的原理。

2. 霍尔元件常用的材料有哪些？

3. 简述集成霍尔式传感器的分类、特点及应用场合。

4. 简述磁敏二极管的工作原理。

三、综合应用题

1. 图7-22所示为利用霍尔式传感器构成的一个自动供水装置，请分析其工作原理。

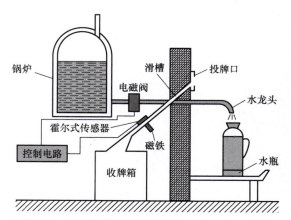

图 7-22　利用霍尔式传感器构成的自动供水装置

2. 设计一种霍尔式液位控制器，要求：

1）当液位高于某一设定值时，水泵停止运转。

2）储液罐是密闭的，只允许在储液罐的玻璃连通器外壁和管腔内确定磁路和安装霍尔元件。

3）画出磁路、霍尔元件及水泵的设置图、控制电路的原理框图，并简要说明该检测、控制系统的工作过程。

第8章　波式传感器

自然界中，波动是物质运动的重要形式。物理量的振动或扰动有多种形式，机械振动的传递构成机械波（包括声波、超声波），电磁场振动的传递构成电磁波（包括光波、微波），任何一个宏观或微观物理量的振动或扰动在空间传递时都会形成波。

8.1　超声波传感器

声波的分类

振动在弹性介质内的传播称为波动（简称波），频率在 20～20kHz 之间且能为人耳所闻的机械波称为声波，低于 20Hz 的机械波称为次声波，高于 20kHz 的机械波称为超声波。声波频域图如图 8-1 所示。

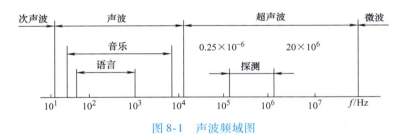

图 8-1　声波频域图

当超声波由一种介质入射到另一种介质时，由于其在两种介质中传播速度不同，所以在介质面上会产生反射、折射和波形转换等现象。

8.1.1　超声波的物理性质

超声波的物理
基础和波形

1. 超声波的波形及其转换

由于波源在介质中施力方向与波在介质中传播方向的不同，超声波的波形也不同。通常有以下几种波形：

1）纵波：质点振动方向与波传播方向一致的波。
2）横波：质点振动方向垂直于波传播方向的波。
3）表面波：质点的振动介于横波与纵波之间，沿着表面传播的波。

横波只能在固体中传播，纵波能在固体、液体和气体中传播，表面波的传播随深度增加而衰减很快。

为了测量各种状态下的物理量，多采用纵波。纵波、横波及表面波的传播速度取决于介质的弹性常数及介质密度，气体中的纵波声速为 344m/s，液体中的纵波声速为 900～1900m/s。

在描述声波在媒质中各点的强弱时，引入了声压和声强这两个物理量。声压指的是介质中有声波传播时的压强与无声波传播时的静压强之差，其单位是 Pa。声强又称为声波的能量密度，即单位时间内通过垂直于声波传播方向的单位面积的声波能量。声强是一个矢量，它的方向就是能量传播方向。声强的单位是 W/m^2。声波振动的频率越高，越容易获得较大的声压和声强。

当纵波以某一角度入射到第二介质（固体）的界面上时，除有纵波的反射和折射外，还会发生横波的反射和折射，在某种情况下，还能产生表面波。

2. 超声波的反射和折射

超声波从一种介质传播到另一种介质，在两个介质的分界面上，一部分超声波被反射，另一部分透射过界面，在另一种介质内部继续传播。这样的两种情况称为声波的反射和折射，如图 8-2 所示。

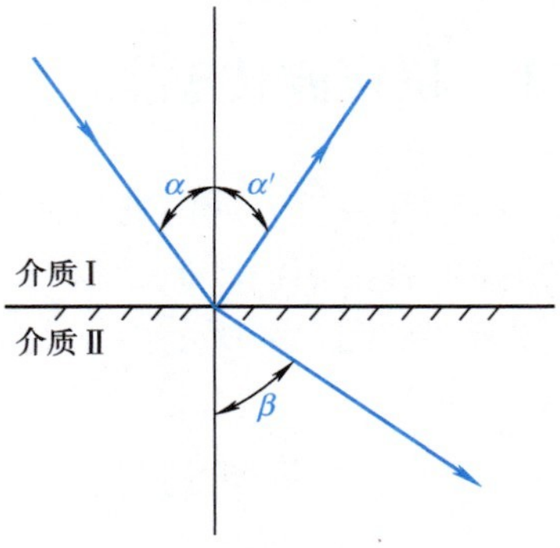

由物理学可知，当波在界面上产生反射时，入射角 α 的正弦值与反射角 α' 的正弦值之比等于波速之比。当入射波和反射波波形相同、波速相同时，入射角等于反射角。当波在界面处产生折射时，入射角 α 的正弦值与折射角 β 的正弦值之比，等于入射波在第一介质中的波速 c_1 与折射波在第二介质中的波速 c_2 之比，即

$$\frac{\sin\alpha}{\sin\beta} = \frac{c_1}{c_2}$$

图 8-2　超声波的反射和折射

改变入射角可以使折射角刚好为 90°，此时的入射角称为临界入射角 α_0，且 $\sin\alpha_0 = c_1/c_2$。当 $\alpha > \alpha_0$ 时，则只产生反射波。

3. 超声波的透射率和反射率

超声波从一种介质垂直入射到另一种介质时，透射声压与入射声压之比称为透射率；反射声压与入射声压之比称为反射率。超声波的透射率和反射率的大小取决于两种介质的密度。当从密度小的介质入射到密度大的介质时，透射率较大，反射率也较大。反之，透射率和反射率较小。例如，超声波从水中入射到钢中时，透射率高达 93.5%。超声波的这一特性在金属探伤、测厚技术中得到广泛应用。

4. 超声波的衰减

超声波在介质中传播时，随着传播距离的增加，能量逐渐衰减，其衰减的程度与超声波的扩散、散射及吸收等因素有关。其声压和声强的衰减规律为

$$P_x = P_0 e^{-\alpha x}$$
$$I_x = I_0 e^{-2\alpha x}$$

式中，P_x、I_x 为距声源 x 处的声压（Pa）和声强（W/m^2）；x 为声波与声源间的距离（m）；α 为衰减系数（Np/m）。

在理想介质中，超声波的衰减仅来自于超声波的扩散，即声能随超声波传播距离的增加而减弱。散射衰减是由固体介质中的颗粒界面或流体介质中的悬浮粒子使超声波散射造成的。吸收衰减是由介质的导热性、黏滞性及弹性滞后造成的，介质吸收声能并转换为热能。

斯帕拉捷的蝙蝠飞行实验

意大利科学家斯帕拉捷观察到，夜晚蝙蝠依然能灵活地飞来飞去，这个现象引起了他的好奇：蝙蝠凭什么特殊的本领在夜空中自由自在地飞行呢？

后来，他分别把蝙蝠的眼睛蒙上、鼻子堵住，甚至用油漆涂满它们的全身，然而还是没有影响到它们飞行。

最后，斯帕拉捷堵住蝙蝠的耳朵，把他们放到夜空中。这次，蝙蝠在空中东碰西撞，很快就跌落在地。蝙蝠在夜间飞行、捕捉食物，原来是靠听觉来辨别方向、确认目标的！

斯帕拉捷的蝙蝠飞行实验（见图8-3），揭开了蝙蝠飞行的秘密，促进了人们对超声波的研究。

图 8-3 蝙蝠飞行实验

人们利用超声波来为飞机、轮船导航，寻找地下的矿藏。超声波就像一位无声的功臣，广泛应用于工业、农业、医疗和军事等领域。斯帕拉捷怎么也不会想到，自己的实验会给人类带来如此巨大的恩惠。

8.1.2 超声波探头

利用超声波在超声场中的物理特性和各种效应而研制的装置称为超声波换能器、探测器或传感器。

超声波探头包括单晶直探头、双晶直探头和斜探头等类型。超声波探头按其工作原理可分为压电式、磁致伸缩式和电磁式等类型，而以压电式最为常用。

（1）压电式超声波探头 压电式超声波探头常用的材料是压电晶体和压电陶瓷，它是利用压电材料的压电效应来工作的：逆压电效应将高频电振动转换成高频机械振动，从而产生超声波，可作为发射探头；正压电效应将超声振动波转换成电信号，可作为接收探头。

超声波探头的结构如图 8-4 所示，主要由压电晶片、吸收块（阻尼块）和保护膜等组成。压电晶片多为圆板形，厚度为 δ。超声波频率 f 与其厚度 δ 成反比。压电晶片的两面镀

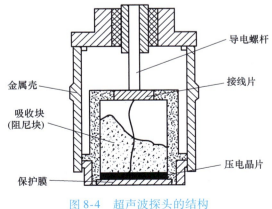

导电螺杆

接线片

金属壳

吸收块
(阻尼块)

压电晶片

保护膜

图 8-4 超声波探头的结构

有银层，作导电的极板。阻尼块的作用是降低晶片的机械品质，吸收声能量。如果没有阻尼块，当激励的电脉冲信号停止时，晶片将会继续振荡，加长超声波的脉冲宽度，使分辨率变差。压电式超声波探头可以产生几十千赫兹到几十兆赫兹的超声波，声强可达几十瓦每平方厘米。

（2）磁致伸缩式超声波探头　磁致伸缩式超声波探头是根据铁磁物质的磁致伸缩效应原理制成的。磁致伸缩效应是指铁磁性物质在交变的磁场中，在顺着磁场的方向产生伸缩的现象。

磁致伸缩超声波探头把铁磁材料置于交变磁场中，使它产生机械尺寸的交替变化，即产生机械振动，从而产生超声波。

磁致伸缩超声波探头是用厚度为 $0.1 \sim 0.4mm$ 的镍片叠加而成的，片间绝缘以减少涡流电流损失。它也可采用铁钴钒合金等材料制作，其结构形状有矩形、窗形等。

磁致伸缩超声波探头产生的频率只能在几万赫兹以内，但声强可达几千瓦每平方厘米。它与压电式探头相比所产生的超声波频率较低，而强度则大很多。

磁致伸缩式超声波探头是当超声波作用到磁致伸缩材料上时，使磁致材料伸缩引起内部磁场变化，根据电磁感应，磁致伸缩材料上所绕的线圈获得感应电动势，再将此感应电动势送到测量电路及记录显示设备。

8.1.3　超声波传感器的应用实例

1. 超声波测量流体流量

超声波传感器的应用

超声波流量传感器的测量方法有多种，如传播速度变化法、波速移动法、多普勒效应法、流动听声法等。目前应用较广的主要是超声波传输时间差法。

超声波传输时间差法的测量原理如图 8-5 所示，在被测管道的上游和下游分别安装两对超声波发射探头和接收探头（F_1，T_1）、（F_2，T_2），其中 F_1 到 T_1 的超声波是顺流传播的，而 F_2 到 T_2 的超声波是逆流传播的。由于两束超声波在液体中传播速度不同，测量两接收探头上超声波传播的时间差 Δt，即可求出流体的平均速度，再根据管道流体的截面面积，便可计算出流体的流量。

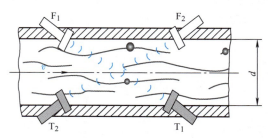

图 8-5　超声波传输时间差法的测量原理

2. 超声波无损探伤

在工业方面，超声波的典型应用有对金属的无损探伤和超声波测厚两种，过去，许多技术因为无法探测到物体组织内部而使应用受到阻碍，超声波传感技术的出现改变了这种状况。当然，更多的超声波传感器被固定安装在不同的装置上，"悄无声息"地探测人们所需要的信号。在未来的应用中，超声波将与信息技术、新材料技术结合起来，出现更多的智能化、高灵敏度的超声波传感器。

超声波无损探伤是无损探伤技术中的一种主要检测手段。它主要用于检测板材、锻件和焊接缝等材料中的缺陷。由于具有灵敏度高、速度快、成本低等优点，因此在生产实践中得到广泛应用。一般常用的有穿透法探伤和反射法探伤两种方法。

（1）穿透法探伤　穿透法探伤根据超声波穿透工件后能量的变化情况来判断工件内部质量，穿透法有一个发射探头和一个接收探头，分别置于被测工件的两边，其工作原理如图8-6所示。工作时，如果工件内部有缺陷，则有一部分超声波在缺陷处被反射，其余部分达到工件的底部被接收探头接收，因此接收探头接收到的能量变小；如果工件内部没有缺陷，则接收探头接收到的能量较大。这样就可以检测工件的质量。

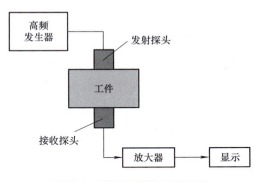

图8-6　穿透法探伤工作原理

（2）反射法探伤　反射法探伤根据超声波在工件中反射情况的不同来探测工件内部是否有缺陷。

图8-7为反射法探伤示意图。它也有两个探头，这两个探头连在一起，一个发射超声波，另一个接收超声波。工作时探头放在被测工件上，并在工件上来回移动进行检测。发射探头发出超声波并以一定速度向工件内部传播，如果工件没有缺陷，则超声波传到工件底部才反射回来形成一个反射波，被接收探头接收，一般称为底波B，显示在屏幕上；如果工件有缺陷，则一部分超声波在遇到缺陷时反射回来，形成缺陷波F，其余传到底部反射回来，显示到屏幕上，则屏幕上出现缺陷波F和底波B两种反射波形，以及发射波波形T。可以通过缺陷波在屏幕上的位置来确定缺陷在工件中的位置。

3. 超声波传感器在汽车中的应用

超声波传感器在汽车中主要用于倒车提醒，使得驾驶人可以安全地倒车。其原理是，利用超声波探测倒车路径上或附近存在的任何障碍物，并及时发出提示。超声波测距虽然目前在测距量程上能达到百米，但测量的精度往往只能达到厘米数量级。超声波传感器在汽车中的应用如图8-8所示。

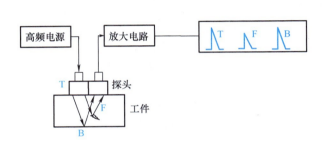

图8-7　反射法探伤示意图

图8-8　超声波传感器在汽车中的应用

4. 超声波传感器在电子技术方面的应用

由于超声波的频率与一般无线电波的频率相近，且声信号又很容易转换成电信号，所以可以利用超声元件代替电子元件制作振荡器、谐振器和带通滤波器等仪器，可广泛用于电视、通信和雷达等方面。用超声波代替电磁波的优越之处在于，超声波在介质中的传播速度比电磁波的传播速度大约要小五个数量级，超声波延迟时间比电磁波延迟时间小得多。

8.2 多普勒传感器

生活中有这样一个有趣的现象：当一辆救护车迎面驶来的时候，听到声音比原来高；而车离去的时候声音的音高比原来低。你可能没有意识到，这个现象和医院使用的彩超同属于一个原理，那就是多普勒效应。

多普勒效应（Doppler Effect）是为纪念奥地利物理学家及数学家克里斯琴·约翰·多普勒（Christian Johann Doppler）而命名的，他于1842年首先提出了这一理论。主要内容为物体辐射的波长因为波源和观测者的相对运动而产生变化。在运动的波源前面，波被压缩，波长变得较短，频率变得较高（蓝移，Blue Shift）；在运动的波源后面，会产生相反的效应，波长变得较长，频率变得较低（红移，Red Shift）；波源的速度越高，所产生的效应越大。根据波红（蓝）移的程度，可以计算出波源循着观测方向运动的速度。

恒星光谱线的位移显示恒星循着观测方向运动的速度，除非波源的速度非常接近光速，否则多普勒位移的程度一般都很小。所有波动现象都存在多普勒效应。

当波源与观察者有相对运动时，如果二者相互接近，观察者接收到的频率增大；如果二者远离，观察者接收到的频率减小。

多普勒传感器就是利用多普勒效应制成的传感器。多普勒传感器已经广泛应用于流体流速检测、医学检测等领域，例如超声多普勒血压传感器，它就是利用了超声多普勒效应，其能够感受人体血液舒张压和收缩压，并转换成可用输出信号。

 科技前沿

多普勒效应与彩超

声波的多普勒效应也可以用于医学的诊断，也就是我们平常说的彩超。彩超简单来说，就是高清晰度的黑白B超再加上彩色多普勒。超声频移诊断法（即D超）也应用了多普勒效应原理，当声源与接收体（即探头和反射体）之间有相对运动时，回声的频率有所改变，此种频率的变化称为频移，D超包括脉冲多普勒、连续多普勒和彩色多普勒血流图像。

彩色多普勒超声一般是用自相关技术进行多普勒信号处理的，把自相关技术获得的血流信号经彩色编码后实时地叠加在二维图像上，即形成了彩色多普勒超声血流图像。由此可见，彩色多普勒超声（即彩超）既具有二维超声结构图像的优点，又同时提供了血流动力学的丰富信息，受到了广泛的重视和欢迎，在临床上被誉为"非创伤性血管造影"。

思考题与习题

一、填空题

1. 超声波探头按其工作原理可分为_____式、_____式和_____式等，而以_____式最为常用。

2. 压电式超声波探头常用的材料是_____和_____。

二、综合题

1. 图8-9所示为汽车倒车防碰装置示意图，请根据学过的知识，分析该装置的工作原理，并说明该装置还可以有其他哪些用途？

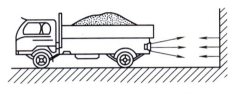

图8-9 汽车倒车防碰装置示意图

2. 上网查阅电视机和汽车车门遥控器的原理，说明除了超声波外，还可以采用哪些方法来进行遥控？各有哪些优缺点？

第9章　数字式传感器

数字式传感器是指将传统的模拟式传感器经过加装或改造 A/D 转换模块，使之输出信号为数字量（或数字编码）的传感器，主要包括放大器、A/D 转换器、微处理器（CPU）、存储器、通信接口和温度测试电路等。其使自动系统可以包含更多智能性功能，能从环境中获得并处理更多不同的参数。

9.1　光栅式传感器

光栅的分类　　莫尔条纹　　莫尔条纹特性

光栅式传感器是根据莫尔条纹原理制成的，主要用于线位移和角位移的测量。光栅式传感器具有精度高、测量范围大、易实现测量数字化等特点，现已广泛应用于速度、加速度、振动和重量等方面的测量。

9.1.1　莫尔条纹

由大量等宽、等间距的平行狭缝组成的光学器件称为光栅，如图 9-1 所示。

根据材料和结构的不同，光栅可分为透射光栅和反射光栅。用玻璃制成的光栅称为透射光栅，它是在透明玻璃上刻出大量等宽、等间距的平行刻痕，每条刻痕处是不透光的，而两刻痕之间是透光的；用不锈钢制成的光栅称为反射光栅。光栅的刻痕密度一般为每毫米 10 线、25 线、50 线、100 线或 250 线。刻痕之间的距离称为栅距 W，设刻痕宽度为 a，狭缝宽度为 b，则 $W = a + b$。

如果把两块栅距 W 相等的光栅面平行安装，且让它们的刻痕之间有较小的夹角 θ，这时光栅上会出现若干条明暗相间的条纹，这种条纹称为莫尔条纹，如图 9-2 所示。莫尔条纹是光栅非重合部分光线透过而形成的亮带，它由一系列四棱形图案组成，如图 9-2 中 $d-d$ 线区所示，$f-f$ 线区则是由光栅的遮光效应形成的。

莫尔条纹有两个重要的特性：
1）位移的方向性：当指示光

图 9-1　光栅

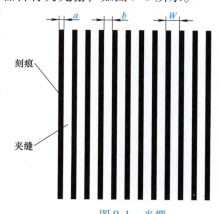

图 9-2　莫尔条纹

栅不动,主光栅左右平移时,莫尔条纹将沿着指示栅线的方向上下移动,查看莫尔条纹的上下移动方向,即可确定主光栅的左右移动方向。

2)位移的放大作用:当主光栅沿着与光栅刻线垂直的方向移动一个栅距 W 时,莫尔条纹移动一个条纹间距 B。当两个等距光栅的栅间夹角 θ 较小时,主光栅移动一个栅距 W,莫尔条纹移动 KW 距离,K 为莫尔条纹的放大系数,可由下式确定,即

$$K = B/W \approx 1/\theta$$

9.1.2 光栅式传感器的结构和工作原理

光栅式传感器的结构如图 9-3 所示,它主要由主光栅、指示光栅、光源和光敏元件等组成,其中主光栅和被测物体相连,它随被测物体的直线位移而产生移动。当主光栅产生位移时,莫尔条纹便随之产生位移,若用光电器件记录莫尔条纹通过某点的数目,便可知主光栅移动的距离,也就测得了被测物体的位移量。利用上述原理,通过多个光敏元件对莫尔条纹信号进行细分,便可检测出比光栅栅距还小的位移量及被测物体的移动方向。

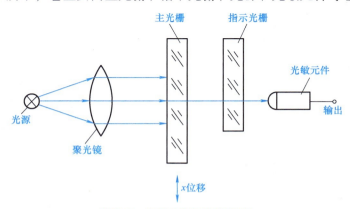

图 9-3 光栅式传感器的结构

9.1.3 光栅式传感器的应用

光栅式传感器获得的原始信号,经差分放大器放大、移相电路分相、整形电路整形、倍频电路细分、辨向电路辨向进入可逆计数器计数,由显示器显示读出。

由于光栅式传感器测量精度高(分辨率为 $0.1\mu m$)、动态测量范围广(0~1000mm)、可进行无接触测量,而且容易实现系统的自动化和数字化,所以在机械工业中得到了广泛的应用,特别是在量具、数控机床的闭环反馈控制、工作主机的坐标测量等方面,光栅式传感器都起着重要的作用。图 9-4 所示为通用光栅数显表,其采用航空铝材尺身、润滑密封条、配有防尘罩组件的光栅数显表,可用于磨床、铣床、线切割、火花机、车床等应用场合。

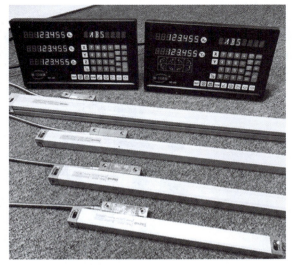

图 9-4 通用光栅数显表

9.2 光电编码器

光电编码器是将直线运动和旋转运动变换为数字信号进行测量的一种传感器。其按信号性质可分为增量式光电编码器和绝对式光电编码器。

9.2.1 增量式光电编码器

增量式光电编码器测量的是当前状态与前一状态的差值，即增量值。它通常是以脉冲数的形式输出，然后用计数器计取脉冲数。因此，它需要规定一个脉冲当量值，即一个脉冲所代表的被测物理量的值，同时它还要确定一个零位标志，即测量的起始点标志。这样，被测量就等于当量值乘以自零位标志开始的计数值，其分辨率即为脉冲当量值。图 9-5 所示为增量式光电编码器的结构。

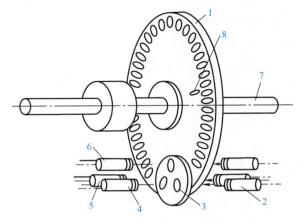

图 9-5　增量式光电编码器的结构

1—均匀分布透光槽的编码盘　2—LED 光源　3—光栅板上的狭缝
4—sin 信号接收器　5—cos 信号接收器　6—零位读出光敏元件
7—转轴　8—零位标记槽

光栅板上的两个狭缝距离是码盘上两个狭缝距离的 $\left(m + \dfrac{1}{4}\right)$ 倍，m 为正整数，并设置了两组光敏元件 A、B，又称为 sin、cos 信号接收器，通过 A 和 B 的先后触发顺序来辨别方向。

9.2.2 绝对式光电编码器

绝对式光电编码器的编码盘是按照一定的编码形式制成的圆盘，通过读取编码盘的二进制编码信息获取绝对位置信息。图 9-6a 所示为 4 位二进制编码盘，空白部分是透光的，用"0"来表示；涂黑的部分是不透光的，用"1"来表示。将组成编码的圈称为码道，每个码

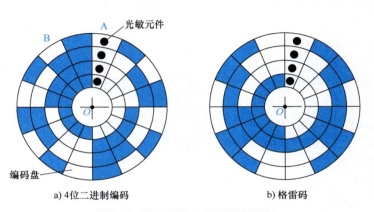

a) 4位二进制编码　　　　　　　　b) 格雷码

图 9-6　绝对式光电编码器编码盘

道表示二进制数的一位，其中最外侧是最低位，最里侧是最高位，如果编码盘有 4 个码道，4 位二进制数可形成 16 个二进制数，因此可将圆盘划分为 16 个扇区，每一个扇区对应一个 4 位二进制数，即 0000，0001，…，1111。图 9-6b 所示为格雷码。

当编码盘转到一定角度时，扇区中透光的码道对应的光电二极管导通，输出低电平"0"，遮光的码道对应的光电二极管不导通，输出高电平"1"，这样形成与编码方式一致的高、低电平输入，从而获得扇区的位置信息。

采用二进制编码器时，任何微小的制作误差都可能造成读数的粗误差。为了消除粗误差，常采用格雷码代替二进制编码。二进制编码与格雷码的转换方法：将二进制编码最高位保留，次高位取高位与次高位的异或运算。4 位二进制编码与格雷码对照表见表 9-1。

表 9-1　4 位二进制编码与格雷码对照表

十进制	二进制	格雷码	十进制	二进制	格雷码
0	0000	0000	8	1000	1100
1	0001	0001	9	1001	1101
2	0010	0011	10	1010	1111
3	0011	0010	11	1011	1110
4	0100	0110	12	1100	1010
5	0101	0111	13	1101	1011
6	0110	0101	14	1110	1001
7	0111	0100	15	1111	1000

绝对式光电编码器是按位移量直接进行编码的转换器，其精度可达 1%。根据其结构和原理，其可分为接触式、光电式和电磁式。绝对式光电编码器测量精度取决于它所能分辨的最小角度，这与码盘上的码道数有关，显然，若要求的分辨率越高、量程越大，则二进制的数位就越多，结构就越复杂。

9.2.3　光电编码器的应用

光电转换可将输出轴的机械量、几何位移量转换成相应的电脉冲信号或者数字量，并输入电子计算机或者显示仪表，从而获得机械运动状态、位置坐标及其变化量等信息，计算机对这些信息进行处理并发出控制指令，可实现自动控制。光电编码器在数控机床、机器人、高精度闭环调速系统、伺服传动技术、自动控制技术等中得到了广泛的应用。

增量式光电编码器如果使用时发生断电，重新上电后将无法得知运动部件的绝对位置；但绝对式光电编码器在重新上电后能读出当前位置的数据，其应用如图 9-7 所示。

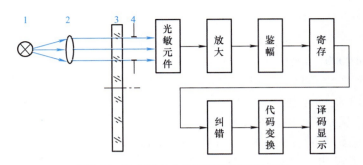

图 9-7　绝对式光电编码器测角仪原理图

1—光源　2—聚光镜　3—编码盘　4—狭缝光栅

9.3　磁栅式传感器

9.3.1　磁栅的基本概念

　　磁栅是一种有磁化信息的标尺，它是在非磁性体的平整表面上镀一层约 0.02mm 厚的 Ni-Co-P 磁性薄膜，并用录音磁头沿长度方向按一定的激光波长 λ 录上磁性刻度线而构成的，因此又把磁栅称为磁尺。录制磁信息时，要使磁尺固定，磁头根据来自激光波长的基准信号，以一定速度在其长度方向上边运动边流过一定频率的相等电流，这样，就在磁尺上记录了相等节距的磁化信息而形成磁栅。

　　磁栅和其他类型的位移传感器相比，具有结构简单、使用方便、动态范围宽（1～20m）和磁信号可以重新录制等优点，其缺点是需要屏蔽和防尘。

9.3.2　磁栅式传感器的结构和工作原理

　　磁栅按其结构可分为长磁栅和圆磁栅。长磁栅主要用于直线位移测量，圆磁栅主要用于角位移测量。磁栅式传感器由磁栅、磁头和检测电路组成。磁栅是用非导磁性材料作尺基，在尺基的上面镀一层均匀的磁性薄膜，然后录上一定波长的磁信号而制成的。磁信号的波长（周期）又称节距，用 W 表示。磁信号的极性首尾相接，N-N 重叠处为正最强，S-S 重叠处为负最强。

　　以静态磁头为例，简要说明磁栅式传感器的工作原理。静态磁头的结构如图 9-8 所示，它有两组绕组 N_1 和 N_2。其中，N_1 为励磁绕组，N_2 为感应输出绕组。在励磁绕组中通入交变的励磁电流，一般频率为 5kHz 或 25kHz，幅值约为 200mA。励磁电流使磁心的可饱和部分（截面面积较小）在每个周期内发生两次磁饱和。磁饱和时磁心的磁阻很大，磁栅上的漏磁通不能通过铁心，输出绕组不产生感应电动势。只有在励磁电流每个周期两次过零时，饱和磁心才能导磁，磁栅上的漏磁通使输出绕组产生感应电动势 e。可见感应电动势的频率为励磁电流频率的 2 倍，而 e 的包络线反映了磁头与磁尺的位置关系，其幅值与磁栅到磁心漏磁通的大小成正比。

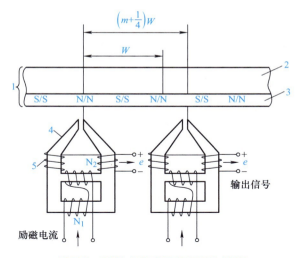

图 9-8　磁栅式传感器静态磁头结构
1—磁尺　2—尺基　3—磁性薄膜　4—铁心　5—磁头

9.3.3　磁栅式传感器的应用

磁栅式位移传感器主要用于大型机床和精密机床作为位置或位移量的检测元件，其行程可达数十米，磁栅式位移传感器允许最高工作速度为 12m/min，使用温度范围为 0～40℃，是一种测量大位移的传感器。其核心集成芯片通常由磁头放大器、检测集成芯片、细分集成芯片和可逆计数芯片组成。

磁栅式位移传感器和其他类型的位移传感器相比，具有结构简单、使用方便、动态范围大（1～20m）和磁信号可以重新录制等优点，其缺点是需要屏蔽和防尘。图 9-9 所示为磁栅式数显装置的结构示意图。

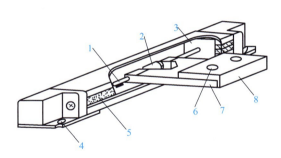

图 9-9　磁栅式数显装置的结构示意图
1—磁标尺　2—磁头　3—固定块　4—尺安装孔　5—泡沫垫
6—滑板安装孔　7—磁头连接板　8—滑板

🔍**知识拓展**

磁栅价格低于光栅，制作简单、复制方便，且录磁方便、易于安装，抗干扰能力强，但使用时磁尺与磁头接触，其寿命不如光栅，数年后易退磁。

9.4　感应同步器

感应同步器应用电磁感应定律把位移量转换成电量，其是根据两个平面形印制绕组的互感随位置不同而变化的原理制成的。

感应同步器按其结构特点一般分为直线式和旋转式两种。直线式感应同步器由定尺和滑尺组成,用于线位移测量;旋转式感应同步器由转子和定子组成,用于角位移测量。本书以直线式感应同步器为例,介绍其结构和工作原理。

9.4.1 直线式感应同步器的结构和类型

直线式感应同步器主要由定尺和滑尺组成,结构如图 9-10 所示。滑尺通过滑尺座连接于导轨上,使滑尺相对于定尺做线性运动。

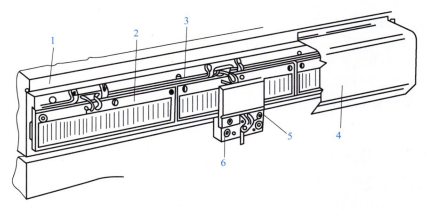

图 9-10 直线式感应同步器的结构示意图

1—机床固定部件 2—定尺 3—定尺座 4—防护罩 5—滑尺 6—滑尺座

定尺和滑尺上的电路绕组都是用印刷电路工艺制成的矩形绕组,定尺绕组为单相连续绕组,节距为 W_2,一般取 $W_2 = 2\text{mm}$。滑尺上有两组分开的绕组,两个绕组间的距离 L_1 应满足关系:$L_1 = (n/2 + 1/4)W_2$,其中 n 为正整数。因为两绕组相差 90° 相位角,故分别称之为正弦绕组和余弦绕组,两相绕组节距相同,均为 W_1,通常取 $W_1 = W_2 = W$。

图 9-11 所示为直线式感应同步器绕组结构示意图,其中上部为定尺绕组,下部为 W 形滑尺绕组。两尺与导轨平行,滑尺上有正弦绕组和余弦绕组,在空间位置上相差 1/4 节距,定尺绕组和滑尺绕组的节距相同。为了减小由于定尺和滑尺工作面不平行或气隙不均匀带来的误差,各正弦绕组和余弦绕组交替排列。

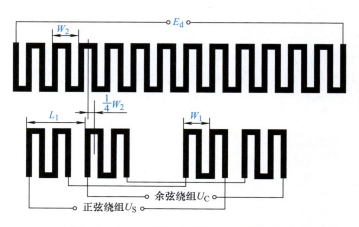

图 9-11 直线式感应同步器绕组结构示意图

9.4.2　直线式感应同步器的工作原理

直线式感应同步器两个单元绕组之间的距离为节距，滑尺绕组和定尺绕组的节距均为W，这是衡量直线式感应同步器精度的主要参数。标准直线式感应同步器定尺长 250mm，滑尺长 100mm，节距为 2mm。定尺上是单向、均匀、连续的感应绕组。滑尺有两组绕组，一组为正弦绕组，另一为余弦绕组。当正弦绕组与定尺绕组对齐时，余弦绕组与定尺绕组相差 1/4 节距。

当滑尺任意绕组加交流励磁电压时，由于电磁感应作用，在定尺绕组中必然产生感应电动势，该感应电动势的大小取决于滑尺绕组和定尺绕组的相对位置。当只给滑尺的正弦绕组加励磁电压时，定尺感应电动势与定尺绕组、滑尺绕组的相对位置关系如图 9-12 所示。

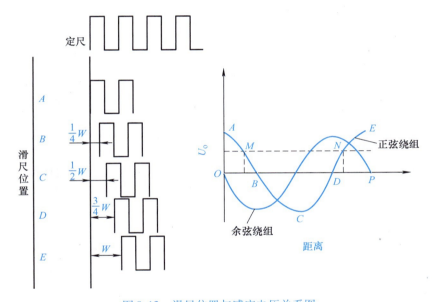

图 9-12　滑尺位置与感应电压关系图

如果滑尺处于 A 点位置，即滑尺绕组与定尺绕组完全对应重合，定尺绕组中穿入的磁通最多，即定尺绕组的感应电动势最大。随着滑尺绕组相对定尺绕组做平行移动，穿入定尺绕组的磁通逐渐减少，感应电动势逐渐减小。当滑尺绕组移到图中 B 点位置，与定尺绕组刚好错开 1/4 节距时，感应电动势为零。再移动至 1/2 节距处，即图中 C 点位置，定尺绕组中穿出的磁通最多，感应电动势最大，但极性相反。再移至 3/4 节距处，即图中 D 点位置，感应电动势又变为零，当移动一个节距位置（见图中 E 点），又恢复到初始状态，与 A 点相同。显然，在定尺绕组移动一个节距的过程中，感应电动势近似于余弦函数变化了一个周期。

感应同步器就是利用感应电动势的变化，来检测在一个节距 W 内的位移量，为绝对式测量。设滑尺绕组的节距为 2τ，它对应的感应电动势按余弦函数规律将变化 2π。若滑尺的移动距离为 x，则感应电动势将以余弦函数规律变化 θ，即

$$\theta = \frac{2\pi x}{2\tau} = \frac{\pi x}{\tau}$$

9.4.3　直线式感应同步器的应用

根据滑尺正弦绕组和余弦绕组上励磁电压 U_S、U_C 供电方式的不同,可构成鉴相型检测系统和鉴幅型检测系统。

1. 鉴相型检测系统

该系统根据感应输出电动势的相位来检测位移量。供给滑尺的正弦绕组和余弦绕组的励磁信号是频率、幅值相同,相位相差 90° 的交流励磁电压,即

$$U_S = U_m \sin\omega t$$

$$U_C = U_m \sin\left(\omega t + \frac{\pi}{2}\right) = U_m \cos\omega t$$

当滑尺移动 x 距离时,则定尺上的感应电动势为

$$E_{d1} = kU_S\cos\theta = kU_m\sin\omega t\cos\theta$$

$$E_{d2} = kU_C\cos\left(\theta + \frac{\pi}{2}\right) = -kU_m\cos\omega t\sin\theta$$

应用叠加原理得出定尺绕组中的感应电动势为

$$E_d = E_{d1} + E_{d2} = kU_m\sin(\omega t - \theta) \quad 其中, \theta = \frac{2\pi x}{2\tau} = \frac{\pi x}{\tau}$$

式中,U_m 为励磁电压幅值(V);ω 为励磁电压角频率(rad/s);k 为电磁耦合系数,与绕组间最大互感系数有关;θ 为滑尺绕组相对定尺绕组在空间的电气相位角(rad);kU_m 为感应电动势的幅值(V)。

通过鉴别定尺绕组感应输出电动势的相位,即可测量定尺和滑尺之间的相对位移。

例,感应电动势与励磁电压相位差 $\theta = 1.8°$,节距 $W = 2\text{mm}$,由 $\theta = \frac{2\pi x}{W}$ 得,$x = 0.01\text{mm}$(注:θ 要换算为弧度)。

2. 鉴幅型检测系统

该系统根据定尺输出感应电动势的振幅变化来检测位移量。给滑尺的正弦绕组和余弦绕组分别通以同频率、同相位,但不同幅值的励磁电压,即

$$U_S = U_m\sin\alpha\sin\omega t$$

$$U_C = U_m\cos\alpha\sin\omega t$$

式中,α 为励磁电压的给定电气角(rad)。

根据叠加原理,定尺绕组上总输出感应电动势 E_d 的幅值为 $E_m\sin(\alpha - \theta)$,若 α 已知,则只要测量出 E_d 的幅值,便可间接地求出 θ 值,从而求出被测位移 x。

当定尺绕组中的感应电动势 $E_d = 0$ 时,$\alpha = \theta$。因此,只要逐渐改变 α 值,使 $E_d = 0$,便可求出 θ 值,从而求出被测位移 x。

当位移量 Δx 很小时,感应电动势 E_d 的幅值与 Δx 成正比。因此,可以通过测量 E_d 的幅值来测定位移量 Δx 的大小,从而实现精确测量。

> **知识拓展**
>
> 感应同步器的特点如下：
> 1）精度高：多节距同时工作，多节距误差的平均效应减小了局部误差的影响。
> 2）适用性强：电磁感应不怕油污和灰尘，不易受干扰，工作可靠、抗干扰性强。
> 3）测量长度不受限制：可多根定尺绕组接长。
> 4）使用寿命长，维护简单。

9.5 容栅式传感器

容栅式传感器是一种基于变面积工作原理，可测量大位移的电容式数字传感器。容栅式传感器与其他数字式位移传感器，如光栅式传感器、磁栅式传感器等相比，具有体积小、结构简单、分辨率和准确度高、测量速度快、功耗小、成本低、对使用环境要求不高等突出的特点，因此在电子测量技术中占有十分重要的地位。随着测量技术向精密化、高速化、自动化、集成化、智能化、经济化、非接触化和多功能化方向的发展，容栅式传感器的应用越来越广泛。

9.5.1 容栅式传感器的结构和工作原理

容栅式传感器的结构非常类似于平行板电容器，它是由一组排列成栅状结构的平行板电容器并联而成的，如果把随时间变化的周期信号，通过电子电路的控制，在同一瞬间以不同的相位，分别加载于顺序排列的栅状电容器各个栅极上，则在另一公共极板上，任一瞬间产生的感应信号将与该瞬间加载的激励信号具有相同的相位分布，如图9-13所示。

图9-13 容栅式传感器

根据工作原理，容栅式传感器可分为反射式、透射式和倾斜式三类。根据结构形式，则可分为直线容栅、圆容栅和圆筒容栅三类。其中，直线容栅和圆筒容栅用于直线位移的测量，圆容栅用于角位移的测量。直线容栅式传感器结构简图如图9-14所示。

容栅式传感器由动尺和定尺组成，两者保持很小的间隙δ。动尺上有多个发射电极和一个长条形接收电极，动极板的极距相同且栅宽相同；定尺上有多个相互绝缘的反射电极和一个屏截电极（接地），定极板为两组等间隔交叉的极栅。一个反射电极对应于一组发射电极。若发射电极有48个，分成6组，则每组有8个发射电极。每隔8个接在一起，组成一个激励相，在每组相同序号的发射电极上加一个幅值、频率和相位相同的激励信号，相邻序号电极上激励信号的相位差是45°（360°/8）。

发射电极与反射电极、反射电极与接收电极之间存在着电场。动尺相对于定尺移动时，发射电极与反射电极间的相对面积发生变化，电容周期变化，产生的脉冲信号通过电路转化

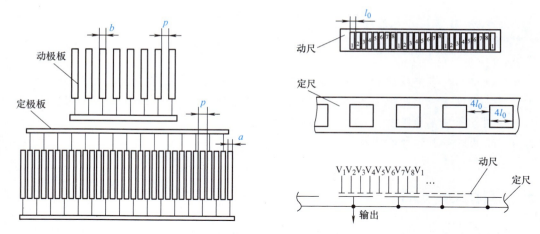

图 9-14　直线容栅式传感器结构简图

放大及芯片计算得到位移值的变化，并显示出来。动尺的多组栅片并联是为了提高测量精度及降低对传感器制造精度的要求。

9.5.2　容栅式传感器的应用

数显卡尺如图 9-15 所示。容栅定尺安装在尺身上，动尺与测量转换电路安装在游标上。利用电容的耦合方式将机械位移量转变成电信号，该电信号进入电子电路后，再经过一系列变换和运算后显示出机械位移量的大小。

图 9-15　数显卡尺

思考题与习题

一、填空题

1. 数字式传感器是指将传统的模拟式传感器经过加装或改造_____，使之输出信号为数字量（或数字编码）的传感器，主要包括_____、_____、_____、_____、通信接口和温度测试电路等。

2. 莫尔条纹有两个重要的特性：_____和_____。

3. 光电编码器按信号性质可分为_____和_____。

4. 感应同步器按其结构特点一般分为_____和_____两种。

5. 直线式感应同步器由_____和_____组成，用于_____测量。

二、简答题

1. 什么叫莫尔条纹？

2. 磁栅式传感器有哪些优缺点?

3. 简述直线式感应同步器的工作原理。

4. 容栅式传感器有哪些特点?

三、综合应用题

1. 定尺绕组感应电动势与滑尺励磁电压之间的相位角 $\theta = 180°$，在节距 $2\tau = 2\mathrm{mm}$ 的情况下，滑尺移动距离为多少?

2. 图 9-16 所示为一种由光栅式传感器构成的光栅式测长仪，请分析其工作原理。

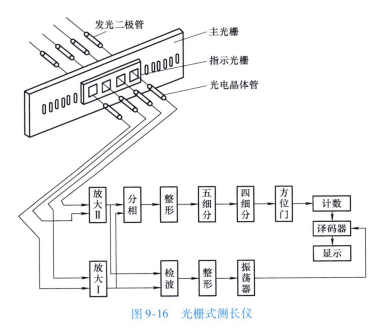

图 9-16　光栅式测长仪

第10章 智能传感器

智能传感器系统是一门现代综合技术，是当今世界正在迅速发展的高新技术。智能传感器的功能是通过模拟人的感官和大脑的协调动作，结合长期以来智能测试技术的研究和实际经验而提出来的。传感器智能化的发展有两个方向：一个方向是传感器与微处理器相结合；另一个方向是传感器与人工智能技术相结合。

10.1 智能传感器概述

10.1.1 智能传感器的概念

智能传感器的概念及雏形是美国宇航局在开发宇宙飞船的过程中形成的。宇宙飞船需要大量的传感器以检测飞船的状态（如温湿度、气压、速度、加速度和姿态等），为了保证飞船的正常运行和安全，要求这些传感器精度高、响应快、稳定性好、可靠性高，还要求其具有数据存储与处理、自校准、自诊断、自补偿和远程通信等功能。

现代航空航天、自动化生产、高品质生活等领域对智能传感器的需求量急剧增加，同时微处理器技术、微电子技术、人工智能理论等快速发展，极大地推动了智能传感器的飞速发展，智能传感技术已成为现代测控技术的主要发展方向之一。目前，智能传感器广泛应用于航空航天、国防、现代工农业、医疗、交通、智能家居等领域。

智能传感器已具备了人类的某些智能思维与行为。人类通过眼睛、鼻子、耳朵和皮肤感知并获得外部环境的多重传感信息，这些传感信息在人类大脑中归纳、推理并积累形成知识与经验；当再次遇到相似的外部环境时，人类大脑根据积累的知识、经验对环境进行推理判断，做出相应反应，如图 10-1 所示。

智能传感器与人类智能相类似，其传感器相当于人类的感知器官，其微处理器相当于人类的大脑，可进行信息处理、逻辑思维与推理判断，存储设备存储"知识、经验"与采集的有用数据。图 10-2 所示为智能传感器的结构。

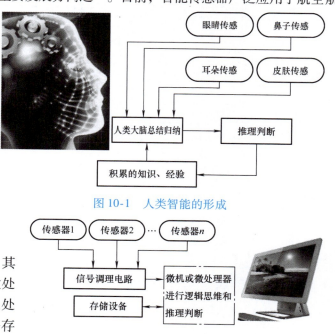

图 10-1　人类智能的形成

图 10-2　智能传感器的结构

10.1.2 智能传感器的功能

本节以智能称重传感器（见图10-3）为例来认识智能传感器的功能。智能称重传感器将被测目标的重量转换为电信号，经过模/数转换器转换为数字信号后输入单片机，此时测量的目标重量电信号受温度、非线性等因素的影响，并不能较准确地反映目标的真正重量。所以，智能称重传感器可以加入温度传感器测量环境温度，其同样通过模/数转换器转换为电信号输入单片机。

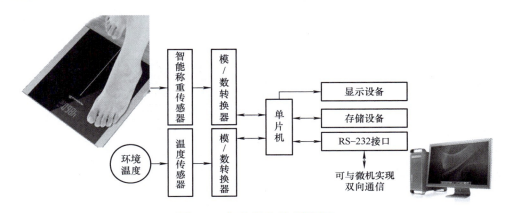

图 10-3　智能称重传感器测重

存储设备中存储有用于非线性校正的数据。智能称重传感器测得的目标重量数据经过单片机进行计算处理，消除非线性误差，同时根据温度传感器测得的环境温度进行温度补偿、零点自校正、数据校正，并将处理后的数据存入存储设备中，还可以在显示设备上显示，以及通过 RS-232、USB 等接口与微机进行数字化双向通信。

智能传感器引入了微处理器进行信息处理、逻辑思维、推理判断，使其除了具有传统传感器的检测功能外，还具有数据处理、数据存储、数据通信等功能，其功能已经延伸至仪器的领域。

10.1.3 智能传感器的实现方式

智能传感器种类繁多，如智能温度传感器、智能压力传感器、智能流量传感器等。尽管各种智能传感器的功能有所不同，但是都有着相类似的实现方式，具体分为以下三种实现方式。

智能传感器的
实现方式

1. 模块化方式

模块化智能传感器是将普通传感器、信号调理电路、带数字总线接口的微处理器相互连接，组合成一个整体而构成智能传感器系统。模块化智能传感器是在现场总线控制系统发展的推动下迅速发展起来的，如图10-4所示。

普通传感器检测的数据经信号调理电路进行放大、模/数转换等调理后，送入微处理器进行处理，再由微处理器的数

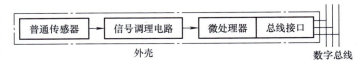

图 10-4　模块化智能传感器框图

字总线接口挂接到现场数字总线上。

模块化智能传感器是一种在传统普通传感器基础上实现智能传感器系统的最快途径与方式，易于实现，具有较高的实用性。特别是在某些不适宜微处理器工作的恶劣环境，利用模块化智能传感器可以让传感器及信号调理电路工作在检测现场，而微处理器工作在检测现场之外，以提高系统可靠性。此类智能传感器各部件可以封装在一个外壳中，也可分开设置。

2. 集成化方式

集成化智能传感器采用了微机械加工技术和大规模集成电路工艺技术，以半导体材料硅为基本材料来制作敏感元件，并将敏感元件、信号调理电路以及微处理器等集成在一块芯片上。此类智能传感器具有小型化、性能可靠、易于批量生产、价格便宜等优点，因而被认为是智能传感器的主要发展方向。

图 10-5 所示为三维多功能单片智能传感器结构示意图。该智能传感器将敏感元件、数据传输线、存储器、运算器、电源和驱动装置等集成在一块硅基片上，将平面集成发展成三维集成，实现了多层结构。

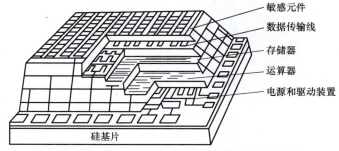

图 10-5　三维多功能单片智能传感器结构示意图

3. 混合方式

混合式智能传感器将敏感元件、信号调理电路、微处理器和数字总线接口等部分以不同的组合方式集成在两个或多个芯片上，然后装配在同一壳体中。

> 🔍 **知识拓展**
>
> 智能传感器的中英文称谓尚未完全统一。英国人将智能传感器称为"Intelligent Sensor"，美国人则习惯于把智能传感器称作"Smart Sensor"，直译就是"灵巧的、聪明的传感器"。所谓智能传感器，就是带微处理器、兼有信息检测和信息处理功能的传感器。智能传感器的最大特点就是将传感器检测信息的功能与微处理器的信息处理功能实际地融合在一起，从一定意义上讲，它具有类似于人工智能的作用。

10.1.4　智能传感器与检测技术

科学和生产工艺的发展大大促进了传感器技术的发展，传感器技术、通信技术和计算机技术是构成现代信息技术的三大支柱。

检测技术不仅是机电一体化中不可缺少的技术，也是实现自动控制和自动调节的关键环节。在很大程度上，基于智能传感器的检测技术影响着自动化系统的质量。在一个自动化系统中，只有利用智能传感器的检测技术对各方面参数进行检查，才能使整个自动化系统正常工作。

例如，人们一直希望车辆能够自动驾驶，这需要将各种微型传感器、芯片和执行器置于车辆内部，由此制成了智能汽车。2014 年 7 月 14 日，由国防科技大学自主研制的红旗 HQ3 无人汽车，首次完成了从长沙到武汉 286km 的高速全程无人驾驶实验，创造了我国自主研制的无人汽车在复杂交通状况下自主驾驶的新纪录，这标志着我国无人汽车在复杂环境识别、智能行为决策和控制等方面实现了新的技术突破，达到了世界先进水平。

在科技高速发展的今天，无论是生活中还是生产中，都会利用到智能传感器与检测技术。总的来说，无论从宇宙到地球、从陆地到海洋、从顶尖技术到基础知识还是从复杂的大型自动化设备到社会中每个细节，智能传感器与检测技术都扮演着重要的角色。

 科技前沿

我国自行研制的神舟飞船

神舟飞船是我国自行研制、具有完全自主知识产权、达到或优于国际第三代载人飞船技术的飞船。神舟飞船采用三舱一段（返回舱、轨道舱、推进舱和附加段），由 13 个分系统组成。

神舟飞船与国外第三代飞船相比，具有起点高、具备留轨利用能力等特点。神舟系列载人飞船由专门为其研制的长征二号 F 火箭发射升空，发射基地是酒泉卫星发射中心，回收地点在内蒙古中部的四子王旗航天着陆场。

神舟飞船从发射到回收的过程包括：准备就绪、程序转弯、抛逃逸塔、抛助推器、整流罩分离、展开帆板、按预定轨道飞行、轨道舱与返回舱分离、推进舱与返回舱分离、进入黑障区、拉出主伞及抛防热板、现场回收，如图 10-6 所示。在神舟飞船的回收过程中，智能传感器与检测技术贯穿了整个过程。

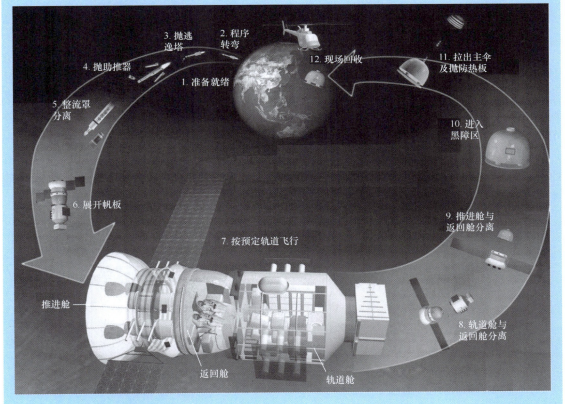

图 10-6　神舟飞船发射—回收过程

10.2 智能图像传感器

智能图像传感器产品主要分为 CCD（Charge Coupled Device，电荷耦合器件）图像传感器、CMOS（Complementary Metal-Oxide Semiconductor，互补金属氧化物半导体）图像传感器和 CIS（Contact Image Sensor，接触式图像传感器）三种。

10.2.1 CCD 图像传感器

CCD 图像传感器由一种高感光度的半导体材料制成，能把光线转变成电荷，并将电荷通过模/数转换器转换成数字信号"0"或"1"。CCD 图像传感器具有光电转换、信息存储、延时和将电信号按顺序传输等功能，并且具有低照度效果好、信噪比高、通透感强、色彩还原能力佳等优点，在科学、教育、医学、商业、工业和军事等领域得到广泛应用。

> 🔍 **知识拓展**
>
> CCD 图像传感器是由按一定规律排列的 MOS（金属 - 氧化物 - 半导体）电容器组成的阵列。在 P 型或 N 型硅衬底上有一层很薄的二氧化硅，再在二氧化硅薄层上依次沉积金属或掺杂多晶硅电极，形成规则的 MOS 电容器阵列，再加上两端的输入及输出二极管，就构成了 CCD 芯片。

1. CCD 的工作原理

CCD 的突出特点是以电荷作为信号，而不同于其他大多数器件以电流或者电压作为信号，所以 CCD 的基本功能是存储和转移电荷。它存储由光或电激励产生的信号电荷，当对它施加特定时序的脉冲时，其存储的信号电荷便能在 CCD 内做定向传输。CCD 工作的主要流程是信号电荷的产生（将光转换成信号电荷）、存储（存储信号电荷）、传输（转移信号电荷）和检测（将信号电荷转换成电信号）。CCD 的工作原理如图 10-7 所示。

CCD 以电荷为信号，电荷注入的方法有很多，归纳起来，可分为光注入和电注入两类。CCD 工作过程的第一步是电荷的产生，CCD 可以将入射光信号转换为电荷输出，依据的是半导体的内光电效应（即光生伏特效应）。信号电荷的产生示意图如图 10-8 所示。

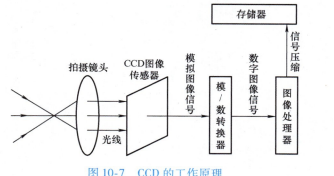

图 10-7　CCD 的工作原理

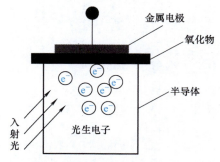

图 10-8　信号电荷的产生示意图

CCD 工作过程的第二步是信号电荷的存储收集，是将入射光子激励出的电荷收集起来使其形成信号电荷包的过程。CCD 的基本单元是 MOS 电容器，这种电容器能存储电荷。当金属电极上加正电压时，由于电场作用，电极下 P 型硅区的空穴被排斥到衬底电极一边，在电极下硅衬底表面形成一个没有可动空穴的带负电的区域——耗尽区。对电子而言，这是一个势能很低的区域，称为"势阱"。如图 10-9 所示，当有光线入射到硅片上时，在光子作用下产生电子－空穴对，空穴在电场作用下被排斥出耗尽区，而电子被附近势阱"俘获"，势阱内吸收的光子数与发光强度成正比。

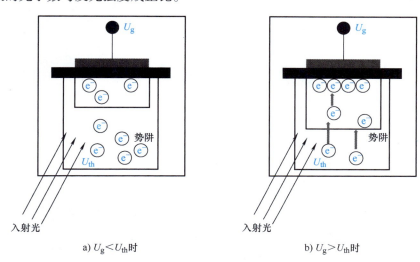

a) $U_g < U_{th}$ 时　　　　　　　b) $U_g > U_{th}$ 时

图 10-9　信号电荷的存储示意图

人们常把上述的一个 MOS 结构元称为一个 MOS 光敏元或一个像素，把一个势阱所收集的光生电子称为一个电荷包。CCD 器件实际是在硅片上制作成的数百甚至数万个 MOS 光敏元，对每个金属电极加电压，就形成了数百个或数万个势阱；如果照射在这些 MOS 光敏元上的是一幅明暗起伏的图像，那么这些 MOS 光敏元就感生出一幅与光照度相应的光生电荷图像。这就是 CCD 的光电物理效应基本原理。

CCD 工作过程的第三步是信号电荷包的传输转移，是将收集起来的电荷包从一个像元转移到下一个像元，直到全部电荷包输出完成的过程。通过一定的时序在电极上施加高低电平，可以实现光电荷在相邻势阱间的转移。CCD 信号电荷的读出方法有输出二极管电流法和浮置栅 MOS 放大器电压法两种。

CCD 工作过程的第四步是电荷的检测，是将转移到输出级的电荷转化为电流或者电压的过程。输出类型主要有以下三种：

1）电流输出。

2）浮置栅放大器输出。

3）浮置扩散放大器输出。

CCD 工作过程示意图如图 10-10 所示。

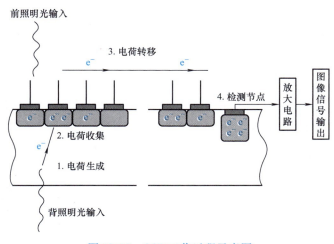

图 10-10　CCD 工作过程示意图

2. CCD 的分类

CCD 于 1969 年在贝尔实验室研制成功，经历几十年的发展，已经从初期的 10 多万像素发展至目前主流应用的千万级像素。

按照像素排列方式的不同，CCD 又可分为线阵（Linear）CCD 与面阵（Area）CCD 两大类，如图 10-11 所示。其中，线阵 CCD 应用于影像扫描器及传真机中，而面阵 CCD 主要应用于工业相机、数码相机、摄录影机和监视摄影机等影像输入产品中。

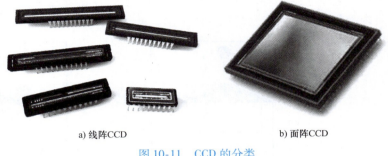

a) 线阵CCD   b) 面阵CCD

图 10-11　CCD 的分类

（1）线阵 CCD 图像传感器　线阵 CCD 图像传感器实际上采用的是一种光敏元件与移位寄存器合二为一的结构，如图 10-12 所示。目前，实用的线阵 CCD 图像传感器为双行结构，如图 10-12b 所示。单、双数光敏元件中的信号电荷分别转移到

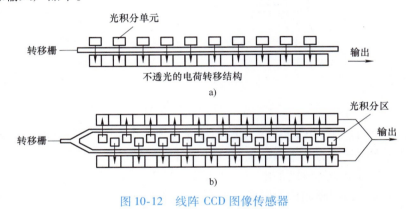

图 10-12　线阵 CCD 图像传感器

上、下方的移位寄存器中，然后在控制脉冲的作用下，自左向右移动，在输出端交替合并输出，这样就形成了原来光敏信号电荷的顺序。

（2）面阵 CCD 图像传感器　面阵 CCD 图像传感器目前存在行传输、帧传输和行间传输三种典型结构，如图 10-13 所示。

行传输面阵 CCD 结构如图 10-13a 所示，它由行扫描发生器、垂直输出寄存器、感光区和检波二极管组成。行扫描发生器将光敏元件内的信息转移到水平（行）方向，由垂直输出寄存器将信息转移到检波二极管，输出信号由信号处理电路转换为图像信号。这种结构易造成图像模糊。

帧传输面阵 CCD 结构如图 10-13b 所示，增加了具有公共水平方向电极的不透光信号存储区。在正常垂直回扫周期内，具有公共水平方向电极的感光区所积累的电荷迅速下移到信号存储区，在垂直回扫结束后，感光区恢复到积光状态。在水平消隐周期内，信号存储区的整个电荷图像向下移动，每次总是将存储区最底部一行的电荷信号移到水平输出移位寄存器，该行电荷在水平输出移位寄存器中向右移动并以图像信号的形式输出。当整帧图像信号自信号存储区移出后，就开始下一帧信号的形成。该结构具有单元密度高、电极简单等优点，但增加了存储器。

行间传输面阵 CCD 结构如图 10-13c 所示，它是用得最多的一种结构。它将图 10-13b 中的感光区与存储区相隔排列，即一列感光区、一列不透光的存储区交替排列。当感光区光敏元件光积分结束时，转移控制栅打开，电荷信号进入信号存储区。随后，在每个水平回扫周期内，信号存储区中整个电荷图像一次一行地向上移到水平输出移位寄存器中。接着，这一行电荷信号在水平输出移位寄存器中向右移位到输出器件，形成图像信号输出。这种结构的器件操作简单，图像清晰，但单元设计复杂，感光单元面积小。

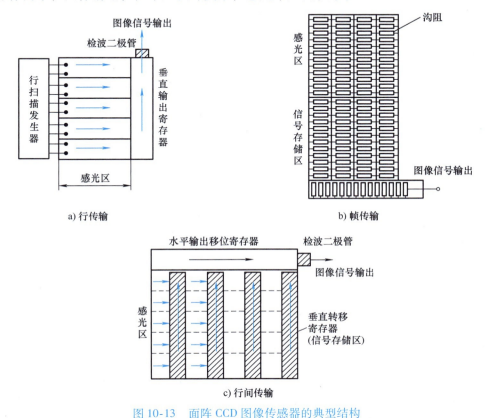

图 10-13 面阵 CCD 图像传感器的典型结构

🔍 **知识拓展**

传统 CCD 与超级 CCD

科技界对人类视觉进行了全面研究，突破了传统 CCD 的设计思路，改变了 CCD 的结构，研制出了超级 CCD，从根本上提高了 CCD 的工作性能，满足了现代摄像、摄影对 CCD 更高的要求。

传统 CCD 和超级 CCD 对比如图 10-14 所示。与传统 CCD 相比，超级 CCD 的性能在以下几个方面得到提升。

（1）分辨率 它具有独特的 45°蜂窝状像素排列，分辨率比传统 CCD 高 60%。

（2）感光度、信噪比和动态范围 像敏元光吸收效率的提高使这些指标明显改善，300 万像素时提升达 130%。

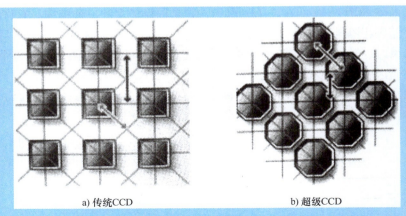

a) 传统CCD   b) 超级CCD

图 10-14　传统 CCD 和超级 CCD 对比

（3）彩色还原　由于信噪比的提高，且采用专门的大规模集成电路信号处理器，彩色还原能力提高了 50%。

3. CCD 图像传感器的性能指标

CCD 图像传感器的性能指标有很多，如像素数、帧率、靶面尺寸、感光度、电子快门和信噪比等。其中，像素数和靶面尺寸是重要的指标。

（1）像素数　像素数是指 CCD 图像传感器上感光元件的数量。可以这样理解，摄像机拍摄的画面由很多个小的点组成，每个点就是一个像素。显然，像素数越多，画面就会越清晰。如果 CCD 图像传感器没有足够多的像素数，拍摄出的画面的清晰度就会大受影响。因此，理论上 CCD 的像素数应该越多越好，但 CCD 像素数的增加会使制造成本增加、成品率下降。

（2）帧率　帧率代表单位时间所记录或者播放的图片的数量，连续播放一系列图片就会产生动画效果。根据人类的视觉系统，当图片的播放速度大于 15 幅/s 时，人眼基本看不出来图片的跳跃；当达到 24～30 幅/s 时，人眼就基本觉察不到闪烁现象了。每秒的帧数（或者说帧率）表示图像传感器在处理图像时每秒钟能够更新的次数。高的帧率可以得到更流畅、更逼真的视觉体验。

（3）靶面尺寸　靶面尺寸即为图像传感器感光部分的大小，一般用 in（1in = 2.54cm）来表示，和电视机一样，通常这个数据指的是图像传感器的对角线长度，常见的是 1/3in。靶面越大，意味着通光量越大，而靶面越小，则比较容易获得更大的景深。比如，1/2in 可以有比较大的通光量，而 1/4in 可以较容易地获得较大的景深。

（4）感光度　感光度表征 CCD 以及相关的电子电路感应入射光强弱的能力。感光度越高，感光面对光的敏感度就越高，快门速度就越快，这在拍摄运动车辆、夜间监控的时候显得尤其重要。

10.2.2　CMOS 图像传感器

CMOS 图像传感器采用一般半导体电路最常用的 CMOS 工艺。CMOS 图像传感器是一种采用传统的芯片工艺方法将光敏元件、放大器、A/D 转换器、存储器、数字信号处理器和计算机接口电路等集成在一块硅片上的图像传感器。

CCD 图像传感器由于灵敏度高、噪声低，逐步成为图像传感器的主流。但由于工艺原因，光敏元件和数字信号处理电路不能集成在同一芯片上，造成由 CCD 图像传感器组装的摄像机体积大、功耗大。CMOS 图像传感器以其体积小、功耗低的优点在图像传感器市场上独树一帜。

CMOS 相比 CCD 最主要的优势就是非常省电，其耗电量只有普通 CCD 的 1/3 左右。CMOS 存在的主要问题是，在处理快速变换的影像时，由于电流变换过于频繁而易导致过热，如果暗电流抑制得好则问题不大，如果抑制得不好就容易出现噪点。

1. CMOS 的组成

CMOS 的主要组成部分是像敏单元阵列和 MOS 管集成电路，而且这两部分集成在同一硅片上。像敏单元阵列由光电二极管阵列构成。图 10-15 中的像敏单元阵列按 X 和 Y 方向排列成方阵，方阵中的每一个像敏单元都有它在 X、Y 方向上的地址，并可分别由两个方向的地址译码器进行选择；输出信号送 A/D 转换器进行模/数转换，变成数字信号输出。

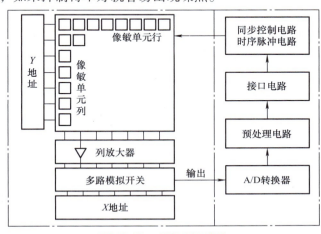

图 10-15　CMOS 的组成

2. CMOS 的技术参数

了解 CCD 和 CMOS 芯片的成像原理和主要技术参数，对产品的选型非常重要。即便是采用了相同的芯片，如果设计方法不同，制造出的照相机性能也可能会有所不同。

CMOS 的技术参数主要有以下几个。

（1）像元尺寸　像元尺寸指芯片像元阵列上每个像元的实际物理尺寸，通常的尺寸包括 $14\mu m$、$10\mu m$、$9\mu m$、$7\mu m$、$6.45\mu m$、$3.75\mu m$ 等。像元尺寸从某种程度上反映了芯片对光的响应能力，像元尺寸越大，能够接收到的光子数量就越多，在同样的光照条件和曝光时间内产生的电荷数量也越多。对于弱光成像而言，像元尺寸是芯片灵敏度的一种表征。

（2）灵敏度　灵敏度是芯片的重要参数之一，它具有两种物理意义：一种是指光敏元件的光电转换能力，与响应率的意义相同，即在一定光谱范围内，单位曝光量的输出信号电压（电流）；另一种是指光敏元件所能传感的对地辐射功率（或照度），与探测率的意义相同。

（3）坏点数　由于受到制造工艺的限制，因此对于有几百万个像素点的传感器而言，所有的像元都是好的几乎不太可能。坏点数是指芯片中坏点（不能有效成像的像元或响应不一致性大于参数允许范围的像元）的数量。坏点数是衡量芯片质量的重要参数。

（4）光谱响应　光谱响应是指芯片对不同波长的光的响应能力，通常由光谱响应曲线给出。从产品的技术发展趋势看，无论是 CCD 还是 CMOS，体积小型化及高像素化都是业界积极研发的目标。图像产品的分辨率越高，清晰度越好，体积越小，其应用越广泛。

3. CCD 图像传感器与 CMOS 图像传感器的区别

CCD 图像传感器与 CMOS 图像传感器是被普遍采用的两种图像传感器，两者都是利用光电二极管进行光电转换，将图像转换为数字数据的。

CCD 图像传感器与 CMOS 图像传感器的主要差异是数字数据传输的方式不同：CCD 图像传感器每一行的每一个像素的电荷数据都会依次传送到下一个像素中，由最底端部分输出，再经由传感器边缘的放大器进行放大输出；CMOS 图像传感器中，每个像素都会邻接一个放大器及 A/D 转换电路，用类似内存电路的方式将数据输出。

造成这种差异的原因在于：CCD 的特殊工艺可保证数据在传输时不失真，因此各个像素的数据可汇聚至边缘再进行放大处理；而 CMOS 工艺的数据在传输距离较长时会产生噪声，因此，必须先放大，再整合各个像素的数据。

CCD 图像传感器与 CMOS 图像传感器另一个主要差异是电荷读取方式不同：对于 CCD 图像传感器，光通过光电二极管转换为电荷，然后电荷通过传感器芯片传递到转换器，最终信号被放大，因此电路较为复杂，速度较慢；对于 CMOS 图像传感器，光通过光电二极管的光电转换后直接产生电压信号，信号电荷不需要转移，因此 CMOS 图像传感器集成度高、体积小。

综上所述，CCD 图像传感器在灵敏度、分辨率、噪声控制等方面都优于 CMOS 图像传感器，而 CMOS 图像传感器则具有成本低、功耗低以及整合度高的优点。不过，随着 CCD 与 CMOS 传感器技术的进步，两者的差异有逐渐缩小的趋势。例如，CCD 图像传感器一直在功耗上做改进，以应用于移动通信市场；CMOS 图像传感器则在不断地改善分辨率与灵敏度方面的不足，以应用于更高端的图像产品。

 科技前沿

航空航天中的纳米 CMOS 图像传感器

CMOS 图像传感器以其在系统功耗、体积、质量、成本、功能性、只需单一电源、抗辐射性以及可靠性等方面的优势而在空间成像领域中得到越来越广泛的应用。空间飞行器尺寸的不断减小促进了纳米 CMOS 图像传感器技术的快速发展，纳米 CMOS 图像传感器以其体积更小的优点，必将具有很好的应用前景，有望在下列领域得到更充分的发展。

1. 空中军事侦察

CMOS 图像传感器在近红外波段的灵敏度比在可见光波段高 5~6 倍，故可将纳米 CMOS 图像传感器用在侦察机中。它用于提高飞机驾驶员在光线不良和雨雪、灰尘、烟雾等恶劣天气下的驾驶能力，从而保证军用飞机可以在黑暗中或不易被敌方发现的模糊条件下驾驶。

2. 空间遥感成像

在目前对地观察卫星的主要遥感成像技术中，红外遥感技术设备复杂、昂贵；微波辐射计通常仅适用于大范围（如局部海域、沙漠或地质结构）的低分辨率数据获取；雷达系统质量较大，系统复杂，需要较大的功率、较高的数据传输速率和较强的存储能力。同时，这几种设备目前还存在难以实现微型化等问题。随着空间飞行器尺寸的不断减小，对于质量小于 10kg 的微纳卫星来说，光成像技术（以可见光为主）将成为主要观察手段。纳米 CMOS 图像传感器在系统功耗、体积、质量、成本、功能性、抗辐射性以及可靠性等方面占据着绝对优势，故在微纳卫星上具有广泛的应用前景。图 10-16 所示为西昌卫星发射中心利用长征十一号运载火箭发射的微纳卫星，长征十一号运载火箭是我国新一代运载火箭中的固体运载火箭，"一箭五星"刷新了我国固体运载火箭一箭多星的发射纪录。

3. 星敏感器

星敏感器通过敏感恒星的辐射亮度来确定航天器基准轴与已知恒星视线之间的夹角。由于卫星对恒星的张角极小，因此星敏感器是姿态敏感器中测量精度最高（可达秒级）的一类敏感器。随着微纳卫星的发展，对星敏感器姿态控制的精度要求越来越高，但传统的星敏感器因质量、功耗方面的原因难以应用在微纳卫星上。考虑到 CMOS 图像传感器技术的优点，如果能用纳米 CMOS 成像器件替代 CCD 成像器件，则可能将改进后的星敏感器应用到微纳卫星上，这对微纳卫星姿态控制技术发展大有益处。

图 10-16　遥感微纳卫星

10.2.3　接触式图像传感器

除了 CCD 图像传感器和 CMOS 图像传感器外，还有一种常用的图像传感器，即接触式图像传感器（CIS）。CIS 被用在扫描仪中，其将感光单元紧密排列，直接收集被扫描物体反射的光线信息。因为其本身造价低廉，又不需要透镜组，所以可以制作出结构更为紧凑的扫描仪，使成本大大降低。但是，由于是接触式扫描（必须与原稿保持很近的距离），只能使用 LED 光源，因此其分辨率以及色彩表现目前都赶不上 CCD 图像传感器。

采用 CIS 的扫描仪外形图如图 10-17 所示。扫描仪内部结构图如图 10-18 所示。

图 10-17　扫描仪外形图

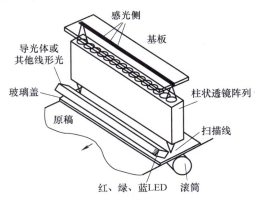

图 10-18　扫描仪内部结构图

CIS 由 LED（发光二极管）光源阵列、微型自聚焦柱状透镜阵列、光电传感器阵列及其电路板、保护玻璃、接口、外壳等部分组成。CIS 的组成部分都集中于外壳内，结构紧凑、体积小、质量轻，其主要部件生产需要采用微制造工艺完成。当 CIS 工作时，LED 光源阵列发出的光线直射到待扫描物体表面（印刷品等），从其表面反射回的光线经微型自聚焦柱状透镜阵列聚焦，成像在光电传感器阵列（一般是 MOS 器件）上，被转化为电荷存储起来。扫描面上不同部位的发光强度不同，因而不同位置传感器单元（即 CIS 的像素）接收到的光线强度不一样。每个读取周期内每个像素的光照时间（电荷积蓄时间）是一致的，到积蓄时间后，移位寄存器控制模拟开关依次打开，将像素的电信号以模拟信号的形式依次输出，从而得到模拟图像信号。

CIS 结构图如图 10-19 所示。CIS 与传统的图像传感器相比，有以下突出优点：

1）CIS 的光源、传感器、放大器集成为一体，其结构、原理和光路都很简单，具有体积小、重量轻、结构紧凑、便于安装等优点。例如，某种 A4 幅面 CIS 扫描头尺寸为 11mm × 17.5mm × 232mm，仅重 659g。

2）CIS 中没有灯管和光学镜头等部件，因此抗振性能好。

3）CIS 采用的是单时钟驱动/定时逻辑，控制较简单。

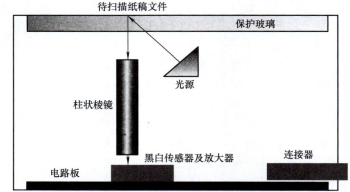

图 10-19　CIS 结构图

4）CIS 从省电状态转入工作状态非常迅速，因此采用 CIS 的扫描仪无须预热。

5）CIS 大多采用陶瓷基底（基板），具有良好的温度特性。

6）CIS 采用半导体制造工艺，生产成本低。

10.2.4　图像传感器的应用

1. CCD 图像传感器的应用

CCD 图像传感器是数码速印机光学系统中最重要的器件。数码速印机在进行复印时，首先由扫描系统对原稿进行扫描，即通过曝光灯、反射镜片、镜头、CCD 图像传感器等光学元件对原稿进行读取，将光信号转变为电信号，并存储在 CCD 图像传感器内，在整机的同步脉冲控制下，CCD 图像传感器输出的电信号被送到放大器进行放大，经 A/D 转换、调制后送往制版系统，制版系统根据 CCD 图像传感器送来的图像信号进行制版，产生与原稿图像相对应的蜡纸版，并通过上版机构将此蜡纸版缠绕在滚筒上，复印系统再根据此蜡纸版进行复印。

在电子扫描读取原稿过程中，镜头根据原稿反射过来的光线形成光像，投射到 CCD 图像传感器的感光区。由于 CCD 图像传感器各电极下的势阱深度与这条扫描线各点像素的色调相对应，因此这条扫描线光像就变成 CCD 图像传感器中存储的电荷信息，从而完成了由图像光信息到图像电信息的转变。图像信息经 A/D 转换电路处理后，送控制电路，运行制版程序进行制版。该过程如图 10-20 所示。

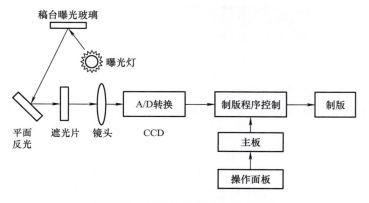

图 10-20　数码速印机原稿读取过程

2. CMOS 图像传感器的应用

CMOS 图像传感器是一种多功能传感器，由于它兼具 CCD 图像传感器的性能，因此可以进入 CCD 图像传感器的应用领域，但它又有自己的特点，所以也有其自身的许多应用领域。目前，CMOS 图像传感器主要应用于保安监控系统和个人计算机摄像机。

CMOS 图像传感器还可应用在数字静态摄像机和医用小型摄像机等设备中。例如，心脏外科医生可以在患者胸部安装一个小"硅眼"，以便在手术后监视手术效果，CCD 图像传感器就很难实现这种应用。

CMOS 图像传感器中集成了多种功能，使得以往许多无法运用图像技术的地方能够广泛地应用图像技术，如照相机、智能手机、指纹识别系统、计算机显示器中的摄像头和一次性照相机等。CMOS 图像传感器的应用如图 10-21 所示。

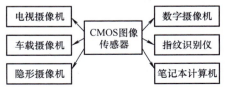

图 10-21　CMOS 图像传感器的应用

10.3　智能无线传感器

10.3.1　无线传感器概述

传统的传感器通常基于有线连接的方式进行数据等信息的传输。近年来，随着微波、5G、无线局域网 802.11（WiFi）、蓝牙、红外（IrDA）、ZigBee、超宽频（UWB）、近程通信（NFC）、LoRa 等无线通信技术的快速发展，以及信息感知范围的扩大、网络化感知需求的增长，特别是深空探测、卫星遥感、全球定位、无线传感网、物联网、远程监控与报警系统等新技术及其应用的推动，传感器的无线化发展趋势明显。

无线传感器在检测系统搭建、快速安装与调整、覆盖复杂地形或特殊分布区域等方面表现出优势。工业环境下任何地点均能安装使用智能无线传感器及其网络，无线传感器具有足够的可靠性和处理能力，为各种装置采集、实时共享数据。

10.3.2　智能无线传感器的应用领域

1. 卫星遥感技术

"遥感"字面上可以简单地解释为"遥远的感知"。广义地讲，各种非接触的、远距离的探测和信息获取技术就是遥感；狭义地讲，遥感主要指从远距离、高空，以至外层空间的平台上，利用可见光、红外、微波等探测仪器，通过摄影或扫描、信息感应、传输和处理，从而识别地面物质的性质和运动状态的现代化技术系统。根据遥感传感器所在平台的不同，可以把遥感分为塔台遥感、车载遥感、航空遥感和卫星遥感等不同类型。

国际上卫星遥感技术的迅猛发展，将人类带入一个多层、立体、多角度、全方位和全天候对地观测的新时代。由各种高、中、低轨道相结合，大、中、小卫星相协同，高、中、低分辨率相弥补而组成的全球对地观测系统，能够准确有效、快速及时地提供多种空间分辨率、时间分辨率和光谱分辨率的对地观测数据。

我国已成功发射的返回式遥感卫星为资源、环境研究和国民经济建设提供了宝贵的空间图像数据，在我国国防建设中也起到了不可替代的作用。我国还先后建立了国家遥感中心、国家卫星气象中心、中国资源卫星应用中心、国家卫星海洋应用中心和中国遥感卫星地面接收站等国家级遥感应用机构。

科技前沿

中国"风云四号"卫星

气象卫星是从太空对地球及其大气层进行气象观测的人造地球卫星，是卫星气象观测系统的空间部分。卫星所载各种气象遥感器，接收和测量地球及其大气层的可见光、红外和微波辐射，并将其转换成电信号传送给地面站。地面站将卫星传来的电信号复原，绘制成各种云层、地表和海面图片，再经进一步处理和计算，得出各种气象资料。

图10-22为由长征三号乙运载火箭成功发射的"风云四号"卫星。"风云四号"作为新一代静止轨道定量遥感气象卫星，将4台遥感仪器安装在一个卫星平台上。"风云四号"卫星目前停留在赤道上方约35800km处，它搭载了我国目前最先进的静止轨道辐射成像仪，可获取地球表面和空中云的多光谱、高精度定量观测数据以及图像，其中还可以针对指定区域高频次获取图像。

图10-22 "风云四号"卫星

2. 汽车轮胎压力和温度监控系统

汽车轮胎压力监控系统（TPMS）主要用于在汽车行驶时实时对轮胎气压进行自动监测，对轮胎漏气和低气压进行报警，以保障行车安全。

1）间接式轮胎压力监控系统：通过汽车防抱死制动系统（ABS）或电子稳定程序（ESP）的轮速传感器来比较轮胎之间的转速差别，以达到监视轮胎压力的目的。

2）直接式轮胎压力监控系统：利用安装在每一个轮胎里的压力传感器和温度传感器来直接测量轮胎的压力和温度，并对各轮胎气压和温度进行显示及监控。

直接式汽车轮胎压力监控系统使用的是轮胎压力和温度传感器，轮胎压力和温度传感器安装在每一个轮胎的充气阀上，如图10-23所示。

轮胎压力和温度传感器实物及结构图如图10-24所示。轮胎压力和温度传感器由传感器和发射器模块1、锂电池2、轮胎气门芯3等组成。轮胎压力和温度传感器以及发射器模块集成于轮胎充气阀，智能芯片保证了实时传输信号灯的稳定性。轮胎压力和温度传感器直接测量轮胎充气压力和温度，以检查车辆是否可以继续行驶，发射器以314.98MHz的频率将

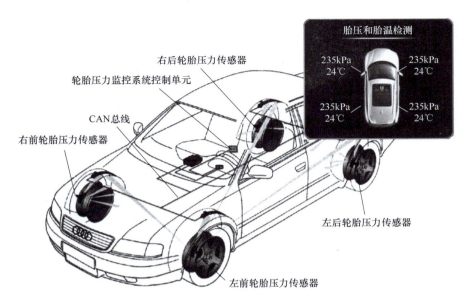

右后轮胎压力传感器

轮胎压力监控系统控制单元

CAN总线

右前轮胎压力传感器

左后轮胎压力传感器

左前轮胎压力传感器

胎压和胎温检测

235kPa 24℃　235kPa 24℃

235kPa 24℃　235kPa 24℃

图 10-23　直接式汽车轮胎压力监控系统的组成

测量的轮胎充气压力和温度值发送至汽车轮胎压力监控系统控制单元接收器，实时监测轮胎的压力和温度状态。

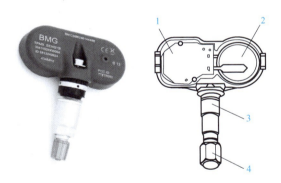

图 10-24　轮胎压力和温度传感器实物及结构图
1—传感器和发射器模块　2—锂电池　3—轮胎气门芯　4—盖

10.4　生物传感器

从 20 世纪 60 年代 Clark 和 Lyon 提出生物传感器的设想开始，生物传感器的发展已有几十年的历史了。作为一门在生命科学和信息科学之间发展起来的交叉学科，生物传感器在发酵工艺、环境监测、食品工程、临床医学、军事及医学等方面得到了深度重视和广泛应用。随着社会的进一步信息化，生物传感器必将获得越来越广泛的应用。

生物传感器是一种利用生物活性物质的分子识别功能，将感受到的被测物质的特征量转换成可用输出信号的传感器。它是由以生物敏感材料制成的分子识别元件（包含酶、抗体、抗原、微生物、细胞、组织、核酸等生物活性物质)、适当的理化换能器(如氧电极、光电管、场效应晶体管、压电晶体等)及信号放大装置构成的分析工具或系统,具有接收器与转换器的功能。

10.4.1 生物传感器概述

生物传感器一般是在基础传感器上再耦合一个生物敏感膜,也就是说,生物传感器是半导体技术与生物工程技术的结合。生物敏感物质附着于膜上或包含于膜之中,溶液中被测定的物质经扩散作用进入生物敏感膜层,经分子识别发生生物学反应,所产生的信息可通过相应的化学或物理换能器转变成可定量和可显示的电信号,即可知道被测物质的浓度。

生物传感器的工作原理是:被测物质经扩散作用进入生物膜敏感层,被识别并发生生物学作用,产生的信息(如光、热、音等)被相应的信号转换器转换为可定量和可处理的电信号,再经二次仪表放大并输出,以电极测定其电流值或电压值,从而换算出被测物质的量或浓度。当改用其他的酶或微生物等固化膜时,便可开发出多种多样的基础生物传感器。

1. 葡萄糖传感器

1967 年,S. J. 乌普迪克等制造出了第一个生物传感器——葡萄糖传感器。将葡萄糖氧化酶包含在聚丙烯酰胺胶体中加以固化,再将此胶体膜固定在隔膜氧电极的尖端,便制成了葡萄糖传感器。

葡萄糖是一种典型的单糖,是一切生物的能源。人体血液中都含有一定浓度的葡萄糖。正常人空腹血糖为 $800 \sim 1200 \mathrm{mg/L}$,现已研究出对葡萄糖氧化反应起一种特异催化作用的酶——葡萄糖氧化酶(GOD),并研究出用它来测定葡萄糖浓度的葡萄糖传感器,如图 10-25 所示。

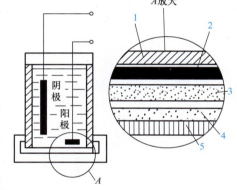

图 10-25　葡萄糖传感器
1—Pt 阳极　2—聚四氟乙烯膜　3—固相酶膜
4—半透膜多孔层　5—半透膜致密层

2. 酶传感器

酶传感器的基本原理是:用电化学装置检测酶在催化反应中生成或消耗的物质(电极活性物质),将其转换成电信号输出。

3. 微生物传感器

微生物传感器由固定化微生物膜及电化学装置组成,如图 10-26 所示。

微生物的种类是非常多的,菌体中的复合酶、能量再生系统、辅助酶再生系统、微生物的呼吸及新陈代谢为代表的全部生理机能都可以加以利用。因此,用微生物代替酶,有可能获得具有复杂及多功能的生物传感器。

图 10-26　微生物传感器工作原理

4. 免疫传感器

由生理学可知,抗原是能够刺激动物机体产生免疫反应的物质,抗体是由抗原刺激机体产生的具有特异免疫功能的球蛋白,又称免疫球蛋白。免疫传感器是利用抗体对抗原结合的功能研制成功的，如图 10-27 所示。

图 10-27 中，1、2 室注入 0.9% 的生理盐水，当 3 室内注入含有抗体的盐水时，由于抗体和固定化抗原膜上的抗原相结合，使膜表面吸附了特异的抗体，而抗体是有电荷的蛋白质，从而使固定化抗原膜带电状态发生变化，于是 1、2 室内的电极间有电位差产生。电位差信号经放大后，即可检测出超微量的抗体。

5. 半导体生物传感器

半导体生物传感器是由半导体传感器、生物分子功能膜和识别器件所组成的，通常所用的半导体器件是酶光电二极管和酶场效应晶体管。酶光电二极管如图 10-28 所示。

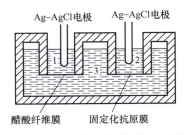

图 10-27　免疫传感器结构原理图

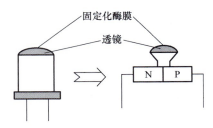

图 10-28　酶光电二极管

10.4.2　生物芯片

进入 21 世纪以来，随着电子技术和生物技术相结合，生物芯片诞生了。生物芯片由研究 DNA 分子或蛋白质分子的识别技术开始，已形成独立学科，成为生命科学领域中迅速发展起来的一项高新技术。生物芯片原名为"核酸微阵列"，是通过微加工技术和微电子技术，在一块 $1cm^2$ 大小的硅片、玻璃片、凝胶或尼龙膜上，构建密集排列的生物分子微阵列。

生物芯片的模样五花八门，有的和计算机芯片一样规矩、方正，有的是一排排微米级圆点或一条条的蛇形细槽，还有的是一些不同形状、头发丝粗细的管道和针孔大小的腔体。图 10-29 所示为某种生物芯片的外观结构。

例如，从正常人的基因组中分离出 DNA 与 DNA 芯片相互作用，就可以得出标准图谱；从病人的基因组中分离出 DNA 与 DNA 芯片相互作用，就可以得出病变图谱。经过对比分析这两种图谱，就可以得出病变的 DNA 信息。

图 10-29　某种生物芯片的外观结构

10.4.3　智能生物传感器

1. 智能生物传感器概述

近年来，受生物科学、信息科学和材料科学发展的推动，智能生物传感器技术飞速发展。未来的智能生物传感器将进一步应用在医疗保健、疾病诊断、食品检测、环境监测和发酵工业等各个领域。

　　生物传感器研究中的重要内容之一就是研制能代替生物视觉、嗅觉、味觉、听觉和触觉等感觉器官的生物传感器，即仿生传感器，或称为以生物系统为模型的智能生物传感器。

　　智能生物传感器是躯感网的前端，它能搜集到很多人体特征数据。用于躯感网的智能生物传感器一般可分为两种：一种是可以移植到人体之内的智能生物传感器；另一种是佩戴在体表的智能生物传感器。

　　未来的生物传感器必定与计算机紧密结合，可自动采集数据、处理数据，更科学、更准确地提供结果，实现采样、进样、结果"一条龙"，形成检测的自动化。同时，芯片技术将进一步与传感器技术融合，实现智能检测系统的集成化、一体化。

 科技前沿

健康与运动装备中的智能生物传感器

　　数字健康和健身产品会越来越多地出现在人们的生活中。在未来，服装、鞋和配饰中都可能会安装生物传感器，比如 Sensoria 智能袜子和 Athos 智能运动装备（见图 10-30）。这些传感器会搜集人体的生物数据，并将这些数据传送到手机或网络上，通过互联网传输给相关人员，让其清楚地了解用户的身体状况、心跳速率、呼吸和运动强度等。

　　智能手环（见图 10-31）可以智能计算步数、距离和卡路里，内置传感器可以对运动者的心率、血压、血氧等进行检测和提示，使运动者能根据自身情况自由规划运动时间和运动量。此外，还有电话、短信、QQ、微信等信息相应提示。夜间佩戴还可测得睡眠数据，分析睡眠质量，尽享高品质生活。

图 10-30　智能运动装备

　　谷歌眼镜（见图 10-32）集拍照、录像、远程直播、语音导航、实时对讲于一体，受到了消费者的欢迎。

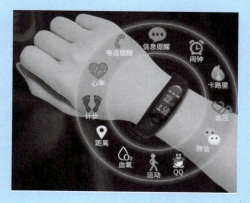

图 10-31　智能手环

图 10-32　谷歌眼镜

2. 智能生物传感器的应用

智能生物传感器的研究开发，已成为世界科技发展的新热点。

智能生物传感器在国民经济的各个部门（如食品、制药、化工、临床检验、生物医学、环境监测等部门）有广泛的应用前景。在科学技术快速发展的今天，分子生物学与微电子学、光电子学、微细加工技术及纳米技术等新学科、新技术结合，正改变着传统医学、环境科学、动植物学的面貌。

（1）智能生物传感器在食品分析中的应用　智能生物传感器在食品分析中的应用包括食品成分、食品添加剂、农药残留量、生物有害毒物及食品鲜度等的测定分析。

在食品工业中，葡萄糖的含量是衡量水果成熟度和储藏寿命的一个重要指标。已开发的酶电极型生物传感器可测定分析白酒、苹果汁、果酱和蜂蜜中的葡萄糖含量。其他糖类，如果糖、啤酒及麦芽汁中的麦芽糖，也有相应成熟的测定传感器。

（2）智能生物传感器在环境测量中的应用　近年来，环境污染问题日益严重，人们迫切希望拥有一种能对污染物进行连续、快速、在线监测的仪器，生物传感器满足了人们的要求。目前，已有大量智能生物传感器应用于水体和大气环境监测中。

（3）智能生物传感器在发酵工业中的应用　在各种智能生物传感器中，微生物传感器具有成本低、设备简单、不受发酵液混浊程度的限制、可消除发酵过程中干扰物质的干扰等优点。因此，发酵工业中广泛采用微生物传感器作为一种有效的测量工具。

（4）智能生物传感器在医学与健康领域中的应用　在医学领域，智能生物传感器发挥着越来越大的作用。生物传感技术不仅为基础医学研究及临床诊断提供了一种快速、简便的新型方法，而且因为其具有反应灵敏、响应快等特点，在军事医学方面也具有广泛的应用前景。

DNA 传感器是目前生物传感器中报道得最多的一种。用于临床疾病诊断是 DNA 传感器的最大优势，它可以帮助医生从 DNA、RNA、蛋白质及其相互作用的层次上了解疾病的发生、发展过程，有助于对疾病进行及时诊断和治疗。

10.5　模糊传感器

10.5.1　模糊传感器概述

模糊传感器是在 20 世纪 80 年代末出现的术语，当时有学者提出一种超声模糊传感器，其将距离测量结果描述为"远""近"等自然语言。传统传感器是数值传感器，它以定量数值来描述被测量的状态。

随着测量应用的不断扩大与深化，传统传感器的数值输出形式已不能满足某些应用，例如，对于放进洗衣机清洗的衣服，无须精确描述衣服的数量或重量，而是以"很多""多""不多""很少"来描述，并确定注水量及洗衣粉使用量；大多数人对于天气描述中的气温、湿度、风速、PM2.5 浓度等指标没有清晰的概念，人们更习惯于用"舒适""较为舒适""不舒适"之类的自然语言描述天气舒适度状况。这类以自然语言输出的测量需求不断扩大，使得模糊传感器应运而生并快速发展起来。

模糊传感器是在传统传感器测量数据的基础上，经过模糊推理与知识集成，以自然语言符号的形式来描述输出结果的智能传感器。所以，模糊传感器具有智能传感器感知、学习、推理和通信等基本功能，其中学习功能是模糊传感器特殊而重要的功能，例如，检测天气舒适度的模糊传感器需结合温度、湿度、风速等气象要素对人体的综合作用，表征人体在大气环境中的舒适程度。首先，该模糊传感器要学习、积累各种气象要素对人体舒适度影响程度的大量知识；其次，以此为基础并结合检测的各种气象参数，进行逻辑推理判断；最后，将测量结果以自然语言的形式输出。

10.5.2　模糊传感器的逻辑结构

模糊传感器的逻辑结构如图 10-33 所示，主要由信号检测与处理单元、数值/符号转换单元、知识库、数据库、模糊概念合成单元和符号/语言输出单元组成。信号检测与处理单元利用传统传感器检测被测物理量，再进行信号处理（包括信号放大、滤波、

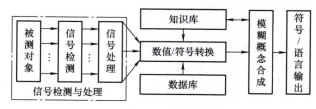

图 10-33　模糊传感器的逻辑结构

模/数转换；如果是多传感信息，还需进行多信息融合以获得高选择性、高稳定性的测量数值）。数值/符号转换单元接收处理后的测量数值，在知识库、数据库的指导下，完成从测量数值到符号的转换，并输入模糊概念合成单元。模糊概念合成单元结合知识库完成最后推理，输出结果到知识库（返回结果形成学习知识）及符号/语言输出单元。

 科技前沿

模糊数学与模糊洗衣机

1965 年，美国加州大学的 L. A. Zadeh 教授在其发表的著名论文中，首次提出用"隶属函数"的概念来定量描述事物模糊性的模糊集合理论，由此奠定了模糊数学的基础。模糊数学在经典数学和充满模糊性的现实世界之间架起了一座桥梁。

模糊数学不是将数学变得模模糊糊，而是用数学的方法去描述客观世界中的模糊现象，揭示其本质和规律。

模糊控制技术是利用模糊控制算法控制设备运行的一种实用技术。例如，模糊洗衣机搭载了先进的智能模糊控制技术，可为用户带来更简单的洁净体验。

模糊洗衣机控制模块组成如图 10-34 所示，模糊洗衣机控制系统通过各种传感器检测水温、衣物量、衣物质、衣物污秽程度等数据，MCU 在这些传感数据的基础上，利用知识库、模糊推理推断出漂洗方式、注水量、洗涤时间、水流强度、脱水时间等，再控制相应的执行器执行相应的动作。所以，只要直接放入衣物，打开"模糊控制"功能开关，洗衣机即可自行完成相关操作。

模糊传感器已广泛应用于家用电器等领域。另外，模糊距离传感器、模糊温度传感器、模糊色彩传感器等也相应研制成功并获得应用。

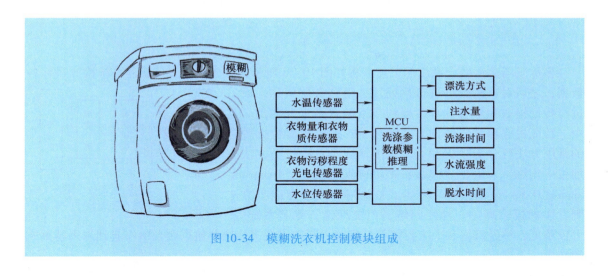

图 10-34   模糊洗衣机控制模块组成

10.6   多传感器数据融合系统

10.6.1   多传感器数据融合系统概述

多传感器数据融合技术形成于 20 世纪 80 年代，目前已成为研究热点。多传感器数据融合系统是利用计算机对多个同类或不同类传感器检测的数据，在一定准则下进行分析、综合、支配和使用，消除多传感器信息之间可能存在的冗余和矛盾，并且加以互补，降低其不确定性，获得对被测对象的一致性解释与描述，形成对应的决策和估计。

多传感器数据融合系统包含多传感器融合和数据融合。

多传感器融合是指多个基本传感器空间和时间上的复合设计和应用，常称多传感器复合。多传感器融合能在极短时间内获得大量数据，实现多路传感器的资源共享，提高系统的可靠性和宽容性。

数据融合也称信息融合，是指利用计算机对获得的多个信息源信息，在一定准则下加以自动分析、综合，以完成所需的决策和评估任务而进行的信息处理技术。数据融合按层次由低到高分为数据层融合、特征层融合和决策层融合三个融合层次。

图 10-35 所示为意法半导体公司研发的 LSM330 多传感器模块及其应用。该模块集成了一个三轴数字陀螺仪、一个三轴数字加速度计和两个嵌入式有限状态机。LSM330 多传感器模块可应用于各种应用市场，包括佩戴式传感器应用、智能手机和平板计算机的运

图 10-35   LSM330 多传感器模块及其应用

动控制式用户界面、户内外导航和其他移动定位服务的运动检测和地图匹配功能。

119

10.6.2 多传感器数据融合系统的工作原理

多传感器数据融合系统的工作流程如图 10-36 所示，首先利用多传感器系统检测目标各数据，之后对这些数据进行预处理，得到有用信息，最后进行特征提取和融合计算，得到数据融合结果并输出。其中，特征提取和融合计算是关键技术。多传感器数据融合的常用方法可分为随机和人工智能两大类：随机类方法有加权平均法、卡尔曼滤波法、多贝叶斯估计法、Dempster-Shafer（D-S）证据推理、产生式规则等；人工智能类方法则有模糊逻辑理论、神经网络、粗集理论、专家系统等。

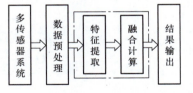

图 10-36　多传感器数据融合系统的工作流程

可以预见，神经网络和人工智能等新概念、新技术在多传感器数据融合中将起到越来越重要的作用。

数据融合已经应用到智能机器人、遥感、医疗等领域，在军用领域，数据融合已经应用到对空防御、电子对抗、指挥系统等。这些是目前数据融合应用得较为成熟的领域，另外还有很多其他新的领域也会应用到多传感器数据融合技术。

奔驰发动机多传感器数据融合系统

 科技前沿

奔驰 V8 发动机燃油直喷系统中的多传感器数据融合

奔驰双涡轮增压 V8 发动机采用了 60° 夹角"V"造型，放弃了 V6 发动机的 90° 夹角"V"造型。另外，V8 发动机采用了第三代的燃油直喷系统、新型火花塞和低摩擦辅助设备等，动力输出和燃油经济性能有了飞跃式的提高。使用该发动机的车型包括奔驰 CL500、奔驰 S350 和奔驰 CL350 等车型。图 10-37 所示为奔驰 V8 发动机外观。

发动机燃油高压直喷系统主要由高压油泵、电子控制单元（ECU，又称汽车电脑）、高压油轨、电控喷油器以及各种传感器等组成。高压油泵将燃油加压送入高压油轨，高压油轨内的燃油经过高压油管，

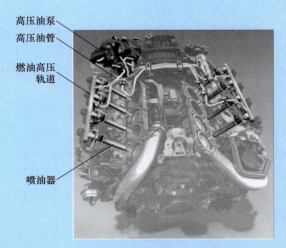

高压油泵
高压油管
燃油高压轨道
喷油器

图 10-37　奔驰 V8 发动机外观

根据机器的运行状态及多传感器数据融合信息，由 ECU 确定合适的喷油定时、喷油持续期，由电液控制的电控喷油器将燃油喷入燃烧室，图 10-38 所示为奔驰 V8 发动机燃油直喷系统中的多传感器数据融合系统图。

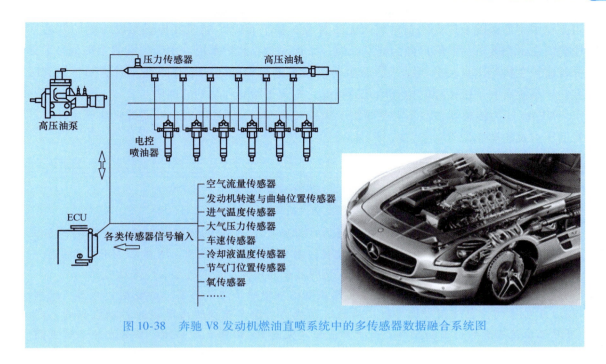

图 10-38　奔驰 V8 发动机燃油直喷系统中的多传感器数据融合系统图

10.7　MEMS 传感器

10.7.1　MEMS 传感器概述

微机电系统（Micro Electro-Mechanical System，MEMS），指外形轮廓尺寸在毫米级以下，构成它的机械零件和半导体元器件尺寸在纳米至微米级，可对声、光、热、磁、压力、运动等自然信息进行感知、识别、控制和处理的微型机电装置，是融合了硅微加工、光刻铸造成型和精密机械加工等多种微加工技术制作的系统。

完整的 MEMS 由微传感器、微执行器、信号处理及控制电路、通信接口和电源等部件组成。其目标是把信息的获取、处理和执行集成在一起，组成具有多功能的微型系统。MEMS 的突出特点是微型化，涉及电子、机械、材料、制造、控制、物理、化学、生物等多学科技术。

10.7.2　MEMS 传感器的应用领域

MEMS 传感器具有体积小、灵敏度高、响应速度快、便于集成化和多功能化、可靠性高、电力消耗低、价格低廉、适于批量化生产等优点。因此，MEMS 传感器被广泛应用于航空航天、汽车工程、生物医学与健康领域中。

MEMS 传感器可用于无创胎心检测。检测胎儿心率是一项技术性很强的工作，由于胎儿心率很快，每分钟 120～160 次，用传统的听诊器，甚至只有放大作用的超声多普勒仪都很难测量准确，而具有数字显示功能的超声多普勒胎心监护仪价格昂贵，仅为少数大医院所使用，在中小型医院及广大的农村地区无法普及。基于 MEMS 加速度传感器设计的胎儿心率检测仪在适当改进后能够以此为终端，做一个远程胎心监护系统，由医院端的中央信号采集分析监护主机给出自动分析结果，医生对该结果进行诊断，如果有问题及时通知孕妇到医院。该系统有利于医生随时检查胎儿的状况，有利于胎儿和孕妇的健康。

MEMS 压力传感器在汽车上主要用于测量气囊压力、燃油压力、发动机机油压力、进气管道压力及轮胎压力等。

科技前沿

滑雪与冲浪运动中的 3D 运动追踪

在运动员的日常训练中，MEMS 传感器可以用来进行 3D 人体运动测量，对每一个动作进行记录，教练对结果进行分析，反复比较，以提高运动员的成绩。随着 MEMS 技术的进一步发展，MEMS 传感器的价格也会降低，使得其在大众健身房中也可以广泛应用。

在滑雪方面（见图 10-39），3D 运动追踪设备中的压力传感器、加速度传感器、陀螺仪以及 GPS 可以让使用者获得极精确的观察能力，除了可提供滑雪板的移动数据外，还可以记录使用者的位置和距离。在冲浪方面（见图 10-40）也是如此，安装在冲浪板上的 3D 运动追踪设备，可以记录海浪高度、速度、冲浪时间、桨板距离、水温以及消耗的热量等信息。

图 10-39　滑雪中的 3D 运动追踪

图 10-40　冲浪中的 3D 运动追踪

思考题与习题

一、填空题

1. 智能传感器与人类智能相类似，其传感器相当于人类的_____，其微处理器相当于人类的_____，可进行信息处理、逻辑思维与推理判断。

2. 科学和生产工艺的发展大大促进了传感器技术的发展，_____技术、_____技术和_____技术是构成现代信息技术的三大支柱。

3. 按照像素排列方式的不同，CCD 又可分为_____与_____两大类。

4. 生物传感器是一种利用生物_____的分子识别功能，将感受到的_____特征量转换成可用_____信号的传感器。

二、综合题

1. 简述智能传感器的特点。

2. 图像传感器主要分为哪三种？

3. CCD 有几个工作过程？分别是什么？

4. 简述 CCD 图像传感器和 CMOS 图像传感器的区别。

5. 简述智能生物传感器的应用场合。

6. 什么是生物芯片？

7. 简述模糊传感器的概念。

8. 简述多传感器数据融合系统的应用场合。

9. 简述 MEMS 传感器的应用领域。

第11章　机器视觉技术

机器视觉是人工智能正在快速发展的一个分支。简单来说，机器视觉就是用机器代替人眼来做测量和判断。机器视觉系统是通过机器视觉传感器将被摄取目标转换成图像信号，传送给专用的图像处理系统，得到被摄目标的形态信息，根据像素分布和亮度、颜色等信息，转换成数字化信号；图像系统对这些信号进行各种运算来抽取目标的特征，进而根据判别的结果来控制现场的设备动作。

11.1　机器视觉系统的组成

机器视觉是使机器具有像人一样的视觉，从而实现各种检测、判断、识别等功能。一个典型的工业机器视觉系统（见图 11-1）包括以下几个组成部分：

图像采集单元：光源、镜头、视觉传感器、采集卡等。

图像处理分析单元：工控主机、图像处理软件、图形交互界面等。

执行单元：接收数据和指令，通过电力、液压、气压实现运动的执行机构，如机械手或机械臂等执行机构。

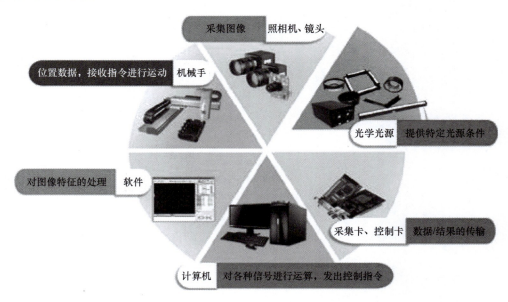

图 11-1　机器视觉系统的构成

视觉传感器按照芯片类型主要分为电荷耦合器件（CCD）和互补金属氧化物半导体（CMOS）两大类，按照镜头和布置方式的不同又分为单目视觉传感器、多目视觉传感器和环视视觉传感器。

机器视觉是一项综合技术，包括图像处理、机械工程技术、控制、电光源照明、光学成像、视觉传感器、模拟与数字视频技术、计算机软硬件技术等。机器视觉系统的工作原理示意图如图11-2所示。

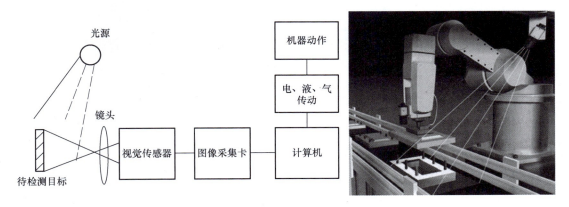

图 11-2　机器视觉系统的工作原理示意图

机器视觉系统可以快速获取大量信息，而且易于自动处理信息。因此，在现代自动化生产过程中，人们将机器视觉系统广泛地用于成品检验、质量控制和智能装备等领域。例如，工业自动化生产线和具有高级驾驶辅助系统（ADAS）的汽车。可以预计，随着机器视觉技术自身的成熟和发展，它将在现代和未来制造企业中得到越来越广泛的应用。

11.2　机器视觉数字图像处理

机器视觉数字图像处理的层次分为图像处理、图像分析、图像理解，如图11-3所示。

11.2.1　图像处理

图像处理指对图像进行各种加工以改善图像的视觉效果，提取有用信息，便于机器自动识别，或通过编码以减少对其所需存储空间、传输时间或传输带宽的要求。图像处理是对图像之间进行的变换，输入的是图像，输出的也是图像。

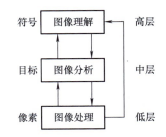

图 11-3　机器视觉数字图像处理层次图

1. 像素生成

像素表示图像元素，像素的英文"pixel"是一个合成词（picture 和 element）。像素是构成数字图像的最小单位，是以一个明确的位置和单一色彩数值组成的小方块，这些小方块的组合构成了图像。图像分辨率是单位英寸中所包含的像素点数，例如大多数网页制作常用图片的分辨率为72，即每英寸像素为72，不同像素的图像质量差别表现如图11-4所示。视觉传感器的像素生成取决于感光元件的个数，外界图像通过镜头投影到感光元件，每个像素都由一个光电二极管和相关的电路组成。

2. 灰度值与灰度处理

灰度值指黑白图像中点的颜色深浅程度，图像所能够展现的灰度级越多，就意味着图像

a) 像素为320×240的图像　　　　　　　b) 像素为80×60的图像

图 11-4　不同像素的图像质量差别表现

可以表现出的色彩层次越强。如果把黑-灰-白连续变化的灰度值量化为 2^8 个灰度级，则灰度值的范围为 0~255，它表示灰度从深到浅，对应图像颜色为从黑（0）到灰（120）再到白（255），如图 11-5 第一列的黑灰白小方块所示，白色为 255，灰色为 120，黑色为 0。

通常以红绿蓝的 RGB 强度来表示彩色图像，一个像素所能表达的不同颜色数取决于比特每像素（bpp）。常见的取值有：8 bpp [$2^8 = 256$（256 色）]；16 bpp [$2^{16} = 65536$（65536 色，称为高彩色）]；24 bpp [$2^{24} = 16777216$（16777216 色，称为真彩色）]。

3. 数字图像处理

数字图像处理就是将图像转换成一个数据矩阵存放在存储器中，然后再利用计算机或其他的大规模集成数字器件对数据矩阵信息进行数字处理，以达到所预期的效果。

灰度图像、黑白图像和彩色图像的矩阵表示分别如图 11-5 ~ 图 11-7 所示。

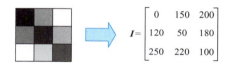
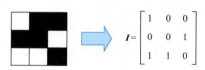

图 11-5　灰度图像的矩阵表示　　　　　　图 11-6　黑白图像的矩阵表示

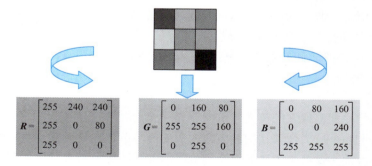

图 11-7　彩色图像的矩阵表示

有关联且有时间先后关系的图像称为序列图像，例如电视剧或电影图像就是由序列图像构成的。序列图像是数字多媒体的重要组成部分。序列图像是单幅数字图像在时间轴上的扩展，可以将视频的每一帧视为一幅静止的图像。

11.2.2　图像分析

图像分析是对图像中感兴趣的目标进行检测和测量，以获得它们的客观信息，从而建立对图像中目标的描述，是一个从图像到数据的过程。

图像分析输入的是图像，输出的是数据。

11.2.3　图像理解

图像理解在图像分析的基础上，进一步研究图像中各目标的性质和相互联系，得出对图像内容的理解（对象识别）及对原来客观场景的解释（机器视觉），从而指导相关的动作执行。图像理解借助机器视觉，通过知识、经验和机器学习来理解整个客观世界。

图像理解输入的是数据，输出的是理解。

11.3　机器视觉图像边缘检测

图像边缘是图像最基本的特征，是指其像素灰度急剧变化的像素集合。边缘存在于目标、背景和区域之间，边缘是位置的标志，也是图像匹配的重要特征。

图像边缘检测是图像处理的基本问题。如图 11-8 所示，图像边缘构成了物体的轮廓，使得"人"或"机器"一看就知道是什么物体。人类视觉通过物体边缘就能够做到识别物体。因此，物体边缘是图像中最基本也是最重要的特征，图像识别和理解图像的第一步就是边缘检测。

图像边缘检测的基本思想是：先检测图像中的边缘点，再按照策略或思路将边缘点连接成轮廓。边缘是所要提取目标和背景的分界线，所以边缘检测对于数字图像处理十分重要。

图 11-8　图像边缘构成了物体的轮廓

图像边缘大致可以分为：阶梯状边缘、脉冲状边缘、屋顶状边缘。阶梯状边缘两边像素的灰度值明显不同，边缘位置容易检测；脉冲状边缘处于灰度值小到大再到小的突变位置；屋顶状边缘处于灰度值由小到大再到小的逐渐变化转折点位置。道路边缘图像分析与检测示例如图 11-9 所示。

图 11-9　道路边缘图像分析与检测

在图 11-10 所示的图像边缘中，第 1 行是一些具有边缘的图像示例，第 2 行是沿图像水平方向的图像边缘剖面图，第 3 行是剖面的一阶导数，第 4 行是剖面的二阶导数。第 1 列和第 2 列是阶梯状边缘，第 3 列是脉冲状边缘，第 4 列是屋顶状边缘。

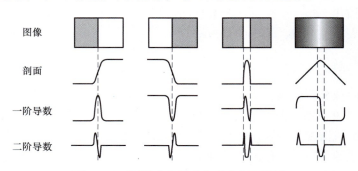

图 11-10　图像边缘的灰度跃变位置检测

图像的边缘检测就是要用离散化梯度逼近函数根据二维灰度矩阵梯度向量来寻找图像灰度矩阵的灰度跃变位置，然后在图像中将这些位置的点连起来，构成图像边缘。

OpenCV 是一个开源的跨平台计算机视觉库，可以运行在 Linux、Windows、Android 和 MacOS 操作系统上，提供了 Python、Ruby、MATLAB 等语言的接口，实现了图像处理和计算机视觉方面的很多通用算法。

> **🔍 知识拓展**
>
> **无人驾驶汽车的感知和定位**
>
> 　　随着机器视觉技术的发展，目前视觉传感器能提供无人驾驶汽车感知和定位两个功能。感知功能主要有障碍物识别、交通标志识别、可通行空间识别、交通信号灯识别。定位功能是基于视觉同步定位与建图（Simultaneous Localization and Mapping，SLAM）技术，将提前建好的地图和实时的感知结果做匹配，获取当前汽车的位置。

11.4　机器视觉技术在纺织企业中的应用

机器视觉系统最基本的特点就是提高生产的灵活性和自动化程度。在一些不适于人工作业的危险工作环境或者人工视觉难以满足要求的场合，常用机器视觉来替代人工视觉。同时，在大批量重复性工业生产过程中，用机器视觉检测方法可以大大提高生产的效率和自动化程度。

纺织企业是大型劳动和技术密集型企业，"布匹检测"流水线（见图 11-11）是实时、准确、高效的流水线。在流水线上，所有布匹的颜色及数量都要进行自动确认，可采用机器视觉的自动识别技术完成以前由人工来完成的检测工作。在大批量的布匹检测中，用人工检查产品质量效率低且精度不高，而用机器视觉检测方法可以大大提高生产效率和生产的自动化程度。

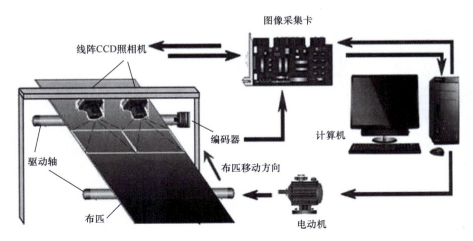

图 11-11 纺织企业"布匹检测"流水线

🔍 **知识拓展**

　　如今，我国正成为世界机器视觉发展最活跃的地区之一，其应用范围涵盖了工业、农业、医药、军事、航天、气象、科研等国民经济的各个行业。我国已经成为全球制造业的加工中心，高要求的零部件加工及其相应的先进生产线，使许多具有国际先进水平的机器视觉系统和应用经验也进入了中国。

　　自 2010 年以来，中国机器视觉市场迎来了爆发式增长。数据显示中国机器视觉应用市场规模中，电子制造、汽车、制药和包装机械占据了近 70% 的机器视觉市场份额。

思考题与习题

一、填空题

1. 机器视觉是使机器具有像人一样的视觉，从而实现各种 _____、_____、_____ 等功能。

2. 图像边缘是图像最基本的特征，图像边缘存在于 _____、_____ 和 _____ 之间。

3. 图像边缘大致可以分为：_____、_____ 和 _____。

二、综合题

1. 数字图像处理分为哪些层次？如何理解各图像处理层次？

2. 图像边缘检测的基本思想是什么？如何实现图像的边缘检测？

第12章 现代智能制造工业领域中的传感器

　　传感器技术是世界各国竞相发展的高新技术，也是进入 21 世纪以来优先发展的顶尖技术之一。传感器技术所涉及的知识领域非常广泛，其研究和发展也越来越多地和其他学科技术的发展紧密相连。传感器技术是现代科技的前沿技术，具有巨大的应用潜力和广阔的开发空间。现代智能制造工业领域中就大量应用了各种各样的传感器。

12.1 机器人传感器

12.1.1 机器人概述

　　国际标准化组织采纳了美国机器人工业协会给机器人下的定义，即机器人是一种可编程和多功能的，用来搬运材料、零件及工具的操作机，或是为了执行不同任务而具有可改变和可编程动作的专门系统。

　　20 世纪 80 年代，将具有感觉、思考、决策和动作能力的系统称为智能机器人，这是一个概括的、含义广泛的概念。现今人们已经研制出了具有感知、决策、行动和交互能力的智能机器人，如移动机器人、微机器人、水下机器人、医疗机器人、军用机器人、空中机器人、地面机器人、娱乐机器人、微小型机器人等，如图 12-1 所示。各种用途的机器人相继问世，使人们的许多梦想成为现实。

图 12-1　机器人

　　传感器使智能机器人初步具有类似于人的感知能力，不同类型的传感器组合构成了机器人的感觉系统。要使智能机器人对环境有更强的适应能力、进行更精确的定位和控制、从事更复杂的工作，就需要有更多的、性能更好的、功能更强的、集成度更高的机器人传感器。

机器人技术主要包括传感技术、智能技术和控制技术等。

12.1.2　机器人传感器的分类

机器人传感器可分为内部检测传感器和外部检测传感器两大类，如图 12-2 所示。

内部检测传感器是以机器人本身的坐标轴来确定其位置的，安装在机器人自身中，用来感知机器人自己的状态，以调整和控制机器人的行动。它通常由位置、加速度、速度及压力传感器组成。

外部检测传感器用于机器人获取周围环境、目标物的状态特征信息，使机器人和环境能发生交互作用，从而使机器人对环境有自校正和自适应能力。外部检测传感器通常包括触觉、视觉、听觉、接近觉、嗅觉和味觉等传感器。

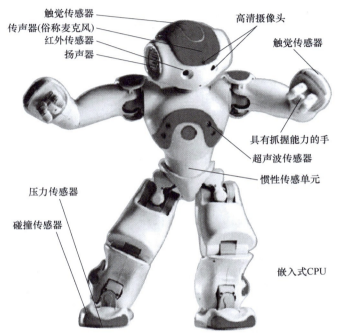

图 12-2　机器人传感器

1. 触觉传感器

机器人触觉，实际上是人触觉的某些模仿。它是机器人和对象物之间直接接触的感觉，一般认为触觉包括压觉、力觉和滑觉等。若没有触觉，就不能完好平稳地抓住纸做的杯子，也不能握住工具。

压觉传感器位于手指握持面上，用来检测机器人手指握持面上承受的压力大小及其分布。

力觉传感器用于感知机器人的肢、腕和关节等部位在工作和运动中所受力和力矩的大小及方向，相应的有关节力传感器、腕力传感器和支座传感器等。力觉传感器主要有应变片、压电式传感器和电容式传感器等，其中以应变片的应用最为广泛。

机器人的手要抓住属性未知的物体，必须对物体作用最佳大小的握持力，以保证既能握住物体不产生滑动，以免被抓物滑落，又不至于因用力过大而使物体产生变形而损坏。在手爪间安装滑觉传感器就能检测出手爪与物体接触面之间的相对运动（或滑动）。

光电式滑觉传感器只能感知一个方向的滑觉（称一维滑觉），若要感知二维滑觉，则可采用球形滑觉传感器，如图 12-3 所示。该传感器有一个可自由滚动的球，球的表面是用导体和绝缘体按一定规格布置的网格，在球表面安装有接触器。当球与被握持物体相接触时，如果物体滑动，将带动球随之滚动，接触器与球的导电区交替接触从而发出一系列的脉冲信号 U_f，脉冲信号的个数及频率与滑动的速度有关。球形滑觉传感器所测量的滑动不受滑动方向的限制，能检测全方位滑动。在这种滑觉传感器中，也可将两个接触器改用光电式传感器代替，滚球表面制成反光和不反光的网格，可提高可靠性，减少磨损。

2. 视觉传感器

视觉传感器是智能机器人最重要的传感器之一。目前，机器人的视觉多数是通过电视摄像机和对信号进行处理的运算装置来获得的，由于其主体是计算机，所以又称为计算机视觉。机器人视觉传感器的工作过程可分为检测、分析、绘制和识别四个步骤。视觉信息一般通过光电检测转化成电信号。

常用的光电检测器有摄像头和固态图像传感器。摄像头作为最常见的一种传感器在机器人领域应用广泛，理想的人工智能（AI）机器人可以借助计算机视觉技术，实现图像的识别、锁定和测量等操作。

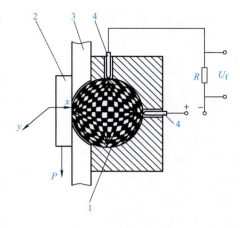

图 12-3　球形滑觉传感器
1—滑动球　2—被抓物　3—软衬　4—接触器

3. 听觉传感器

听觉传感器也是机器人的重要感觉器官之一。随着计算机技术及语音学的发展，现在已经部分实现用机器代替人耳。机器人不仅能通过语音处理及辨识技术识别讲话人，还能正确理解一些简单的语句。

机器人听觉系统中的听觉传感器的基本形态与送话器相同，这方面的技术已经非常成熟。因此其关键问题还是在声音识别上，即语音识别技术。它与图像识别同属于模式识别领域，而模式识别技术是最终实现人工智能的主要手段。

4. 接近觉传感器

接近觉传感器主要感知传感器与对象物体之间的接近程度，即需要检测对象物体与传感器之间的距离。接近觉传感器有电磁感应式、光电式、电容式、气压式、超声波式、红外式以及微波式等多种类型。

5. 嗅觉传感器

嗅觉传感器主要采用的是气体传感器和射线传感器等传感器，多用于检测空气中的化学成分、浓度等。在放射线、可燃性气体以及其他有毒气体的恶劣环境下，开发检测放射线、可燃气体及有毒气体的传感器是很重要的。

12.1.3　机器人的"大脑"和执行机构

1. 机器人的"大脑"

智能机器人的"智能"是指它有相当发达的"大脑"，即中央处理器。智能机器人能够理解人类语言，能分析出现的情况，同时能根据外界情况调整自己的动作，并在环境迅速变化的条件下完成这些动作。正因为这样，这种机器人才是真正的智能机器人，尽管它们的外表可能有所不同。

智能机器人是一个非常复杂的综合智能系统。与人体动作机制相似，智能机器人配备了各种各样的传感器，用于感受来自外界的信息。可以说，机器人配备的传感器种类与数量越多，其智能化程度就越高。

机器人的"大脑"称为中央处理器（CPU），如图 12-4 所示。中央处理器就是一个超大规模的集成电路，接收到传感器传回的数据后，根据内部预先设定好的算法程序解析各个信号所代表的真实意义。

传感器转换成的电信号由导线传输给"大脑"，那么在这一过程中起到传输作用的导线则相当于人体的神经系统。

图 12-4　中央处理器（CPU）

2. 机器人的执行机构

伺服电动机是机器人常用的执行机构，相当于人体的肌肉系统。一旦接收到来自"大脑"的控制信号，伺服电动机便完成相应的动作。在机器人系统中，每个伺服电动机都相当于一个人体关节，比如，一个机器人的手臂有 7 个不同方向的伺服电动机，就代表这个机械手臂可以向 7 个不同方向转动，也可以说成有 7 个自由度。由此可见，一个机器人的自由度越多，这个机器人的动作就越灵活，如图 12-5 所示。

 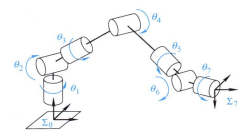

图 12-5　机器人的执行机构

机器人的执行机构是如何做出一个完整行为的呢？以机器人利用其执行机构击打迎面而来的乒乓球为例进行介绍，如图 12-6 所示。图像传感器以每秒 120 帧图像的速度捕捉乒乓球的运动轨迹，并在瞬间把信息回传给机器人的中央处理器，中央处理器快速处理这些信息后，机器人在瞬间就完成了对乒乓球的位置、速度、角度、运动轨迹和落点的计算，并计算出最优的应对路线和最佳回球姿势，中央处理

图 12-6　机器人击打迎面而来的乒乓球

器发出指令让手持球拍的机械臂在 0.4s 内完成击打动作。但到目前为止，机器人还不能达到人类运动员的水准，机器人和人类对决的最高纪录是 144 回合，要想让机器人达到专业运动员的水平，还有赖于科技的进步和机器人研发人员的继续努力。

科技前沿

智能机器人 Pepper 在阿里智慧展台上正式亮相

智能机器人作为一种包含相当多学科知识的技术结晶，几乎是伴随着人工智能所产生的。而智能机器人在当今社会变得越来越重要，越来越多的领域和岗位都需要智能机器人的参与，这使得智能机器人的研究也越来越深入。虽然我们现在仍很少在生活中见到智能机器人的影子，但在不久的将来，随着智能机器人技术的不断发展和成熟，智能机器人必将走进千家万户，让人们的生活更加舒适和健康。

2015 年，在浙江杭州云栖大会的阿里智慧展台上，由阿里巴巴、日本软银集团、富士康科技集团共同投资的软银机器人控股公司（SBRH）生产的"智能机器人 Pepper"正式亮相（见图 12-7），吸引了众多消费者的关注。

Pepper 被称为"情感机器人"，头部和肢体上安装了送话器、摄像头和各种各样的传感器，可以对人的表情、声调、喜悦和愤怒等感情因素进行识别，并且可以根据人类情绪做出反应。而且 Pepper 还可使用基于云端的面部和语音识别来完成相应的任务。

图 12-7 智能机器人 Pepper 在阿里智慧展台上亮相

据介绍，目前最新的 Pepper 机器人比最初的机器人 CPU 快 4 倍，通过云连接，Pepper 可以从其他机器人身上学习新知识，丰富自己的知识库。

12.2 汽车传感器

汽车工业是传感器实际应用的最大市场之一，每台汽车上都安装有几十个到几百个传感器，目前的高端汽车上安装的传感器超过了 300 个。汽车的智能化发展趋势需要越来越多、越来越高端的传感器。

12.2.1 汽车常用传感器

汽车技术发展的特征之一就是越来越多的部件采用电子控制。根据传感器的作用，可以将其分为测量温度、压力、流量、位置、速度、气体浓度、光亮度和距离等功能的传感器，它们各司其职，一旦某个传感器失灵，对应的装置就会工作不正常甚至不工作。因此，传感器在汽车上的作用是非常重要的。汽车上的各类传感器分布如图 12-8 所示。

雨量和光线识别传感器

传感器作为汽车电控系统的关键部件，直接影响汽车技术性能的发挥。这些传感器主要分布在发动机控制系统、底盘控制系统和车身控制系统中。

1. 汽车发动机用传感器

发动机用传感器主要包括空气流量传感器、进气压力传感器、节气门位置传感器、曲轴

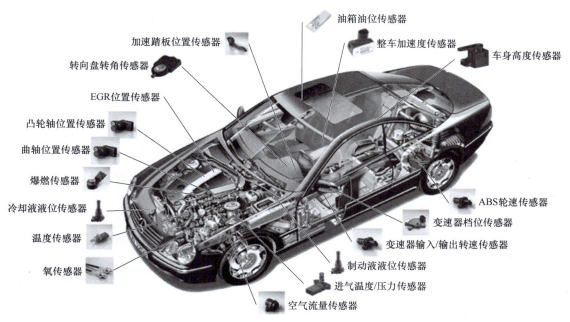

图 12-8　汽车上的各类传感器分布

位置传感器、凸轮轴位置传感器、温度传感器、氧传感器、爆燃传感器等。图 12-9 所示为发动机控制系统部分传感器安装位置图。

（1）空气流量传感器　空气流量传感器安装在空气滤清器与节气门体之间，用于测量空气流量。它能将吸入的空气量转换成电信号送至发动机 ECU（电子控制单元），该信号是决定喷油量的基本信号之一。

（2）进气压力传感器　进气压力传感器检测的是节气门后方的进气歧管的绝对压力，它根据发动机转速和负荷的大小检测出进气歧管内绝对压力的变化，然后转换成电信号送

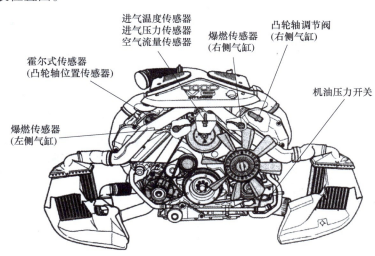

图 12-9　发动机控制系统部分传感器安装位置图

至 ECU，ECU 根据此信号电压的大小，控制基本喷油量的大小。

（3）节气门位置传感器　节气门位置传感器安装在节气门体上，与节气门轴保持联动，进而反映发动机的不同工况。它是怠速控制、起步加速控制、急加速控制、急减速控制、断油控制、点火提前角控制及自动变速器换档控制的主要信号传感器。

（4）曲轴位置传感器　曲轴位置传感器的作用是感知曲轴转角的位置，以确定活塞在气缸中往复运动的位置，作为喷油定时和点火正时的基准点。

（5）凸轮轴位置传感器　凸轮轴位置传感器又称为气缸识别传感器，其功用是采集配气凸轮轴的位置信号，并输入 ECU，以便 ECU 识别发动机某气缸（如 1 缸）上止点位置，从而进行顺序喷油控制、点火时刻控制和爆燃控制。

（6）温度传感器　温度传感器主要检测冷却液温度、进气温度和排气温度等，将它们转换成电信号，从而控制喷油器开启时刻和持续时间。

（7）氧传感器　氧传感器安装在排气管上，通过检测汽车尾气中的氧含量以及气缸中的空燃比，向供油系统发出负反馈信号，以修正喷油脉冲，将空燃比调整到理论值，达到理想的排气净化效果。

（8）爆燃传感器　爆燃传感器安装在缸体上，向 ECU 输入气缸压力或发动机振动信号，经 ECU 处理后，控制点火提前角，抑制爆燃产生。

2. 液压动力转向系统传感器

液压动力转向系统传感器主要为安装在转向盘柱上的转矩传感器和转向盘转角传感器，如图 12-10 所示。

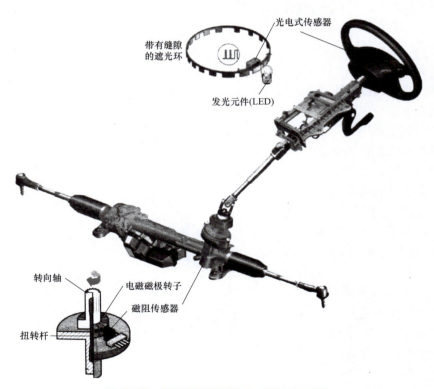

图 12-10　转矩传感器和转向盘转角传感器

（1）转矩传感器　转矩传感器（磁阻传感器）不断地检测转向轴上的转矩信号，电控单元根据这些输入信号，确定助力转矩的大小和方向，即选定电动机的电流和转向，调整转向辅助动力的大小。

（2）转向盘转角传感器　转向盘转角传感器（光电式传感器）集成在转向盘下的时钟弹簧内，用来检测转向盘的中间位置、转动方向、转动角度和速度信号。这些信号用于电控助力转向、车辆稳定控制和电控悬架控制。

3. 汽车变速器用传感器

（1）输出轴转速传感器　输出轴转速传感器用于检测自动变速器输出轴的转速。电控单元根据输出轴转速传感器的信号计算车速，作为换档控制的依据。

（2）输入轴转速传感器　输入轴转速传感器用于检测输入轴转速，并将信号送入ECU，使ECU更精确地控制换档过程，以改善换档感觉，提高汽车的行驶性能。

（3）冷却液温度传感器　当冷却液温度低于预定温度时，如果变速器换入超速档，发动机性能及车辆乘坐的舒适性会受到影响。为了防止这种情况发生，在冷却液达到预定温度（例如105℃）以前，自动变速器不会换入最高档。

（4）液压油温度传感器　液压油温度传感器用于检测自动变速器液压油的温度，作为自动变速器控制单元进行换档控制、油压控制和锁止离合器控制的依据。

4. 安全气囊控制系统用传感器

安全气囊控制系统中常见的传感器是碰撞传感器，如图12-11所示。按照用途的不同，碰撞传感器分为触发碰撞传感器和防护碰撞传感器。

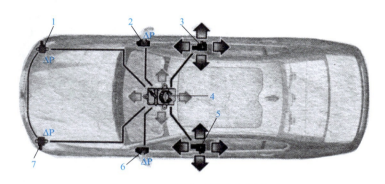

图12-11　碰撞传感器的安装位置

1—右前碰撞传感器　2—右侧B柱碰撞传感器　3—右前车门内碰撞传感器　4—SRS控制单元内的加速度传感器
5—左前车门内碰撞传感器　6—左侧B柱碰撞传感器　7—左前碰撞传感器

（1）触发碰撞传感器　触发碰撞传感器也称为碰撞强度传感器，用于检测碰撞时的加速度变化，并将碰撞信号传给安全气囊ECU，作为安全气囊ECU的触发信号。

（2）防护碰撞传感器　防护碰撞传感器也称为安全碰撞传感器，它与触发碰撞传感器串联，防止安全气囊误爆。

5. 全自动空调控制系统用传感器

全自动空调控制系统主要包括温度传感器、控制系统、ECU、执行机构等。其中，温度传感器有车外温度传感器、车内温度传感器、日照传感器（阳光强度传感器）和蒸发器温度传感器。

6. 电控悬架系统用传感器

电控悬架系统主要传感器有水平传感器、车身高度传感器、转向盘转角传感器、节气门位置传感器等。

（1）水平传感器　水平传感器主要检测汽车是否处于水平状态，为电控悬架和前照灯自动调平系统提供辅助信号。

（2）车身高度传感器 车身高度传感器用来检测汽车垂直方向上高度的变化，其信号可使悬架控制单元感受到车辆高度变化，以便通过有关执行元件调整汽车车身高度。

7. 雨量和光线识别传感器

雨量和光线识别传感器固定在风窗玻璃上，如图 12-12 所示。如果风窗玻璃上有水滴或水层，发光二极管照射到光电二极管上的光通量就会发生变化。

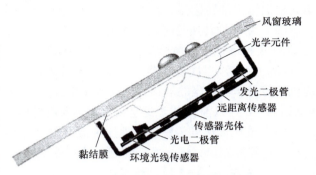

图 12-12　雨量和光线识别传感器结构

在下雨天，汽车玻璃越湿，因光线折射作用而反射到光电二极管的光线就越少，因此可以利用光电二极管的输出信号计算雨量的大小。雨量识别的响应时间（即识别到下雨直至将输出信号发送给刮水器的时间）不超过 20ms。图 12-13 所示为雨量识别传感器原理。

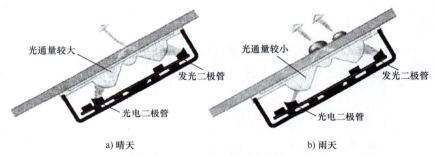

a) 晴天　　　　　　　b) 雨天

图 12-13　雨量识别传感器原理

进行环境光线识别时，使用环境光线传感器和远距离传感器。环境光线传感器探测车辆周围环境的光线情况，远距离传感器探测行驶方向 3 个车长内的光线情况。该系统识别总体亮度的降低和提高，并在辅助行车灯功能已启用的情况下接通或关闭行车灯。图 12-14 所示为雨量和光线识别与光照强度传感器。

8. 光照强度传感器

光照强度传感器由光电式传感器感知太阳辐射，从而调整空调系统的温度，如图 12-15 所示。它感知从车辆前面照射的阳光强度，并能区分左右侧，可根据入射太阳光的照射方向调整车辆的空调系统。

图 12-14　雨量和光线识别与光照强度传感器

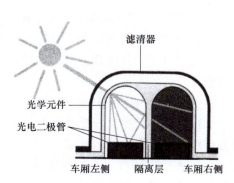

图 12-15　光照强度传感器结构原理图

科技前沿

谷歌无人驾驶汽车

无人驾驶汽车通过车载传感系统感知道路环境，自动规划行车路线。在行驶过程中会生成大量数据，传感器必须具备高效的数据采集、处理和传输能力。车辆收集来的信息是海量的，必须将这些信息进行处理转换，谷歌数据中心以其强大的数据处理能力将这一切变成了可能。图12-16所示为谷歌公司设计的无人驾驶汽车。

"Google Driverless Car"是谷歌公司的Google X实验室研发中的全自动驾驶汽车，不需要驾驶人就能起动、行驶以及停止。谷歌无人驾驶汽车通过摄像机、雷达传感器和激光测距仪来"看到"其他车辆，并使用详细的地图来进行导航。

车顶上的扫描器发射64束激光射线，当激光碰到车辆周围的物体又反射回来时，就计算出了与物体的距离。另一套在底部的系统测量出车辆在三个方向上的加速度

图12-16　无人驾驶汽车

和角速度等数据，然后再结合GPS数据计算出车辆的位置，所有这些数据与车载摄像机捕获的图像一起输入计算机，软件以极高的速度处理这些数据，并非常迅速地做出判断。

12.2.2　汽车电子控制系统

1. 汽车电子点火系统

汽车电子点火系统主要包括各种传感器、ECU和执行器（点火器、点火线圈和火花塞），如图12-17所示。

传感器主要有曲轴位置传感器、节气门位置传感器、冷却液温度传感器、车速传感器、爆燃传感器以及空调开关信号等。

ECU（汽车电脑）的作用是根据发动机各传感器输入的信息及内存的数据，进行运算、处理和判断，然后输出指令信号控制有关执行器（如点火器）动作，以实现对点火系统的精确控制。

ECU接收到曲轴位置传感器发出的曲轴位置信号（G），

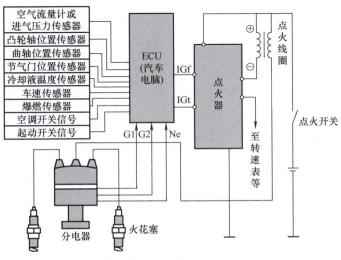

图12-17　汽车电子点火系统

并根据空气流量信号（或进气压力信号）和发动机转速信号，确定基本点火时刻（基本点火提前角）。与此同时，ECU 接收其他各传感器发出的信号，对点火提前角进行修正。如发动机冷车起动时，由于发动机怠速控制装置的作用，运转速度较正常怠速时高，应增大点火提前角；暖机过程中，随着冷却液温度的升高，发动机转速逐渐降低，点火提前角应随之减小。

2. 汽车发动机电控燃油喷射系统

发动机电控燃油喷射系统（EFI）主要由电动燃油泵、ECU（汽车电脑）、电控喷油器以及各种传感器等组成，如图 12-18 所示。高压油泵将燃油加压送入高压油轨，高压油轨内的燃油经过高压油管，ECU（汽车电脑）根据发动机的运行状态及多传感器数据融合信息，确定合适的喷油定时、喷油持续期，并由电液控制的电控喷油器将燃油喷入燃烧室。

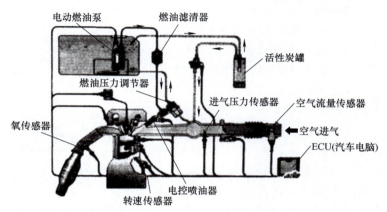

发动机电控燃油喷射系统（EFI）中，ECU 主要根据进气量确定基本的喷油量，再根据冷却液温度传感器、节气门位置传感器、氧传感器等传感器信号对喷油量进行修正，使发动机在各种运行工况下均能获得最佳浓度的混合气，从而提高发动机的动力性、经济性和排放性。

图 12-18　汽车发动机电控燃油喷射系统

3. 电控自动变速器

电控自动变速器通过各种传感器，将发动机转速、节气门开度、车速、冷却液温度、自动变速器液压油温度等参数转变为电信号，并输入 ECU。ECU 根据这些电信号，按照设定的换档规律，向换档电磁阀、液压电磁阀等发出电子控制信号；换档电磁阀和液压电磁阀再将 ECU 的电子控制信号转变为液压控制信号，阀板中的各个控制阀根据这些液压控制信号，控制换档执行机构的动作，从而实现自动换档，如图 12-19 所示。

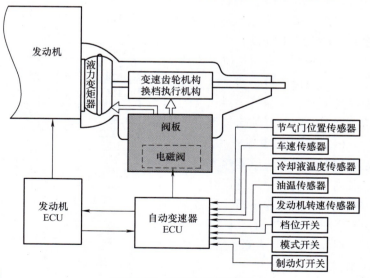

4. 汽车 ABS 液压制动系统

汽车 ABS 液压制动系统

图 12-19　电控自动变速器

是在普通制动系统的液压装置基础上加装 ABS 制动压力调节器而形成的。实质上，ABS 就是通过电磁控制阀控制制动油压迅速变大或变小，从而实现防抱死制动功能的。

汽车 ABS 液压制动系统一般由传感器、电子控制器和执行器三大部分组成。其中，传感器主要是车轮转速传感器，执行器主要指制动压力调节器，如图 12-20 所示。

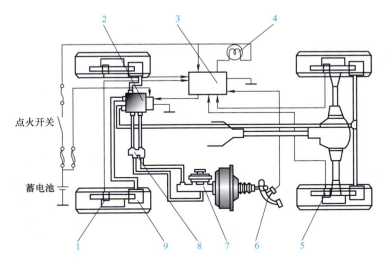

点火开关

蓄电池

图 12-20　汽车 ABS 液压制动系统组成示意图

1—前轮转速传感器　2—制动压力调节器　3—ABS 电子控制器　4—ABS 警告灯
5—后轮转速传感器　6—停车灯开关　7—制动主缸　8—比例分配阀　9—制动轮缸

车轮转速传感器是 ABS 中最主要的一个传感器。车轮转速传感器常简称轮速传感器，其作用是对车轮的运动速度进行检测，获得车轮转速信号。

电子控制器常用 ECU 表示。它的主要作用是接收轮速传感器等输入信号，进行判断并输出控制指令，控制制动压力调节器等进行工作。另外，电子控制器还有监测等功能，如发生故障时会使 ABS 停止工作并将 ABS 警告灯点亮。

制动压力调节器是 ABS 中的主要执行器。其作用是接收 ABS 电子控制器的指令，驱动调节器中的电磁阀动作，调节制动系统压力的增大、保持或减小，相当于不停地刹紧与放松车轮，1s 内可以作用 60 ~ 120 次，以实现对车轮进行防抱死控制。

不安装 ABS 的汽车在紧急制动时，容易出现轮胎抱死，轮胎及车身失去转向能力，危险系数就会增大，可能造成严重后果，如图 12-21 所示。

在四轮驱动的车辆中，由于每个车轮都可能打滑，所以 ABS 所需的车身参数通过

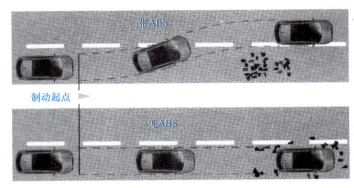

图 12-21　汽车 ABS 制动过程演示图

MEMS 加速度传感器获得。加速度传感器分为正加速度传感器和负加速度传感器，负加速度传感器也称为减速度传感器，又称 G 传感器，它一般应用于四轮驱动的汽车上，其作用是

在汽车制动时，获得汽车减速度信号，从而识别是否是雪路、冰路等易滑路面。

5. 汽车航位推测系统

当汽车导航系统无法接收 GPS 卫星信号时，偏航陀螺仪能够测量汽车的方位，使汽车始终沿电子地图的规划路线行驶，这个功能被称为航位推测。

6. 汽车侧翻检测系统

侧翻检测传感器作为乘客保护系统的一部分，被整合在安全气囊控制系统中。MEMS 角速度传感器和加速度传感器被用于检测车辆上下方向的角速度和加速度。

 科技前沿

电子稳定程序系统

电子稳定程序（Electronic Stability Program，ESP）系统的功能是监控汽车的行驶状态，在紧急躲避障碍物或转弯时出现不足转向或过度转向时，使车辆避免偏离理想轨迹。

ESP 系统通常起到支援 ABS 及 ASR（驱动防滑）系统的功能。它通过对从各传感器传来的车辆行驶状态信息进行分析，向 ABS、ASR 发出纠偏指令，来帮助车辆维持动态平衡。ESP 系统可以使车辆在各种状况（如快速行驶或者湿滑路面行驶）下保持最佳的稳定性，在转向过度或转向不足的情形下效果更加明显。

ESP 系统可以监控汽车的行驶状态，并自动向一个或多个车轮施加制动力，以保证车辆在正常的车道上运行，甚至在某些情况下可以进行每秒 150 次的制动。它还可以主动调控发动机的转速并可调整每个车轮的驱动力和制动力，以修正汽车的过度转向和转向不足。

ESP 系统的主要传感器及其功能如下：

1）转向盘转角传感器：检测转向盘旋转角度，帮助确定汽车行驶方向是否正确。

2）轮速传感器：检测每个车轮的转速，确定车轮是否打滑。

3）偏航率传感器：检测、记录汽车绕垂直轴线的运动，确定汽车是否在打滑。

4）横向加速度传感器：检测汽车转弯时产生的离心力，确定汽车通过弯道时是否打滑。

如图 12-22 所示，当汽车发生转向不足（见图 12-22a）时，车身表现为向弯外推进，此时 ESP 系统将通过对左后轮的制动来防止车辆陷入险境；而当汽车发生转向过度（见图 12-22b）时，此时 ESP 系统则通过对右前轮的制动来纠正危险的行驶状态。

ESP 系统最大限度地保证了汽车不跑偏、不甩尾、不侧翻。当前 ESP 系统主要应用于一些高端车型，在欧盟地区，新车 ESP 装备率已达 35%，而国内的新车 ESP 系统装备率还较低，随着人们对车辆安全性要求的日益提高，ESP 系统将会被越来越多的车辆所应用。

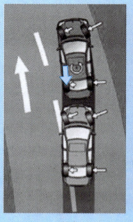 

a) 转向不足　　　　　　　b) 转向过度

图 12-22　ESP 在转弯车道上的作用效果图

12.3　现代移动通信领域中的传感器

12.3.1　现代移动通信技术概述

移动通信终端是指可以在移动中使用的计算机设备，广义地讲，包括智能手机、笔记本计算机、平板电脑、POS机，甚至包括车载电脑等。但是，大部分情况下是指手机或者具有多种应用功能的智能手机以及平板电脑。

随着网络技术朝着越来越宽带化的方向发展，移动通信产业将走向真正的移动信息时代。另一方面，随着集成电路技术的飞速发展，移动终端已经拥有了强大的处理能力，移动终端正在从简单的通话工具变为一个综合信息处理平台。这也给移动终端增加了更加宽广的发展空间。

移动通信是进行无线通信的现代化通信技术，这种技术是电子计算机与移动互联网发展的重要成果之一。移动通信技术经过第一代、第二代、第三代、第四代技术的发展，目前已经迈入了第五代发展的时代（5G移动通信技术）。

在过去的半个世纪中，移动通信的发展对人们的生活、生产、工作、娱乐乃至政治、经济和文化都产生了深刻的影响，几十年前幻想中的无人机、智能家居、网络视频、网上购物等均已实现。移动通信技术经历了模拟传输、数字语音传输、互联网通信、个人通信和新一代无线移动通信五个发展阶段。

 科技前沿

第五代移动通信技术——5G

在当今时代，移动无线网络已经成为人们生活、娱乐和学习不可或缺的组成部分，而无线移动通信技术本身也在不断地更新换代。

5G（第五代移动通信技术）的应用如图12-23所示。5G移动通信是相对4G移动通信而言的，是第四代通信技术的升级和延伸。从传输速率上来看，5G移动通信技术要快一些、稳定一些，在资源利用方面也会全面打破4G移动通信技术的约束。同时，5G移动通信技术会将更多的高科技技术纳入进来，使人们的工作和生活更加的便利。

5G呈现出低时延、高可靠、低功耗的特点，已经不再是一个单一的无线接入技术，而是多种新型无线接入技术和现有无线接入技术（4G后向演进技术）集成后的解决方案的总称。

可以看到，物联网带来的庞大终端接入、数据流量需求，以及种类繁多的应用体验提升需求，推动了5G的研究。无线通信技术通常每10年更新一代，2000年3G开始成熟并商用，2010年4G开始成熟并商用，2020年5G已经成熟并且开始商用。

5G将大大增强数百万智能手机用户的移动体验。除此之外，5G还给我们带来物联网（IoT）和人工智能（AI）等领域全新的体验。在基础级技术领域，5G将提供比4G更快的数据速度、更高的数据容量、更好的覆盖范围、更低的延迟或更快的响应时间。这些优势的组合将提高智能手机的使用体验，5G的诞生，将进一步改变我们的生活。

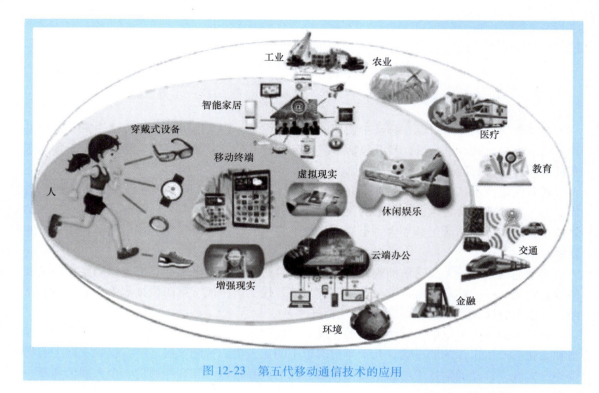

图 12-23   第五代移动通信技术的应用

12.3.2   智能手机上的各类传感器

随着技术的进步，手机已经不再是一个简单的通信工具，而是具有综合功能的便携式电子设备，如图 12-24 所示。手机已经成为我们生活、娱乐和学习不可或缺的组成部分，手机的虚拟功能，比如交互、游戏，都是通过处理器强大的计算能力来实现的；但与现实结合的功能，则是通过手机上的各类传感器来实现的。摇动手机就可以控制赛车方向，拿着手机在操场散步，就能记录你走的步数，这些越来越熟悉的

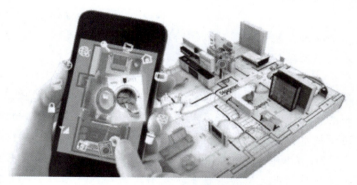

图 12-24   智能手机管理智慧生活

场景，都少不了天天伴我们身旁的智能手机。而手机能完成以上任务，主要都是靠内部安装的传感器。

1. 光线传感器

原理：光电晶体管接收外界光线时，会产生强弱不等的电流，从而感知环境光亮度。

用途：通常用于调节屏幕自动背光的亮度，白天提高屏幕亮度，夜晚降低屏幕亮度，使屏幕看得更清楚，并且不刺眼；也可用于拍照时自动白平衡；还可以配合距离传感器检测手机是否在口袋里，防止误触。

2. 距离传感器

原理：红外 LED 发射红外线，被近距离物体反射后，红外探测器通过接收到红外线的强度，测定距离，一般有效距离在 10cm 内。距离传感器同时拥有发射和接收装置，一般体积较大。光线传感器和距离传感器一般都是放在一起的，位于手机正面听筒周围。

图 12-25 智能手机光线传感器和距离传感器

用途：检测手机是否贴在耳朵上正在打电话，以便自动熄屏达到省电的目的；也可用于手机套、口袋模式下自动实现解锁与锁屏动作。

图 12-25 所示为智能手机光线传感器和距离传感器。

🔍 **知识拓展**

智能手机摄像头

手机的摄像头一般都采用 CMOS 图像传感器。目前很多手机厂商采用多摄像头方案，如一个常规摄像头搭配景深传感器、黑白摄像头、广角摄像头、长焦摄像头等，这些方案都有各自的特点。景深传感器能够获取物体的距离信息，并利用这些信息来区分前景和背景，为照片创造出更好的景深效果。

华为 P20 Pro 是华为发布的首款后置莱卡三摄像头智能手机，如图 12-26 所示。华为 P20 Pro 背面配备了后置 4000 万彩色（f/1.8）+ 2000 万黑白（f/1.6）+ 800 万长焦（f/2.4）莱卡三颗摄像头，在低光、逆光等复杂场景下有更好的拍照表现，能够媲美普通单反相机。在高端拍照手机中，也有不错的竞争力。

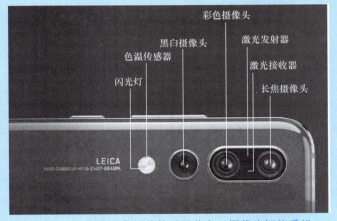

图 12-26 华为发布的首款后置莱卡三摄像头智能手机

---

3. 重力传感器

原理：利用压电效应实现，传感器内部一块重物和压电晶片整合在一起，通过正交两个方向产生的电压大小，来计算出水平方向。

用途：手机横竖屏智能切换、拍照照片朝向转换；重力感应类游戏（如滚钢珠）；运用在赛车类游戏中时，则可通过水平方向的感应，将数据运用在游戏里，左右摆动手机来改变行车方向，如图 12-27 所示。

4. 加速度传感器

原理：与重力传感器相同，也是利用压电效应实现，通过三个维度确定加速度方向，但功耗更小。加速度传感器是多个维度测算的，主要测算一些瞬时加速或减速的动作。

用途：最典型的就是计步器功能了，加速度传感器可以检测交流信号以及物体的振动。人在走动的时候会产生一定规律性的振动，而加速度传感器可以检测振动的过零点，从而计算出人所走或跑的步数，从而计算出人所移动的距离，并且利用一定的公式可以计算出卡路里的消耗。游戏中能通过加速度传感器触发特殊指令；日常应用中的一些甩动换歌、翻转静音等也都用到了加速度传感器。

5. 磁阻传感器

原理：磁阻传感器能感受到微弱的磁场变化，磁场的变化会导致其自身电阻产生变化，因此手机旋转或晃动几下就能准确指示方向。

用途：数字指南针（见图 12-28）、地图导航方向、金属探测器 APP。

图 12-27　赛车类游戏

图 12-28　数字指南针

6. 陀螺仪

原理：利用角动量守恒原理，一个正在高速旋转的物体（陀螺），当它的旋转轴没有受到外力影响时，旋转轴的指向是不会有任何改变的。陀螺仪就是以这个原理作为依据，用它来保持一定的方向。三轴陀螺仪可以替代 3 个单轴陀螺仪，可同时测定 6 个方向的位置、移动轨迹及加速度。陀螺仪可以对转动、偏转的动作做很好的测量，从而精确分析判断出使用者的实际动作，并根据动作对手机做出相应的操作。

陀螺仪可以实现上、下、左、右、前、后全方位的识别，如图 12-29 所示。陀螺仪早期主要用于飞机等航天设备中，后期由于陀螺仪的微型化可以用在手机或平板电脑这样小巧的设备上，对用户体验的提升有着非常重要的作用。

如图 12-30 所示，陀螺仪传感器返回 x、y、z 三轴的角加速度数据：

1）水平顺时针旋转，z 轴为正；水平逆时针旋转，z 轴为负。

2）向左旋转，y 轴为负；向右旋转，y 轴为正。

3）向上旋转，x 轴为负；向下旋转，x 轴为正。

用途：体感、摇一摇（晃动手机实现一些功能）、平移/转动/移动手机可在游戏中控制视角、虚拟现实（VR）、在 GPS 没有信号时（如隧道中）根据物体运动状态实现惯性导航。

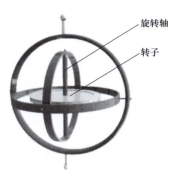

图 12-29　陀螺仪

图 12-30　智能手机的 x、y、z 三轴

科技前沿

全新数字陀螺仪让运动感应实境臻至完美

　　意法半导体（ST）公司进一步扩大运动传感器产品组合，推出更高精度和可靠性能的三轴数字陀螺仪，如图 12-31 所示。新产品 L3GD20 采用 4mm×4mm×1mm 封装，集高感应分辨率与出色的抗音频和机械噪声性能于一身，使手机、平板电脑、游戏机等智能消费电子产品的运动用户界面更趋真实。意法半导体公司的全新数字陀螺仪让运动感应实境臻至完美。

7. GPS

　　原理：地球特定轨道上运行着多颗 GPS 卫星，每一颗卫星都在时刻不停地向全世界广播自己当前的位置坐标及时间戳信息，手机 GPS 模块通过天线接收这些信息。GPS 模块中的芯片根据高速运动的卫星瞬间位置作为已知的起算数据，根据卫星发射坐标的时间戳与接收时的时间差计算出卫星与手机的距离，以确定待测点的位置坐标。

　　用途：地图、测速、测距。图 12-32 所示为智能手机 3D 实景导航示意图。

图 12-31　全新数字陀螺仪

图 12-32　智能手机 3D 实景导航示意图

知识拓展

时　间　戳

　　时间戳是指格林尼治时间 1970 年 1 月 1 日 00 时 00 分 00 秒（北京时间 1970 年 1 月 1 日 08 时 00 分 00 秒）起至现在的总秒数。通俗地讲，时间戳是一份能够表示某个事件的数据在一个特定时间点已经存在的、完整的、可验证的数据。它的提出主要是为用户提供一份电子证据，以证明用户某些数据的产生时间。在实际应用中，它可以使用在包括电子商务和金融活动的各个方面，还可以用来支撑公开密钥基础设施的"不可否认"服务。

8. 近场通信（NFC）传感器

近场通信（Near Field Communication，NFC）又称近距离无线通信，是一种短距离的高频无线通信技术，允许电子设备之间进行非接触式点对点数据传输（在10cm内）交换数据。该技术由射频识别（RFID）技术演变而来，最早主要为手机、平板电脑等手持设备提供M2M（Machine to Machine）的通信。由于拥有极佳的便携性，这类传感器被广泛用于便捷支付，比如乘车与零售店支付，比较像地铁卡和公交卡等。另外，这种近场通信传感器也被赋予了更多的用途，如两个手机之间的快捷连接和快速信息标记。目前许多平板电脑、手机设备中都设置了此类传感器，可以说算是当前数码设备中的一个热点功能。

用途：快捷支付、标记信息快速获取、数据传输。

🔍 知识拓展

指纹传感器

生物识别技术是利用人体生物特征进行身份验证的技术，而指纹识别是生物识别技术的一种重要手段，如图12-33所示。指纹识别已经成为目前主流智能手机的标配，目前的多数手机是电容指纹识别，但识别速度更快、识别率更高的超声波指纹识别会逐渐普及，指纹识别主要应用在加密、解锁和支付等场景。

电容指纹传感器原理：手指构成电容的一极，另一极是硅晶片阵列，通过人体带有的微电场与电容指纹传感器间形成微电流，指纹的波峰波谷与感应器之间的距离形成电容高低差，从而描绘出指纹图像。美国Veridicom公司生产的FPS100固态指纹传感器是一种直接接触的指纹采集器件，它是一种低功耗、低价格、高性能的电容指纹传感器。芯片集成有二维金属电极阵列传感器，其中金属电极是电容的一个极，

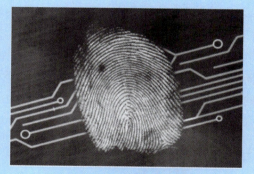

图12-33　指纹识别

而接触的手指作为另一个极，表面钝化层是中间的电介质。由于手指上纹路及深浅的存在，导致电容阵列的各个电容值的不同，通过测量并记录各点传感单元电容上的电压值，就可以获得具有灰度级的指纹图像。

超声波指纹传感器原理：超声波多用于测量距离，如海底地形测绘用的声呐系统，超声波指纹识别的原理与其相同，就是直接扫描并测绘指纹纹理，甚至连毛孔都能测绘出来。因此，超声波获得的指纹是3D立体的，而电容指纹是2D平面的。超声波不仅识别速度更快，而且不受汗水、油污的干扰，指纹细节更丰富。

9. 霍尔式感应器

原理：利用霍尔效应，当电流通过一个位于磁场中的导体时，磁场会对导体中的电子产生一个垂直于电子运动方向上的作用力，从而在导体的两端产生电动势差。

用途：翻盖自动解锁，合盖自动锁屏。

10. 气压传感器

原理：将薄膜与变阻器或电容连接起来，气压变化导致电阻或电容的数值发生变化，从

而获得气压数据。气压传感器分为变阻式和变容式气压传感器。

用途：户外运动高度测量。GPS 计算海拔时会有 10m 左右的误差，气压传感器主要用于修正海拔误差（1m 左右），当然也能用来辅助 GPS 定位立交桥或楼层的位置。一般 GPS能计算出用户的位置，但对于一些高度上的变化需要气压传感器来测算。安装了气压传感器的手机能测算用户一天上的楼层数。

11. 心率传感器

原理：用高亮度 LED 光源照射手指，当心脏将新鲜的血液压入毛细血管时，亮度（红色的深度）呈现如波浪般的周期性变化，通过摄像头快速捕捉这一有规律变化的间隔，再通过手机内应用换算，从而判断出心脏的收缩频率，如图 12-34 所示。

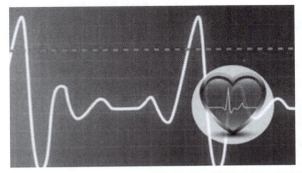

图 12-34　智能手机心率测量

用途：运动、健康领域。

12. 血氧传感器

原理：血液中血红蛋白和氧合血红蛋白对红外光和红光的吸收比率不同，用红外光和红光两个 LED 同时照射手指，测量反射光的吸收光谱，即可测量出血氧含量。

用途：运动、健康领域。

13. 紫外线传感器

原理：利用某些半导体、金属或金属化合物的光电效应，在紫外线照射下会释放出大量电子，检测这种光电效应可计算出紫外线强度。

用途：运动、健康领域。

 科技前沿

触摸屏与多点触控

电容式触摸屏是利用人体的电流感应进行工作的。电容式触摸屏是一块四层复合玻璃屏，玻璃屏的内表面和夹层各涂有一层 ITO（纳米铟锡金属氧化物），最外层是一层0.0015mm 厚的矽土玻璃保护层，夹层 ITO 涂层作为工作面，四个角上引出四个电极，内层 ITO 为屏蔽层，以保证良好的工作环境。

如图 12-35 所示，当手指触摸触摸屏时，人体电场使用户和触摸屏表面形成一个耦合电容，对于高频电流来说，电容是直接导体，于是手指从接触点吸走一个很小的电流。这个电流分别从触摸屏四角上的电极中流出，并且流经这四个电极的电流与手指到四角的距离成正比, 控制器通过对这四个电流比例的精确计算, 得出触摸点的位置, 可以达到 99% 的精度, 具备小于 3ms 的响应速度。

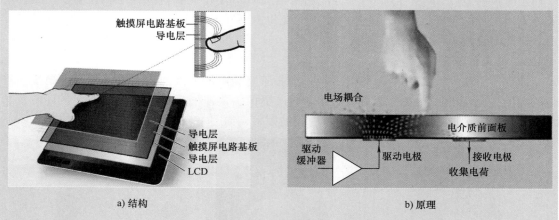

a) 结构　　　　　　　　　　　　　　　　b) 原理

图 12-35　电容式触摸屏

电容式触摸屏要实现多点触控, 靠的就是增加互电容的电极, 简单地说, 就是将屏幕分块, 在每一个区域里设置一组互电容模块, 各模块都独立工作。电容式触摸屏通过独立检测各区域的触控情况, 进行处理后, 即可简单地实现多点触控。

多点触控电容式触摸屏根据 x-y 坐标系设计, 液晶显示触摸滑屏原理框图如图 12-36 所示, 坐标原点在屏幕中心。触摸屏控制器在将探测出的手指触摸点 x-y 坐标信息送入微处理器的同时, 进行上、下、左、右四个临近坐标点及向外更多坐标点的检测。若其中某个坐标点紧接着探测到手指的触摸信号, 则该坐标信息同时送入微处理器。微处理器由此确定手指在滑动, 并可判别手指的滑动方向。微处理器根据手指触摸点坐标、手指是否滑动和滑动方向, 输出相应控制信号到视频信号输出单元, 对显示内容进行滚动, 或从存储器中取出显示内容, 进行屏幕翻页切换。

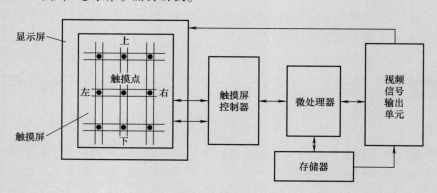

图 12-36　液晶显示触摸滑屏原理框图

用户可以在触摸屏面左、右向或上、下向滑动手指, 使屏幕显示内容左、右或上、下滚动, 或进行翻页切换; 用两根手指触摸画面向外扩张, 可以将画面放大, 还可以向内收缩, 将画面缩小恢复。

12.4 中国智能制造发展现状及趋势

12.4.1 制造业智能化

从18世纪五六十年代以来，人类经历了三次工业革命，无论是蒸汽机、电力还是电子信息技术，每一次革命都给人类的生产力带来了几倍或是几十倍的巨大提升，今天，我们迎来了第四次工业革命——以智能制造为主导，运用信息物理系统，实现生产方式的现代化。人类经历的工业演进历程如图12-37所示。

图12-37　工业演进历程

智能制造的实现需要多个层次上技术产品的支持，主要包括传感器技术、工业机器人、3D打印、工业物联网、云计算、工业大数据、知识工作自动化、工业网络安全、虚拟现实和人工智能等，这些技术会产生无数的商机和上市公司。智能制造的关键产品及技术产业链如图12-38所示。

科技创新已经成为国家进步的根本动力，因此，我国政府鼓励企业不断加大研发投入。至2016年，研发投入占GDP的比值已经达到2.25%，接近发达国家的水平，我国在人工智能、大数据、5G通信、新能源等应用研究上，以及港珠澳大桥（见图12-39）、国产大型水陆两栖飞机"鲲龙"AG600（见图12-40）等具体的项目上处于全球领先水平。

图12-38　智能制造的关键产品及技术产业链

图 12-39　港珠澳大桥

图 12-40　国产大型水陆两栖飞机"鲲龙"AG600

我国在固定宽带等科技基础的发展上与发达国家差距不断缩小，2018 年，我国固定宽带用户规模达到 4.07 亿户，固定宽带家庭普及率达到 86.1%，较 2017 年增长了 11.7 个百分点。

根据《全球智能制造发展指数报告》评价结果显示，美国、日本和德国位列第一梯队，是智能制造发展的"引领型"国家，英国、韩国、中国、瑞士、法国、芬兰、加拿大和以色列位列第二梯队，是智能制造发展的"先进型"国家。目前全球智能制造发展梯队相对固定，形成了智能制造"引领型"与"先进型"国家稳定发展，"潜力型"与"基础型"国家努力追赶的局面。

智能化生产在智能制造中的地位举足轻重，是智能制造的核心所在。从 2019 年智能制造产值来看，美国的旧金山、西雅图和洛杉矶分别以 2.60 万亿元、2.44 万亿元、2.33 万亿元稳居前三；中国的深圳、苏州和上海分列第四～六位，如图 12-41 所示。

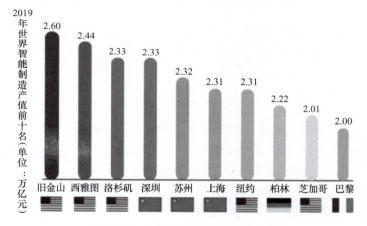

图 12-41　世界智能制造产值前十名

在 2019 年世界智能制造生产排名前十的城市中，我国的苏州以 0.7702 分排名第一，在此项排名中，亚洲表现尚可，有 3 座城市入榜，如图 12-42 所示。评价体系主要由科研水平（25%）、智能生产（25%）、产业融合（20%）、发展潜力（15%）及政府扶持（15%）五项指标构成。

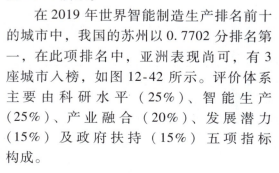

排名	城市	主要承载区	智能生产	国家
1	苏州	吴江区	0.7702	中国
2	伯明翰	布林德利地区	0.7672	英国
3	柏林	克罗依茨贝格区	0.7044	德国
4	旧金山	硅谷	0.6967	美国
5	西雅图	西雅图工业区	0.6932	美国
6	洛杉矶	长滩地区	0.6406	美国
7	巴黎	赛尔吉新城	0.6375	法国
8	芝加哥	卢昔工业区	0.6257	美国
9	新加坡	裕廊工业区	0.6210	新加坡
10	佛山	顺德区	0.6178	中国

图 12-42　2019 年世界智能制造生产前十名城市

科技前沿

智能制造

　　智能制造（Intelligent Manufacturing，IM）是基于新一代信息通信技术与先进制造技术深度融合，贯穿于设计、生产、管理和服务等制造活动的各个环节，具有自感知、自学习、自决策、自执行和自适应等功能的新型生产方式。

　　国际上，智能制造通常是指一种由智能机器人和人类专家共同组成的人机一体智能系统，其技术包括自动化、信息化、互联化和智能化四个层次，如图12-43所示。

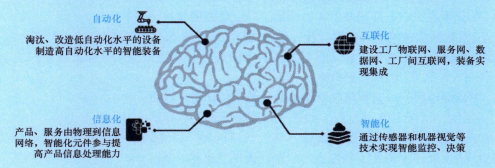

图 12-43　人机一体智能系统

　　智能制造（人机一体智能系统）起源于对人工智能的研究，一般认为智能是知识和智力的总和，前者是智能的基础，后者是指获取和运用知识求解的能力。

　　智能制造包含智能制造技术和智能制造系统，智能制造系统不仅能够在实践中不断地充实知识库，而且还具有自学习功能，能搜集与理解环境信息和自身信息，同时具备分析判断和规划自身行为的能力。

12.4.2　四大产业集聚区撑起"中国智造"

　　各地为了发展智能制造产业，在智能制造链条上诞生了大量的产业园区，孕育了一大批智能制造产业链企业。为了兼具样本的广泛性和科学性，《世界智能制造中心发展趋势报告（2019）》在园区样本选择上，涉及带有"智能制造"名称的所有产业园区，我国共有园区样本537个，如图12-44所示。

　　从智能装备行业的区域竞争格局来看，目前我国的智能制造装备主要分布在工业基础较为发达的地区，在政策东风吹拂下，我国正在形成环渤海、长三角、珠三角和中西部四大产业集聚区，产业集群将进一步提升各地智能制造的发展水平。

地区	样本数	地区	样本数
江苏	79	贵州	15
广东	59	上海	13
山东	43	天津	13
浙江	39	辽宁	12
河南	38	内蒙古	10
重庆	23	广西	8
湖北	22	黑龙江	8
四川	22	江西	6
安徽	21	云南	6
北京	18	山西	5
河北	18	新疆	4
福建	17	吉林	3
湖南	17	甘肃	1
陕西	17	合计	537

图 12-44　中国智能制造产业园区

1. 环渤海地区——人才储备雄厚，科研实力突出

环渤海地区高校、科研院所高度集中，科研实力突出，依托地区资源与人力优势，形成"核心区域"与"两翼"错位发展的产业格局。北京聚焦人才、科技和资本等各类生产要素，在工业互联网及智能制造服务等软件领域优势突出。

2. 长三角地区——经济活跃，创新能力强

长三角地区以上海、江苏、浙江和安徽等地为核心，经济活跃、创新能力较强，智能制造硬件优势明显，智能制造发展水平相对平衡。上海在关键零部件、机器人和航空航天装备等方面领先，南京形成了以轨道交通、汽车零部件和新型电力装备为特色的装备集群，常州充分对接国内外先进的工业设计理念，加速锻造智能制造"新名片"。

3. 珠三角地区——基础技术实力充足，产业效益领先

珠三角地区加快机器人研发步伐，形成符合各自产业特色的智能制造应用示范。广州围绕机器人及智能装备产业核心区建设发展，深圳重点打造机器人、可穿戴设备产业制造基地、国际合作基地及创新服务基地。

4. 中西部地区——有科研院所优势，尚处于自动进化阶段

中西部地区落后于东部地区，尚处于自动化阶段，主要依托华中科技大学、中科院西安光机所、中国工程物理研究院等高校及研究院所优势，以先进激光产业作为智能制造发展"新亮点"，发展技术领先、特色突出的先进激光产业。

12.4.3 中国智能制造业的发展与创新

中国工业企业智能制造五大部署重点依次为数字化工厂、设备及用户价值深挖、工业物联网、重构生态及商业模式以及人工智能。从相关技术来看，企业所关注的相关技术包括工业软件、传感器技术、通信技术、人工智能、物联网、大数据分析等。

中国人工智能以通过互联网联系在一起的一套巨大的智能系统为标志。从智能制造业角度出发，人工智能技术正在深入改造制造行业，新一代人工智能技术与制造业实体经济的深度融合，成为应用市场一大亮点，催生了智能装备、智能工厂和智能服务等应用场景，创造出自动化的一些新需求、新产业和新业态。工厂智能制造发展路径：工艺自动化→生产线自动化→智能工厂，如图 12-45 所示。

1. 中国纺织业工业流程智能化

作为纺织科技的重要载体，数字化、智能化的纺织工厂将是纺织行业未来重要的发展方向。从纺织机械来看，智能化纺织机械是在原有机电一体化设备的基础上，通过数字化技术和计算机技术，融合传感器技术、信息科学、人工智能等新思想、新方法，模拟人类智能。在国内，棉纺机械较早推广使用数字化技术，比如经纬纺机与江苏大生、宁夏如意以及武汉裕大华企业打造的数字化车间，如图 12-46 所示。

2. 中国汽车制造行业进入技术创新阶段

中国汽车制造行业从 1953 年发展至今，已经经历了非常高速的增长阶段，2010 年之前汽车产业增长速度达到了 24%，2010～2018 年处于增速回落阶段，年均增长速度只有5.7%。2018 年，中国汽车产业出现了 28 年以来的首次下降。同时，新能源汽车发展迅速，2018 年产销量达到了 127 万辆和 125.6 万辆。整体来说，汽车产业发展到今天，已经进入了智能汽车技术革新的实质性阶段。2019 年 8 月 23 日，上汽大众 MEB 新能源汽车工厂奠

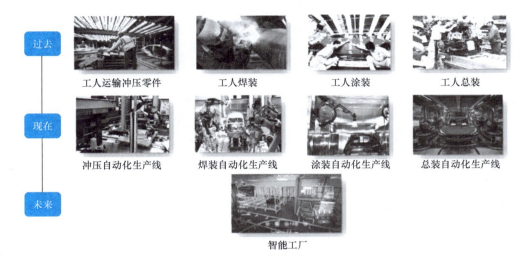

图 12-45 工厂智能制造发展路径

图 12-46 智能化纺织厂数字化车间

基仅 10 个月后，工厂的主体建设就已基本完成。上汽大众的 MEB 新工厂对标工业 4.0，采用最新的生产和自动化技术以及 27 项环保节能科技，是一座集智能制造、节能环保于一体的现代化绿色标杆工厂，如图 12-47 所示。

图 12-47 上汽大众的 MEB 新工厂

思考题与习题

一、填空题

1. 机器人技术主要包括_____、_____、_____等。机器人传感器可分为_____传感器和_____传感器两大类。

2. 机器人外部检测传感器通常包括_____、_____、_____、_____、嗅觉和味觉等传感器。

3. 接近觉传感器主要检测_____与_____之间的接近程度。接近觉传感器有_____、_____、_____、_____、_____、_____以及微波式等多种类型。

4. 汽车传感器主要分布在_____系统、_____系统和_____系统中。

5. 手机的摄像头一般都采用_____图像传感器，目前很多手机厂商采用_____方案。

6. 中国工业企业所关注的智能制造相关技术包括_____、_____、_____、人工智能、物联网、大数据分析等。

二、综合题

1. 怎样理解机器人的"大脑"和执行机构的自由度？

2. 汽车发动机中主要有哪些传感器？

3. 简述汽车电子点火系统的工作原理。

4. 简述第五代移动通信技术（5G）的特点。

5. 智能手机中主要有哪些传感器？

6. 简述电容指纹传感器的原理。

7. 简述陀螺仪的工作原理。

8. 简述智能制造的实现需要哪些技术产品的支持。

9. 中国工业企业智能制造五大部署重点都包括什么内容？

第13章　智慧未来与物联网

物联网智能化已经进入完整的智能工业化领域，智能物联网在大数据、云计算和虚拟现实上已经步入成熟。

13.1　物联网的概念

物联网（The Internet of Things，IoT）的概念于1999年提出：物联网是指通过各种信息传感器、射频识别技术、红外感应器、激光扫描器、全球定位系统等信息传感设备，采集物品的声、光、热、电、力学、化学、生物、位置等信息，按约定的协议，把物品与互联网连接起来，进行信息交换和通信，以实现对物品和过程的智能化感知、识别、定位和管理。物联网是一个基于互联网、传统电信网等的信息承载体，它让所有能够被独立寻址的普通物理对象形成互联互通的网络。

物联网的应用范围包括智能工厂、智慧校园、智慧医疗、智慧商场、智慧仓库、智能家居、个人健康、智能物流、环境保护等领域。物联网的概念及应用范围如图13-1所示。

图13-1　物联网的概念及应用范围

智慧城市是物联网集中应用的平台，也是物联网技术综合应用的典范，是由多个物联网功能单元组合而成的更大的示范工程，承载和包含着几乎所有的物联网、云计算等相关技术。

13.2　物联网的体系架构

物联网分为三层：感知层、网络层和应用层，如图13-2所示。

图 13-2　物联网的分层结构

感知层是实现物联网全面感知的基础，包括二维码标签和识读器、RFID 标签和读写器、摄像头、GPS、传感器、M2M 终端、传感器网络和传感器网关等。要解决的重点问题是感知和识别物体，采集和捕获信息，解决低功耗、小型化和低成本的问题。传感技术的核心即传感器，它是负责实现物联网中物与物、物与人信息交互的必要组成部分，可以感知物体热、力、光、电、声、位移等信号，为网络系统的处理、传输、分析和反馈提供原始的信息。

网络层主要用于实现更加广泛的互联功能，它能够把感知到的信息无障碍、高可靠、高安全性地进行传送，但它需要传感器网络与移动通信技术、互联网技术相融合。各种通信网络与互联网形成的融合网络，被普遍认为是最成熟的部分，除网络传输之外，还包括网络的管理中心和信息中心，用以提升对信息的传输和运营能力，也是物联网成为普遍服务的基础设施。网络层需要解决向下与感知层的结合、向上与应用层的结合问题。

应用层主要包含应用支撑平台子层和应用服务子层，将物联网技术与行业专业技术相结合，实现广泛智能化应用的解决方案集，用于提供物物互联的丰富应用。物联网通过应用层最终实现信息技术与行业的深度融合，其关键问题在于信息的社会化共享、开发利用以及信息安全的保障。

13.3　无线射频识别技术

无线射频
识别技术

射频识别（Radio Frequency Identification，RFID）是一种非接触式的自动识别技术，它通过射频信号自动识别目标对象并获取相关数据。

图 13-3 所示为无线射频识别装置的工作原理图，装有天线的 RFID 读写器在工作过程中

持续地发出一定频率的射频信号，当装有 RFID 标签的物体接近射频信号所覆盖的区域时，根据查询信号中的命令要求，将存储在标签中的数据信息反射回读写器。

读写器接收到 RFID 标签反射回的信号后，经解码处理即可将 RFID 标签中的识别代码等信息分离出来。这些信息被传送到后台中央信息系统，后台系统经过运算，针对不同的设定做出相应的处理和控制。整个识别工作无须人工干预，并可工作于各种恶劣环境。

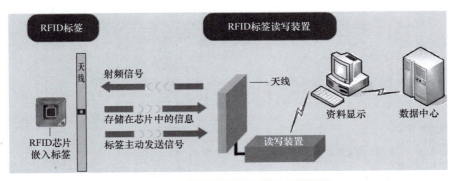

图 13-3　无线射频识别装置的工作原理

目前广泛使用的 RFID 系统主要由三部分构成：标签（贴在目标对象上）、读写器和天线。

标签可分为被动标签和主动标签：被动标签（无源标签）借助读写器发射的射频信号，凭借感应电流所获得的能量来发送存储在芯片中的产品信息；主动标签（有源标签）中配有电池，能够主动发送存储在芯片中的产品信息。

标签芯片相当于一个具有无线收发功能和存储功能的单片系统。

读写器是一种将标签中的信息读出，或将标签所需要存储的信息写入标签的装置。根据使用的结构和技术不同，读写器可以是读/写装置，是 RFID 系统的信息控制和处理中心。在 RFID 系统工作时，读写器在一个区域内发送射频能量形成电磁场，区域的大小取决于发射功率。在读写器覆盖区域内的标签被触发，发送存储在其中的数据，或根据读写器的指令修改存储在其中的数据，并能通过接口与计算机网络进行通信。

天线的作用是在标签和读写器间传输射频信号，天线的尺寸必须与所传信号的波长一致，其位置与形状会影响信号的发送与接收。

13.4　无线传感器网络

无线传感器网络（Wireless Sensor Network，WSN）是由大量移动或静止的传感器节点，通过无线通信方式组成的网络。无线传感器网络是集分布式信息采集、信息传输和信息处理技术于一体的网络信息系统，其以成本低、微型化、功耗低、组网方式灵活、铺设方式灵活以及适合移动目标等特点而受到广泛重视。

物联网正是通过遍布在各个角落和物体上的各种不同的传感器以及由它们组成的无线传感器网络来感知物质世界的。

无线传感器网络由传感器节点、汇聚节点、移动通信或卫星通信网、数据管理中心和终端用户组成，如图 13-4 所示。

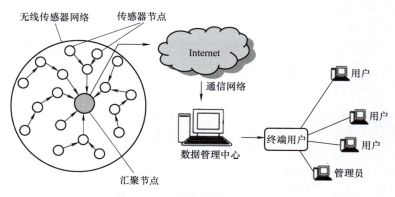

图 13-4　无线传感器网络的结构

1. 传感器节点

传感器节点通过各种微型传感器采集网络分布区域内物品的声、光、热、电、力学、化学、生物、位置等信息，由处理器对信息进行处理，此外其还要对其他节点送来的需要转发的数据进行管理和融合，再以无线通信的方式把数据发送到汇聚节点。

传感器节点一般由传感器模块（包括模/数转换器）、处理器模块、存储器模块、无线通信模块、其他支持模块（包括 GPS 定位、移动管理等）及电源模块等组成，如图 13-5 所示。为了节能，传感器节点要在工作和休眠之间切换，不能进行复杂的计算和大量的数据存储，必须使用简单有效的路由协议。

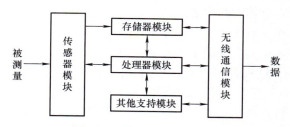

图 13-5　传感器节点的结构

2. 汇聚节点

汇聚节点具有相对较强的通信、存储和处理能力，其对收集到的数据进行处理后，通过网关送入移动通信网、以太网等传输网络，再传送到数据管理中心，数据经处理后发送给终端用户。汇聚节点也可以通过网关将数据传送到服务器，服务器上的相关应用软件对数据进行分析处理后，发送给终端用户使用。

汇聚节点要实现无线传感器网络和传输网络之间的数据交换，要实现两种协议栈之间的通信协议转换。其既可以是一个增强功能的传感器节点，也可以是一个没有传感检测功能、仅带无线通信接口的特殊网关设备。

3. 数据管理中心

数据管理中心对整个网络进行监测和管理，它通常为运行有网络管理软件的 PC 或手持网络管理、服务设备，也可以是网络运营部门的交换控制中心。

4. 终端用户

终端用户为传感器节点采集的传感信息的最终接收和使用者，包括记录仪、显示器、计算机和智能手机等设备，可进行现场监测、数据记录、方案决策和操作控制。

5. 网络协议

无线传感器网络有自己的网络协议。无线传感器网络协议包括应用层、传输层、网络层、链路层和物理层五层结构。

应用层采用不同的软件实现不同的应用；传输层对传输数据进行打包组合和输出流量控制；网络层选择将传输层提供的数据传输到接收节点的路由；链路层将加入同步、纠错和地址信息，进行传输路径数据比特流量控制；物理层进行激活或休眠收发器管理，选择无线信道频率，生成比特流。

 **科技前沿**

蓝牙技术与 WiFi

蓝牙技术是爱立信（Ericsson）公司、国际商业机器（IBM）公司、英特尔（Intel）公司、诺基亚（Nokia）公司和东芝（Toshiba）公司五家公司于1998年5月联合推出的一种低功率、短距离的无线空中接口及其控制软件的公开标准。蓝牙技术使不同厂家生产的设备在没有电线或电缆相互连接的情况下，能在近距离（10cm～100m）范围内具有互用、互操作的性能。蓝牙技术具有工作频段全球通用、使用方便、安全加密、抗干扰能力强、兼容性好、尺寸小、功耗低及多路多方向链接等优点。基于 IEEE 1451.2 标准和蓝牙协议的无线网络传感器结构框图如图13-6所示。

WiFi 是基于 IEEE 802.11 标准的无线局域网，可以看作是有线局域网的短距离无线延伸。组建 WiFi，只需要一个无线 AP 或无线路由器即可，成

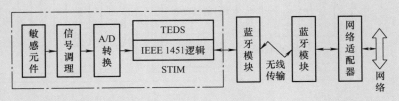

图 13-6　基于 IEEE 1451.2 标准和蓝牙协议的无线网络传感器结构框图

本较低。WiFi 是一种帮助用户访问电子邮件、Web 和流式媒体的互联网技术，使用户可以进行无线宽带互联网的访问。同时，它也是在家中、办公室或在旅途中上网的快速、便捷的途径，如图13-7所示。WiFi 工作在 2.4GHz 频段，所支持的速率最高可达 54Mbit/s，覆盖范围可达 100m。最新的 WiFi 交换机能够把 WiFi 无线网络的通信距离扩大到约 6.5km。

图 13-7　智能手机通过 WiFi 访问互联网

无线网络通信是一种能够将智能手机和平板电脑等终端设备以无线方式互相连接的技术。WiFi 是一个无线网络通信技术的品牌，由 WiFi 联盟所持有，目的是改善基于 IEEE 802.11 标准的无线网络产品之间的互通性。

13.5 网络传感器

网络通信技术与计算机技术的飞速发展，使传感器的通信方式从传统的现场模拟信号方式转为现场级全数字通信方式，即传感器现场级的数字化网络方式。基于现场总线、以太网等的传感器网络化技术及应用迅速发展，因而在现场总线控制系统（Field Bus Control System, FCS）中得到了广泛应用，成为现场级数字化传感器。

13.5.1 网络传感器及其基本结构

网络传感器是指在现场级实现了 TCP/IP（这里的 TCP/IP 是一个相对广泛的概念，还包括 UDP、HTTP、SMTP、POP3 等协议）的传感器，这种传感器让现场测控数据能就近登录网络，在网络所能及的范围内实时发布和共享。

具体来说，网络传感器是一种采用标准的网络协议，同时采用模块化结构将传感器和网络技术有机结合在一起的智能传感器。它是测控网中的一个独立节点，其敏感元件输出的模拟信号经 A/D 转换及数据处理后，可由网络处理装置根据程序的设定和网络协议封装成数据帧，并加上目的地址，通过网络接口传输到网络上。同时，网络处理器也能接收网络上其他节点传给自己的数据和命令，实现对本节点的操作。网络传感器的基本结构如图 13-8 所示。

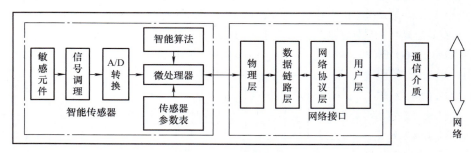

图 13-8　网络传感器的基本结构

网络化智能传感器是以嵌入式微处理器为核心，集成了传感单元、信号处理单元和网络接口单元的新一代传感器。

网络化智能传感器使传感器由单一功能和单一检测向多功能和多点检测发展；从孤立元件向系统化和网络化发展；从就地测量向远距离实时在线测控发展。因此，网络化智能传感器代表了传感器技术的发展方向。

13.5.2 网络传感器通用接口标准

构造一种通用智能化传感器的接口标准是解决传感器与各种网络相连的主要途径。从1994 年开始，美国国家标准技术局（National Institute of Stand ard Technology，NIST）和 IEEE 联合组织了一系列专题讨论会，商讨智能传感器通用通信接口问题和相关标准的制定，这就是 IEEE 1451 的智能变送器接口标准（Standard for a Smart Transducer Interface for Sensors and Actuators）。其主要目标是定义一整套通用的通信接口，使变送器能够独立于网络与现有基于微处理器的系统，将仪器仪表和现场总线网络相连，并最终实现变送器到网络的互换性与互操作性。现有的网络传感器配备了IEEE 1451标准接口系统，也称为IEEE 1451传感器。

符合IEEE 1451标准的传感器和变送器能够真正实现现场设备的即插即用。该标准将智能变送器划分成两部分：一部分是智能变送器接口模块（Smart Transducer Interface Module，STIM）；另一部分是网络适配器（Network Capable Application Processor，NCAP），亦称网络应用处理器。两者之间通过一个标准的传感器数字接口（Transducer Independence Interface，TII）相连接，如图13-9所示。

具体来说，该标准包括5个独立的标准：IEEE 1451.1定义了独立的信息模型，使传感器数字接口与NCAP相连，使用面向对象的模型定义提供给智能传感器及其组件；IEEE 1451.2定义了智能变送器接口模块（STIM）、电子数据表格

图 13-9　符合 IEEE 1451 标准的智能变送器示意图

（TEDS）和传感器数字接口（TII）；IEEE 1451.3定义了分布式多点系统数字通信接口和电子数据表格（TEDS）；IEEE 1451.4定义了混合模式通信协议和电子数据表格（TEDS）；IEEE 1451.5定义了传感器、遥控器和处理器接口之间的联系。这些标准包括本地引脚之间的连接以及信号的通信格式。

STIM：现场STIM构成了传感器的节点部分，主要包括传感器接口、功能模块、核心控制模块、电子数据表格（TEDS）以及传感器数字接口（TII）五部分。STIM主要用来完成现场数据的采集功能。

NCAP模块：此模块用于从STIM中获取数据，并将数据转发至互联网等网络，由于NCAP模块不需要完成现场数据采集，所以该模块中只需要有传感器数字接口（TII）部分和网络通信部分即可。

13.5.3　网络传感器的发展趋势

1. 从有线形式到无线形式

传感器在多数测控环境下采用有线形式，即通过双绞线、电缆、光缆等与网络连接，但在一些特殊测控环境下使用有线形式传输传感器信息是不方便的。为此，可将IEEE 1451.2标准与蓝牙技术结合起来设计无线网络传感器，以解决有线系统的局限性。

2. 从现场总线形式到互联网形式

现场总线控制系统可认为是一个局部测控网络，基于现场总线的智能传感器只实现了某种现场总线通信协议，还未实现真正意义上的网络通信协议。只有让智能传感器实现网络通信协议（IEEE 802.3、TCP/IP等），使它能直接与计算机网络进行数据通信，才能实现在网络上任何节点对智能传感器的数据进行远程访问、信息实时发布与共享，以及对智能传感器的在线编程与组态，这才是网络传感器的发展目标和价值所在。

若能将TCP/IP直接嵌入网络传感器的ROM中，在现场实现Intranet/Internet功能，则

构成测控系统时可将现场传感器直接与网络通信线缆连接，使得现场传感器与普通计算机一样成为网络中的独立节点，如图 13-10 所示。此时，信息可跨越网络传输到所能及的任何领域，进行实时动态的在线测量与控制（包括远程）。只要有诸如电话线类的通信线缆

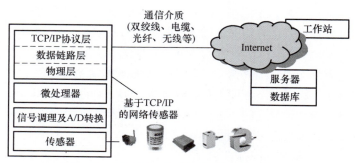

图 13-10　基于 TCP/IP 的网络传感器测控系统

存在的地方，就可将这种实现了 TCP/IP 功能的传感器就近接入网络，纳入测控系统，不仅可以节约大量现场布线，还可即插即用，为系统的扩充和维护提供极大的方便。

 科技前沿

中国北斗卫星导航系统——BDS

北斗卫星导航系统（BeiDou Navigation Satellite System，BDS）是我国自行研制的全球卫星导航系统，与美国 GPS、俄罗斯格罗纳斯、欧盟伽利略系统并称全球四大卫星导航系统。北斗卫星导航系统的建设目标是建成独立自主、开放兼容、技术先进、稳定可靠及覆盖全球的卫星导航系统，在增强区域即亚太地区，精度甚至超过 GPS，如图 13-11 所示。

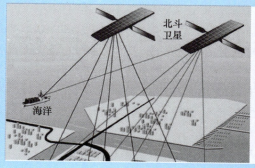

图 13-11　北斗卫星导航系统

北斗卫星导航系统由空间段、地面段和用户段三部分组成，可在全球范围内全天候、全天时为各类用户提供高精度、高可靠定位、导航和授时服务，已经初步具备区域导航、定位和授时能力，定位精度 10m，测速精度 0.2m/s，授时精度 10ns。北斗卫星导航系统已经成为全球四大卫星导航核心供应商之一。

全球定位系统——GPS

全球定位系统（Global Positioning System，GPS）是一种以卫星为基础的高精度无线电导航的定位系统，如图 13-12 所示。它在全球任何地方以及近地空间都能够提供准确的地理位置、车行速度及精确的时间信息。GPS 自问世以来，就以其高精度、全天候、全球覆盖、方便灵活吸引了众多用户。随着物流业的快速发展，GPS 有着举足轻重的作用，成为继汽车市场后的第二大主要消费市场。

图13-12 全球定位系统——GPS

　　GPS是美国从20世纪70年代开始研制，历时20年，耗资200亿美元，于1994年全面建成，具有在海、陆、空进行全方位实时三维导航与定位功能的新一代卫星导航与定位系统。GPS以全天候、高精度、自动化、高效益等显著特点，赢得了广大测绘工作者的信赖，并成功地应用于大地测量、工程测量、航空摄影测量、运载工具导航和管制、地壳运动监测、工程变形监测、资源勘察、地球动力学等多个领域和学科中，从而给测绘领域带来了一场深刻的技术革命。

　　GPS是美国第二代卫星导航系统，它是在子午仪卫星导航系统的基础上发展起来的，它采纳了子午仪系统的成功经验。按目前的方案，GPS的空间部分使用24颗高度约2.02万km的卫星组成卫星星座。24颗卫星均为近圆形轨道，运行周期约为11小时58分，分布在6个轨道面上（每轨道面4颗），轨道倾角为55°。卫星的分布使得在全球任何地方、任何时间都可观测到4颗以上的卫星，并能保持良好定位解算精度的几何图形，这就提供了在时间上连续的全球导航能力。

　　GPS主要有三大组成部分：空间部分、地面监控部分和用户设备部分。从目前来看，GPS是全球范围内精度最高、覆盖范围最广的导航定位系统。

13.6　智慧未来

　　目前，无论是国内还是国外，智慧生产和智慧生活的建设已然成为不可逆转的趋势。在这种大环境之下，传感器也必然会迎来产业大爆发。在技术层面，智慧生产和智慧生活与大数据技术关系密切，与大数据相比，未来智慧生活的最大不同之处便在于"传感器"与"控制系统"。在未来，发挥云计算的集约化、虚拟化、服务化和绿色化的优势，可以建立"智慧"云计算中心。

13.6.1　智慧农业

　　智慧农业就是将物联网技术运用到传统农业中去，运用传感器和软件并
通过移动平台或者计算机平台对农业生产进行控制，使传统农业更具有"智慧"。除了精准感知、控制与决策管理外，从广泛意义上讲，智慧农业还包括农业电子商务、食品溯源防伪、农业休闲旅游和农业信息服务等方面的内容。

智慧农业

165

图 13-13 所示为智慧农业温室大棚环境监测系统，根据温室大棚环境监测的需求不同，温室大棚环境监测系统中需要配备的传感器数量和种类也是不相同的。

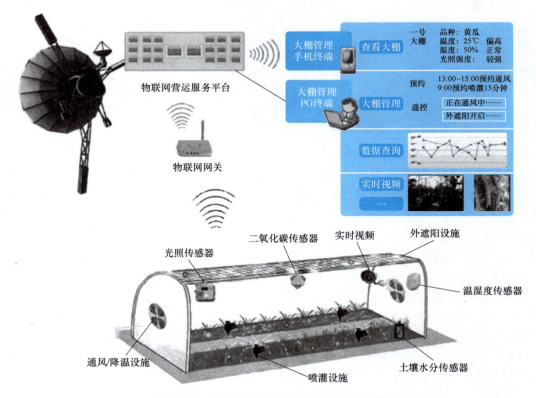

图 13-13　智慧农业温室大棚环境监测系统

在温室大棚环境内通过配备无线传感器节点，太阳能供电系统、信息路由设备和无线传感系统可以实现信息自动检测。每个无线传感器节点都可以监测土壤水分、土壤温度、空气温度、空气湿度、光照强度和植物养分含量等参数。温室大棚环境监测系统通过各种传感器将监测数据实时传输到控制中心，实现温室大棚环境的实时在线监测。

根据无线网络获取的植物生长环境信息，如土壤水分、土壤温度、空气温度、空气湿度、光照强度、植物养分含量、土壤中的 pH 值、电导率等参数。数据可动态显示，以直观的图表和曲线的方式显示给用户。控制中心可根据各类信息的反馈对大棚内的农作物进行自动灌溉、自动降温、自动卷模、液体肥料自动施肥、自动喷药等操作。

农业生产技术人员还可通过监测数据对农作物的生长环境进行分析，从而有针对性地投放农业生产资料，并根据需要调动各种执行设备，进行调温、调光、换气等操作，实现对农作物生长环境的智能控制。

温室大棚环境监测系统中常用的传感器有温湿度传感器、土壤水分传感器、二氧化碳传感器和光照传感器。

在任何条件下，农作物的生长与温度和湿度都有密切的关系。因此，在温室大棚环境监测系统的监测参数中，温度和湿度是非常重要的一项，这也表示温湿度传感器是温室大棚环境监测系统中必不可少的一种传感器。通常温湿度传感器会采用悬挂的方式固定在空中，以便更好地监测温室大棚中的温湿度变化。

农作物的生长需要水分，为了使农作物能够很好地生长又不浪费水资源，通过无线土壤水分传感器的实时监测，管理人员可以清楚地知道当前土壤中的水分变化，从而确定是否需要灌溉以及灌溉水量是多少，因此土壤水分传感器也是温室大棚环境监测系统中必不可少的一种传感器。

二氧化碳传感器和光照传感器的监测对象不同，但都与植物的光合作用相关。例如，利用二氧化碳传感器控制温室中 CO_2 的浓度，有利于农作物的生长发育；利用光照传感器来检测和控制光照强度，使农作物可以得到均匀一致的光照，这些都可以起到促进农作物生长、提高农作物产量和品质的目的。

13.6.2　智慧医疗

智慧医疗是新兴的专有医疗名词。智慧医疗通过打造健康和医疗信息平台，利用最先进的物联网技术，实现患者与医务人员、医疗机构、医疗设备之间的互动和信息化。

在不久的将来，医疗行业将融入更多人工智能、传感技术等高科技，使医疗服务走向真正意义的智能化，推动医疗事业的繁荣发展。在我国新医改的大背景下，智慧医疗正在走进寻常百姓的生活。

智慧医院管理系统包括医疗管理信息系统（HIS）、临床信息系统（CIS）、医院运营管理系统（HRP）、移动物联平台（HMP）和医联体信息平台等组成部分，如图 13-14 所示。

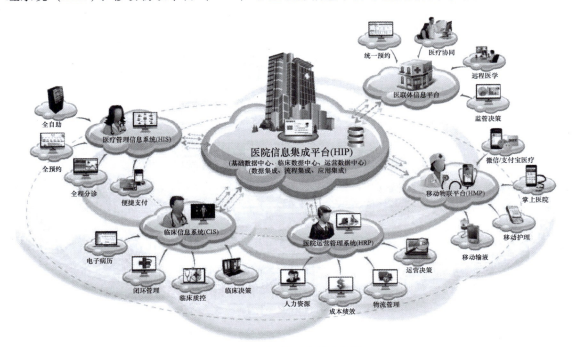

图 13-14　智慧医院管理系统

医生工作站是整个智慧医院管理系统的核心组成部分，医生工作站的工作是采集、存储、传输、处理和利用病人健康状况及医疗信息。医生工作站是包括门诊和住院诊疗的接诊、检查、诊断、治疗、处方、医疗医嘱、病程记录、会诊、转科、手术、出院和病案生成等全部医疗过程的工作平台。

医疗提升应用是针对智慧医院管理系统所开发的数据处理和各种计算机应用程序。在数字医院建设过程中，医疗提升应用包括远程图像传输、大量数据计算处理等技术应用，可实现医疗服务水平的提升，实现病人诊疗信息的收集、存储、处理、提取及数据交换。例如：

1）远程探视避免了探访者与病患的直接接触，杜绝了疾病蔓延，缩短了恢复进程。

2）临床决策系统协助医生分析详尽的病历，为制定准确有效的治疗方案提供依据。

3）智慧处方可分析患者过敏和用药史，反映药品产地、批次等信息，有效记录和分析处方变更等信息，为慢性病治疗和保健提供参考。

4）远程会诊智慧医疗通过联网可开展远程会诊、自动查阅相关资料和借鉴先进治疗经验，辅助医生给患者提供安全可靠的治疗方案，如图 13-15 所示。

图 13-15　远程会诊

国内已兴起的智慧医院项目总体来说已具备智能分诊、手机挂号、门诊叫号查询、取报告单、化验单解读、在线医生咨询、医院医生查询、医院周边商户查询、医院地理位置导航、院内科室导航、疾病查询、药物使用、急救流程指导、健康资讯播报等功能，实现了从身体不适到完成治疗的"一站式"信息服务。智慧医院应用需要真正落实到具体医院、科室和医生，将患者与医生点对点对接起来，但绝不等于在网络平台上跳过医院这个单位，直接将患者与医生圈在一起。

智慧医疗也被物联网和智慧城市建设的牵引力拉着高歌猛进。中国移动致力于推动医院诊疗服务向数字化、信息化发展。在医院信息系统与通信系统融合的基础上，中国移动通过语音、短信、互联网、视频等多种技术，为患者提供了呼叫中心、视频探视、移动诊室等多种服务，实现了医院、医生、患者三方的有效互动沟通。

13.6.3　智慧校园

智慧校园指的是以物联网为基础的智慧化的校园学习、工作和生活一体化环境，这个一体化环境以各种应用服务系统为载体，将教学、科研、管理和校园生活充分融合。2018 年 6 月 7 日，国家标准《智慧校园总体框架》（GB/T 36342—2018）发布。

1. 智慧校园的内涵

智慧校园是指以促进信息技术与教育教学融合、提高学与教的效果为目的，以物联网、云计算、大数据分析等新技术为核心技术，提供一种环境全面感知、智慧型、数据化、网络化、协作型一体化的教学、科研、管理和生活服务，并能对教育教学、教育管理进行洞察和预测的智慧学习环境，如图 13-16 所示。

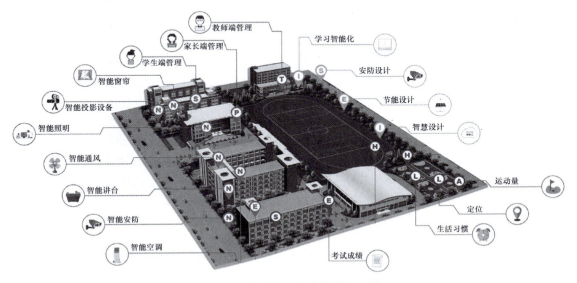

图 13-16　智慧校园与智慧学习环境

2. 智慧校园的核心特征

智慧校园的核心特征如下：

一是为广大师生提供一个全面的智能感知环境和综合信息服务平台，提供基于角色的个性化定制服务。

二是将基于计算机网络的信息服务融入学校的各个应用与服务领域，实现互联和协作。

三是通过智能感知环境和综合信息服务平台，为学校与外部世界提供一个相互交流和相互感知的接口。

3. 未来教室

未来教室是智慧校园建设中的一个重要成果，它将彻底颠覆学生、家长对传统教室的想象。在这个教室里，最大的变化是没有黑板，也没有粉笔，更没有教科书，只有一个像超大屏幕的电子白板，老师的手轻轻一指，所有的教程就以图文并茂、声像结合的形式呈现在学生的眼前，如图 13-17 所示。而学生也不再需要背着几公斤重的书包，只要随手拎一个"电子书包"即可轻松上课，电子书包里装满了生动有趣的互动教材，能在上面直接做好作业并提交，也能在上面回答老师提出的问题。

图 13-17　智慧教室

除了当场布置课堂作业，并迅速反馈学生答题情况外，只要有网络，学生在家里或其他地方，都可以和老师进行远程互动，向老师提交作业，老师也可以即时在线批阅。

未来教室最大的特色在于互动连接，除了课堂多媒体互动，还可以通过远程互动系统实现班级与班级、学校与学校之间的高清互动学习，学生就像坐在一个超大的公共课堂中一样，可分享到来自全球优秀老师的讲座与教学资源。

4. 无线校园网络

校园里到处都有无线 WiFi 信号，智慧校园不仅有一张无缝 WiFi 网络，而且可实现内外网两套网络的有效隔离，校内人员通过用户名密码认证方式接入无线校园网络。无线校园网络能够对用户设置不同的内外网访问权限，实现对上网权限的隔离。这样的系统设计完全可满足学校日常无线网络使用需求，做到内外网信号独立、互不干扰，提升了网络的安全性和性能。

5. 移动智能卡——校园的通行证

借书要出示借书卡、吃饭要出示饭卡、坐公交要出示公交卡，是不是很烦呢？在智慧校园里，一张移动智能卡就能通行校园，凡有现金、票证或需要识别身份的场合均只要出示这张卡就可以了。此外，这张卡还可以实现部分公交乘坐、校内考勤、图书借阅管理等功能。此种管理模式代替了传统的消费及身份识别管理模式，为学生及员工的管理带来了高效、方便与安全。

13.6.4 智能工厂

智能制造并非只是一个横空出世的概念，具体来看，工业 4.0 首先要打造智能工厂，在生产设备中广泛部署传感器，使其成为智能化的生产工具，成为物联网的智能终端，从而实现工厂的监测、操控智能化。

智能制造和服务型制造适用于中国制造业的所有行业，未来将贯穿中国制造业"由大到强"的整个过程。

智能工厂的模型构建，是将精益生产、标准化、模块化、自动化和信息化进行有效配置和整合，避免了相互之间的脱节和资源错配而造成的低效运转，最终构建全新的生产流程和生产模式，实现绩效的跨越式提升。

北京大学纵横精益运营与智能制造研究院（以下简称"北大纵横"）曾经花费一年时间为某知名企业成功打造了全新的全球标杆智能工厂，实现了产能翻倍、人员减半的战略目标，如图 13-18 所示。

未来的智能工厂，设备的自动化层和生产制造管理系统之间的对接将会更加无缝化，从而能够实现智能制造，满足不同智能制造企业的个性化定制需求。

1. 生产智能

在智能工厂生产布局与生产线设计的过程中，生产智能主要体现为工艺优化与生产设备自动化、生产线均衡化、换线快速、配件模块化等，适用于小批量、多批次的客户定制化、柔性生产模式。

2. 物流智能

基于所有物料的 PFEP（PFEP：为每个产品做计划）分析，选择悬挂链、输送带、AGV、空中板链等方式建立立体复合配送模式，可有效降低一半以上物流强度，通过 RFID 技术等的运用，全程监控物流配送状态，建立"大件空中走，小件 AGV"的立体复合智能物流模式。

3. 控制智能

由数据采集层、网络层、信息层以及控制层共同搭建起来的中央控制室系统，实时收集

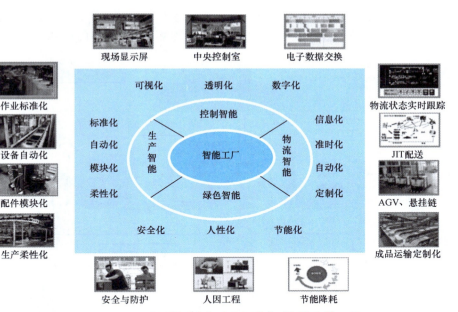

图 13-18　北大纵横成功打造全新的全球标杆智能工厂

生产状态、设备运行、质量监控、物料配送等数据，提供数据分析和决策参考，提高生产现场监控的可视化水平与生产智能水平。

4. 绿色智能

从人因工程角度设计符合人体工学的工装器具，从心理学角度设计工厂运用色彩、车间照明与温湿度，设置员工休息室、培训道场等人性化、绿色环保的管理设施，提高员工的作业舒适度，降低劳动强度，最终实现员工士气的提升。

事实上，智能制造并非只是一个横空出世的概念，而是制造业依据其内在发展逻辑，经过长时间的演变和整合逐步形成的现实路径。

物联网将促使互联网和传统行业深度融合，借力"万众创新"风潮，已成为新一轮中国制造的制高点。

 科技前沿

工业 4.0 与智能制造

工业 4.0 将彻底改变设计、制造、运营以及产品服务和生产系统。零部件、产品、机器和人之间的互联互动将使得制造周期和效率得到翻倍的绩效提升，个性化的大规模定制水平将达到一个全新的高度。

简单地说，工业 4.0 就是制造的数字化和网络化，通过 IT 技术同制造技术的结合，创造智能工厂，使生产变得高度弹性化和个性化，提高生产效率及资源利用效率。

工业 4.0 把工业互联网、云计算、机器人融合在一块，可缩短供货商和生产的时间、减少中间环节、提高整体效率，使得整个生产过程变得更自动、更自主、更有预测性。

智能制造企业的运作模型包括生产计划、质量管控、物料准时配送、设备状态、工艺指导、生产防错系统、生产统计、全局生产管控等环节，如图 13-19 所示。

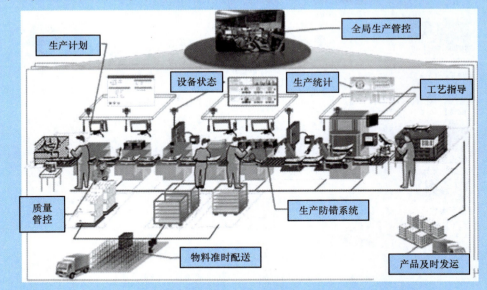

图 13-19　智能制造企业的运作模型

思考题与习题

一、填空题

1. 物联网是指通过各种_____、_____、红外感应器、激光扫描器等信息传感设备，采集物品的声、光、热、电、力学、化学、生物、位置等信息，按约定的协议，把_____与_____连接起来，进行信息交换和通信，以实现对物品和过程的智能化感知、识别、定位和管理。

2. 无线传感器网络是由大量_____或_____的传感器节点，通过_____方式组成的网络。

3. 无线传感器网络由_____节点、_____节点、_____或卫星通信网、数据管理中心、终端用户组成。

二、综合题

1. 简述无线传感器网络的结构及组成部分。
2. 简述无线射频识别装置的工作原理。
3. 简述网络传感器的概念及发展趋势。
4. 智慧校园的核心特征是什么？
5. 举例说明物联网技术在智慧城市建设中的应用。

第14章 智能检测与虚拟仪器技术

智能检测系统集成了传感器、计算机和总线等技术，具有自动完成信号检测、传输、处理、显示与记录等功能，能够完成复杂的、多变量的检测任务，极大地方便了信号检测的实现，是目前检测技术发展的主要方向。

虚拟仪器的概念最早于 20 世纪 90 年代由美国 NI 公司提出，主要思想是利用高性能的模块化硬件，结合高效灵活的软件来完成各种测试、测量和自动化应用。虚拟仪器技术包括硬件、软件和系统设计等要素。虚拟仪器概念的提出引发了传统仪器领域的一场重大变革，使得计算机和网络技术与仪器技术结合起来，促进了智能检测与控制领域的技术发展。

14.1 智能检测技术

智能检测技术是指能自动获取信息，并利用有关知识和策略，采用实时动态建模、在线识别、人工智能、专家系统、虚拟仪器等技术，对被测对象（过程）进行检测、监控且能够实现自诊断和自修复的技术。

智能检测包含测量、检验、信息处理、判断决策和故障诊断等多种内容。它是检测设备模仿人类智能的结果，是将计算机技术、信息技术和人工智能等相结合而发展的检测技术。智能检测分为初级智能化、中级智能化和高级智能化三种。

第一种：初级智能化是指将微处理器或计算机技术与传统检测技术结合。初级智能化可实现数据的自动采集、存储和记录，可利用计算机的数据处理功能进行简单的测量数据的处理。例如，进行被测量的单位换算和传感器非线性补偿，利用多次测量和平均化处理消除随机干扰，提高检测精度。初级智能化采用按键式面板，通过按键输入各种数据和控制信息。

第二种：中级智能化是指检测系统或仪器具有一定的自治功能，一般具有自校正、自诊断、自补偿、自学习、自动量程转换等功能，具有自动进行指标判断、逻辑操作、极限控制和程序控制的功能。目前绝大多数智能仪器或检测系统都属于这一类。

第三种：高级智能化是指检测技术与人工智能原理相结合，利用人工智能的原理和方法改善传统的检测方法。高级智能化具有知识处理功能，可利用领域知识和经验知识通过人工神经网络、专家系统解决检测中的问题，具有特征提取、自动识别、冲突消解和决策能力。高级智能化具有多维检测和数据融合功能，可实现检测系统的高度集成，并通过环境因数补偿提高检测精度。高级智能化具有自适应检测功能，通过动态过程参数预测，可自动调整增益与偏置量，以实现自适应检测。高级智能化具有网络通信、远程控制功能和视觉、听觉等高级检测功能。

14.1.1 智能检测系统的结构

智能检测系统由硬件和软件两大部分组成，其结构如图 14-1 所示。

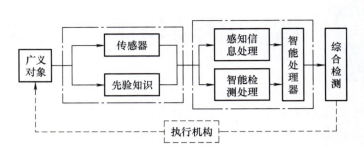

图 14-1　智能检测系统的结构示意图

1. 智能检测系统的硬件

　　智能检测系统的硬件部分主要包括各种传感器、信号采集子系统、通信子系统、处理芯片（处理芯片为微机、单片机、DSP 等）、基本 I/O 子系统与控制子系统等，如图 14-2 所示。

2. 智能检测系统的软件

　　智能检测系统的软件包括系统软件、程序设计语言、应用软件、软件包及数据库，如图 14-3 所示。程序设计中采用结构与模块化设计方法，包含主程序和应用功能程序。

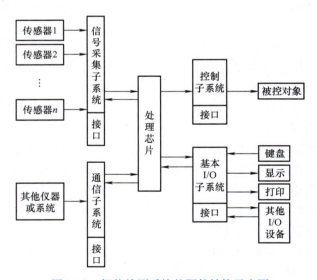

图 14-2　智能检测系统的硬件结构示意图

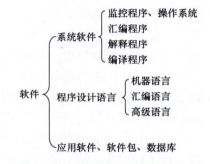

图 14-3　智能检测系统的软件组成

14.1.2　智能检测系统的工作原理

　　智能检测系统有两个信息流，一个是被测信息流，另一个是内部控制信息流，被测信息流在系统中的传输是不失真的或失真在允许范围内。智能检测系统的工作原理如图 14-4 所示。

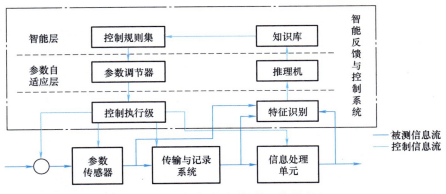

图 14-4　智能检测系统的工作原理

14.1.3　智能检测技术的特点

1. 测量过程软件控制

硬件功能软件化，通过软件实现自稳零放大、极性判断、量程切换、自动报警、过载保护、非线性补偿、多功能测试和自动巡回检测等功能。

2. 高度的灵活性

智能检测系统以软件为核心，生产、修改、复制都比较容易，功能和性能指标的修改和扩展更加简单、方便。

3. 测量速度快、精度高

通过高速数据采样和实时在线的高速数据处理实现测量的高速度及高精度。随着电子技术的迅猛发展，高速显示、打印、绘图设备也日臻完善。

4. 实现多参数检测和数据融合

通过多个高速数据通道，在进行多参数检测的基础上，依据各路信息的相关特性，可实现系统的多传感器信息融合，提高检测系统的准确度、可靠性和容错性。

5. 智能化功能强

智能检测技术一方面通过人工智能及相关技术的运用，实现测量选择、故障诊断、人机对话及输出控制等智能化功能。另一方面，利用相关软件对测量数据进行线性化处理、平均值处理、频域分析、数据融合计算等，实现测量数据处理的智能化。

14.2　虚拟仪器技术

虚拟仪器技术是指利用高性能的模块化硬件，结合高效灵活的软件来完成各种测试、测量和自动化的应用。高效灵活的软件能帮助创建完全自定义的用户界面，模块化的硬件能方便地提供全方位的系统集成，标准的软硬件平台能满足对同步和定时应用的需求。只有同时拥有高效的软件、模块化 I/O 硬件和集成的软硬件平台这三大组成部分，才能充分发挥虚拟仪器技术性能高、扩展性强、开发时间短以及出色的集成这四大优势。

14.2.1 虚拟仪器

虚拟仪器（Virtual Instrumentation）是基于计算机的仪器，由用户设计定义的，具有虚拟面板，且测试功能由测试软件来实现的一种计算机系统。虚拟仪器的实质是利用计算机的显示器模拟传统仪器的控制面板，以多种形式输出检测结果；利用计算机的软件实现信号的数据运算、分析和处理；利用 I/O 接口设备完成信号的采集和调理，从而完成各种测试功能的计算机测试系统。使用者用鼠标或键盘操作虚拟面板，就如同使用一台专用的测量仪器。图 14-5 所示为常见的虚拟仪器方案框图。

由于虚拟仪器是基于微计算机的测试仪器，所以它与微计算机相关技术的进展有密切的关系。操作虚拟仪器，就是通过良好的界面环境操作带有虚拟仪器功能设备的通用计算机。同时，虚拟仪器是测试仪器，它又带有浓厚的测试仪器的特征。

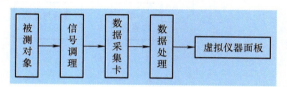

图 14-5　常见的虚拟仪器方案框图

因此，虚拟仪器发展的三大要素是：计算机是载体、软件是核心、高质量的 A/D 采集卡及调理放大器是关键。

14.2.2 虚拟仪器与传统仪器的比较

"软件就是仪器"是虚拟仪器的核心概念，这充分体现出软件在虚拟仪器中的作用是极其重要的。它彻底打破了传统仪器由厂家设计，用户无法改变的模式，使用户可以根据自己的应用需求，设计自己的仪器系统。虚拟仪器与传统仪器的比较见表 14-1。

表 14-1　虚拟仪器与传统仪器的比较

虚 拟 仪 器	传 统 仪 器
开放、灵活，可与计算机技术保持同步发展	封闭，仪器间相互配合较差
关键是软件，系统性能升级方便，通过网络下载升级程序即可	关键是硬件，升级成本较高，且升级必须上门服务
价格低廉，仪器间资源可重复利用率高	价格昂贵，仪器间一般无法相互利用
用户可定义仪器功能	只有厂家能定义仪器功能
与网络及周边设备连接方便	功能单一，只能连接有限的独立设备
开发与维护费用降至最低	开发与维护成本高
技术更新周期短（0.5～1 年）	技术更新周期长（5～10 年）
自己编程硬件，可二次开发	不能自己编程硬件，不能二次开发
完整的时间记录和测试说明	部分的时间记录和测试说明
测试过程自动化	测试过程部分自动化

14.2.3 虚拟仪器的分类

虚拟仪器可以按工作领域分类，也可以按测量功能分类，但最常用的还是按照构成虚拟仪器的接口总线不同分类，分为插入式数据采集卡（DAQ）虚拟仪器、串行接口虚拟仪器、并行接口虚拟仪器、USB 虚拟仪器、GPIB 虚拟仪器、VXI 虚拟仪器、PXI 虚拟仪器和现场总线虚拟仪器等。

在虚拟仪器中，插入式数据采集卡是最常用的接口形式之一，其功能是将现场数据采集到计算机中。目前，插入式数据采集卡已具有兆赫级的采样速度，精度高达 24 位，具有可靠性高、功能灵活、性能/价格比高等特点。用数据采集卡配以计算机平台和虚拟仪器软件，便可构成各种数据采集控制仪器/系统，如信号发生器、电路和器件测试仪等。

> **🔍 知识拓展**
>
> 自 1986 年美国 NI 公司提出虚拟仪器的概念后，虚拟仪器技术得到了迅速发展，在科研、开发、测量、计量和测控等领域得到了广泛的应用。近年来，世界各国的许多大型自动测控和仪器公司均相继开发了许多虚拟仪器开发平台，但最早和最具影响力的还是 NI 公司的图形化开发平台——LabVIEW。

14.3 图形化编程语言——LabVIEW

LabVIEW 的应用程序，即虚拟仪器（VI），它包括前面板（Front Panel）、程序框图（Block Diagram）以及图标/连接器（Icon/Connector）三部分。

> **🔍 知识拓展**
>
> LabVIEW（Laboratory Virtual Instrument Engineering Workbench，实验室虚拟仪器工程平台）是美国 NI 公司推出的一种基于图形化编程语言（又称 G 语言）的虚拟仪器软件开发工具。它被广泛运用于工业界、学术界和研究实验室，被视为是一个标准的数据采集和仪器控制软件。LabVIEW 是一个功能强大且应用灵活的软件，提供有通用的硬件接口（包括 GPIB、RS‐232/485、VXI 以及插入式的 A/D、D/A 和数字式 I/O 板），任何提供了 Windows 驱动程序（DLL、VXD）的硬件都可以在 LabVIEW 下正常工作。LabVIEW 自身包含超过 170 种分析功能，包括信号发生/仿真、数字信号处理、数字滤波器、时间和频率合并分析以及脉冲/入口探测等。用户可以利用 LabVIEW 方便地建立自己的虚拟仪器，其图形化的界面使得编程及使用过程都非常生动有趣。

14.3.1 LabVIEW 的启动

运行 LabVIEW 程序或双击图标 后，启动 LabVIEW，启动界面如图 14-6 所示。

在启动窗口中可以新建 VI 或打开最近打开的 LabVIEW 程序文件，也可以通过启动窗口访问 LabVIEW 的扩展资源和教程（用户手册、网络资源、范例等）。新建 VI 或打开现有文件后，启动窗口消失；关闭所有已经打开的前面板和程序框图后，启动窗口会再次显示。在前面板和程序框图的菜单栏中选择"查看"后单击"启动窗口"即可显示该窗口。

LabVIEW 的启动

图 14-6　LabVIEW 的启动界面

14.3.2　前面板窗口

前面板是图形用户界面，也就是 VI 的虚拟仪器面板，这一界面上有用户输入和显示输出两类对象，具体表现为开关、旋钮、图形以及其他控制（Control）和显示对象（Indicator）。用户输入对象模拟传统仪器的输入装置，显示输出对象模拟传统仪器的输出装置。图 14-7 所示为虚拟数字温度计的前面板，显示对象（温度转换显示）以数值的方式显示华氏温度转换摄氏温度的值。还有一个控制对象——温度转换开关和一个用户输入对象——温度值输入，可以进行华氏温度与摄氏温度的转换。

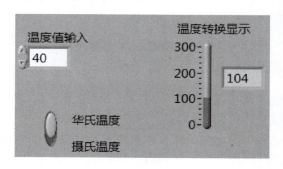

图 14-7　虚拟数字温度计的前面板

显然，该数字温度计并非用简单的三个控件就可以运行，在前面板后还有一个与之配套的程序框图。

14.3.3 程序框图窗口

程序框图提供 VI 的图形化源程序。在程序框图中对 VI 编程，以控制和操纵定义在前面板上的输入和输出功能。程序框图包括前面板上控件的连线端子，还有一些前面板上没有但编程必须有的东西，如函数、结构和连线等。图 14-8 所示为与图 14-7 对应的程序框图，程序框图中包括了前面板上的开关和显示器的连线端子，还有一个温度转换的函数及程序的条件结构。此外，虚拟数字温度计通过连线将转换结果送到显示控件。

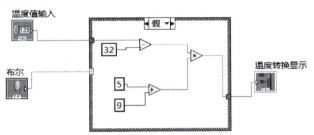

图 14-8 虚拟数字温度计的程序框图

14.3.4 图标/连接器

VI 具有层次化和结构化的特征。一个 VI 可以作为子程序，称为子 VI（Sub－VI），可被其他 VI 调用。图标表示在其他程序中被调用的子程序；而连接器表示图标的输入/输出口，类似于子程序的参数端口。

14.3.5 LabVIEW 的模板

LabVIEW 的用户界面上有三种模板：工具模板（Tools Palette）、控件模板（Controls Palette）和函数模板（Functions Palette），通过它们即可实现程序的开发。

1. 工具模板

在"查看"菜单中选择"工具模板"命令或按住〈Shift〉键的同时单击鼠标右键，即可弹出工具模块，如图 14-9 所示。工具模板中各图标的功能见表 14-2。

图 14-9 工具模板

表 14-2 工具模板中各图标的功能

序 号	图 标	名 称	功 能
1		操作工具	用于操作前面板的控制和显示。当使用它向数字或字符串控制中键入值时，工具会变成标签工具
2		选择工具	用于选择、移动或改变对象的大小。当它用于改变对象的连框大小时，会变成相应形状
3		标签工具	用于输入标签文本或者创建自由标签。当创建自由标签时，它会变成相应形状

（续）

序 号	图 标	名 称	功 能
4		连线工具	用于在流程图程序上连接对象。如果联机帮助的窗口被打开，当把该工具放在任意一条连线上时，就会显示相应的数据类型
5		对象弹出菜单工具	更改对象弹出式菜单的方式，将常用的鼠标右键操作改为鼠标左键操作
6		窗口漫游工具	使用该工具就可以不需要使用滚动条而在窗口中漫游
7		断点工具	使用该工具可在 VI 的流程图对象上设置断点
8		探针工具	可在框图程序内的数据流线上设置探针。通过探针窗口来观察该数据流线上的数据变化状况
9		颜色提取工具	使用该工具可提取颜色用于编辑其他的对象
10		颜色设置工具	用来给对象定义颜色。它也可显示出对象的前景色和背景色

2. 控件模板

在前面板任意空白处单击鼠标右键，将弹出控件模板，如图 14-10 所示。控件模板中常用子模块的功能见表 14-3。

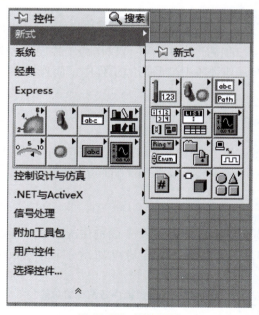

图 14-10　控件模板

表 14-3　控件模板中常用子模块的功能

序 号	图 标	子模块名称	功 能
1		数值	数值的控制和显示。包含数字式、指针式显示表盘及各种输入框
2		布尔量	逻辑数值的控制和显示。包含各种布尔开关、按钮以及指示灯等

（续）

序　号	图　标	子模块名称	功　　能
3		字符串和路径	字符串和路径的控制及显示
4		数组和簇	数组和簇的控制及显示
5		列表和表格	列表和表格的控制及显示
6		图形显示	显示数据结果的趋势图和曲线图
7		环和枚举	环和枚举的控制及显示
8		输入/输出功能	提供与输入/输出有关的硬件接口
9		引用句柄	用于文件、目录、设备和网络连接的参考数
10		对话框控制	对话框控制及显示
11		经典控制	指以前版本软件的面板图标
12		装饰	用于前面板修饰
13		用户控制	用户自定义的控制及显示

3. 函数模板

在程序框图窗口任意空白处单击鼠标右键将弹出函数模板，如图 14-11 所示。函数模板中常用子模块的功能见表 14-4。

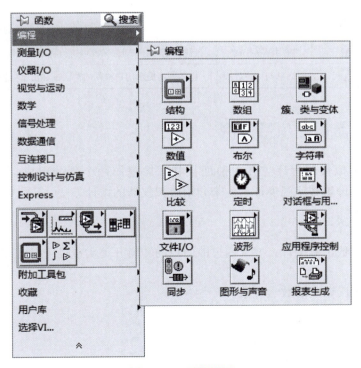

图 14-11　函数模板

表 14-4　函数模板中常用子模块的功能

序　号	图　标	子模块名称	功　　能
1		结构	包括程序控制结构命令（如循环控制等），以及全局变量和局部变量
2		数值	包括各种常用的数值运算，还包括数制转换、三角函数、对数、复数等运算，以及各种数值常数
3		布尔	包括各种逻辑运算符以及布尔常数
4		字符串	包含各种字符串操作函数、数值与字符串之间的转换函数，以及字符（串）常数等
5		数组	包括数组运算函数、数组转换函数，以及常数数组等
6		簇、类与变体	包括簇、类与变体的处理函数
7		比较	包括各种比较运算函数，如大于、小于、等于
8		定时	包括各种时间处理函数等
9		文件I/O	包括处理文件输入/输出的程序和函数
10		数据采集	包括数据采集硬件的驱动，以及信号调理所需的各种功能模块
11		波形	包括波形测量工具和数学分析工具
12		分析	包括信号发生、时域及频域分析功能模块，以及数学工具
13		仪器输入/输出	包括 GPIB（488、488.2）、串行、VXI 仪器控制的程序和函数，以及 VISA 的操作功能函数
14		数学	包括统计、曲线拟合、公式框节点等功能模块，以及数值微分、积分等数值计算工具模块
15		通信	包括 TCP、DDE、ActiveX 和 OLE 等功能的处理模块
16		应用程序控制	包括动态调用 VI、标准可执行程序的功能函数
17		对话框与用户界面	包括创建提示用户操作的对话框和出错处理函数

14.4　虚拟仪器设计项目实例

虚拟仪器设计项目

一个基本的虚拟仪器程序主要由前面板和程序框图两个部分组成。下面以一个简单的虚拟数字温度计为例来介绍虚拟仪器的设计方法。

14.4.1　设计要求

制作一个虚拟数字温度计，要求通过前面板的转换开关实现摄氏温度和华氏温度的相互转换。

华氏温度转摄氏温度的数学关系：

$$C = (F - 32) \times \frac{5}{9}$$

摄氏温度转华氏温度的数学关系：

$$F = C \times 1.8 + 32$$

14.4.2　前面板设计

在前面板中分别创建温度输入控件、温度显示控件和温度转换开关，如图 14-12 ~ 图 14-14 所示。

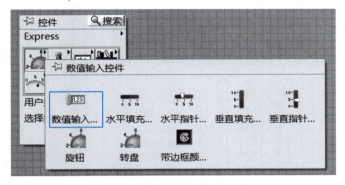

图 14-12　创建温度输入控件

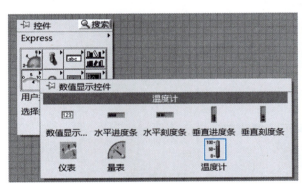

图 14-13　创建温度显示控件

图 14-14　创建温度转换开关

设计完成的虚拟数字温度计前面板如图 14-15 所示。

图 14-15　设计完成的虚拟数字温度计前面板

14.4.3　程序框图设计

通过按〈Ctrl + E〉键或前面板窗口主菜单的"选择窗口"→"显示程序框图"命令，切换到程序框图窗口。首先，在函数模板的结构子模块中放置条件结构，如图 14-16 所示；接着，在数值子模块中选择加法、减法和数值常量并放入条件结构的框架中，如图 14-17 所示；最后，在工具模块中运用连线工具完成连线。当把鼠标移到各个控件的上方时，能够参与连线的节点便会自动闪烁，提示用户此处可以连线，完成连线后的程序框图如图 14-18 所示。

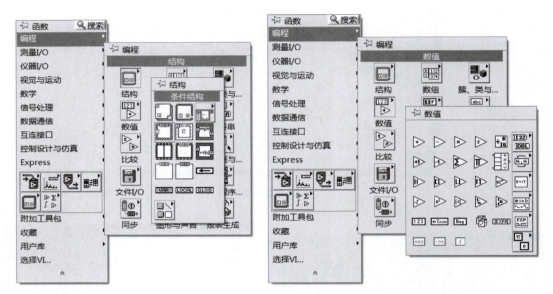

图 14-16　结构子模块　　　　　　　　　　　　图 14-17　数值子模块

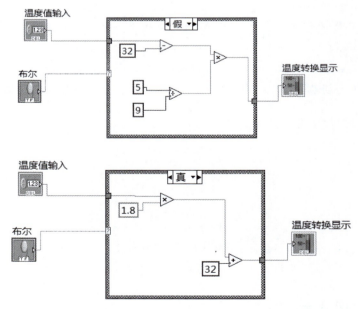

图 14-18　完成连线后的虚拟数字温度计程序框图

14.5 基于 LabVIEW 的虚拟仪器在智能检测中的应用实例

虚拟仪器技术和 LabVIEW 软件为智能检测提供了便捷，可以在 PXI 控制器或计算机上实现准确的测量，并且可以将测量值图形化显示，测得的数据可以实时反馈给现场的控制系统，使各系统都运行在一个理想的状态。下面就介绍一个基于虚拟仪器技术的智能建筑环境监测系统。

智能建筑环境控制参数主要有温度、湿度、光照强度、CO_2 浓度和噪声分贝等，其中室内温度、湿度、光照强度和 CO_2 浓度是对室内安全度和舒适度影响最大的四个因素。整个系统的最关键之处是保证监测系统对现场信息的准确采集和分析。

现有的温度、湿度、光照强度和 CO_2 浓度测试控制多是基于单片机的中央处理器的测控系统，这种系统技术成熟、应用广泛，但是也有其明显的不足之处：以单片机为核心的测控系统编程复杂、控制不稳定，系统的精度不高。而虚拟仪器技术和 LabVIEW 软件可以实现准确的温度、湿度、光照强度、CO_2 浓度测量，给现场实时测量与分析带来了方便。

本环境监测系统包括温度监测、湿度监测、光照强度监测、CO_2 浓度监测以及数据显示五个功能模块。其中，温度监测、湿度监测、光照强度监测、CO_2 浓度监测四个模块分别由温度传感器、湿度传感器、光照强度传感器以及 CO_2 浓度传感器构成。整个室内环境监测系统的运作流程为：由温度监测模块、湿度监测模块、光照强度监测模块以及 CO_2 浓度监测模块中相应的传感器采集当前室内的温度、湿度、光照强度和 CO_2 浓度的环境数据，这些数据进行处理后传输至数据显示模块进行显示。

14.5.1 温度监测模块

温度监测模块所用温度传感器为铂热电阻传感器。铂的物理、化学性能非常稳定，尤其是耐氧化能力很强，并且在很宽的温度范围内（ $-200 \sim 1200$℃）均可保持稳定的物理、化学特性；电阻率较高，易于提纯，复制性好，易加工，可以制成极细的铂丝或极薄的铂箔。其缺点是电阻温度系数较小，在还原性介质中工作易变脆，价格昂贵。由于铂有一系列突出优点，是目前制造热电阻的最好材料。温度监测模块的 VI 程序前面板和 VI 程序框图如图 14-19 和图 14-20 所示。

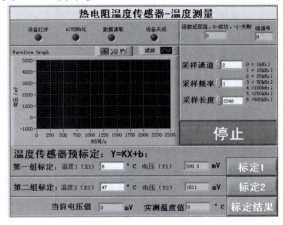

图 14-19　温度监测模块的 VI 程序前面板

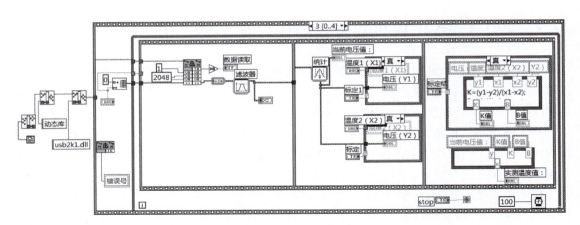

图 14-20　温度监测模块的 VI 程序框图

14.5.2　湿度监测模块

　　湿度监测模块使用的 HM1500 型湿度传感器，由采用 HUMIREL 专利的湿敏电容 HS1101 设计制造，它是线性的电压输出湿度模块，在 DC5V 供电时，0～100% RH 输出 电压为 DC1～4V，具有浸水无影响、可靠性高、漂移小等特点。温度传感器内部结构框图 如图 14-21 所示，湿度监测模块的 VI 程序前面板和 VI 程序框图如图 14-22 和图 14-23 所示。

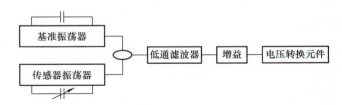

图 14-21　湿度传感器内部结构框图

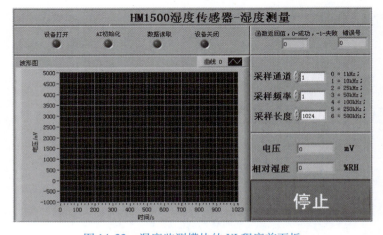

图 14-22　湿度监测模块的 VI 程序前面板

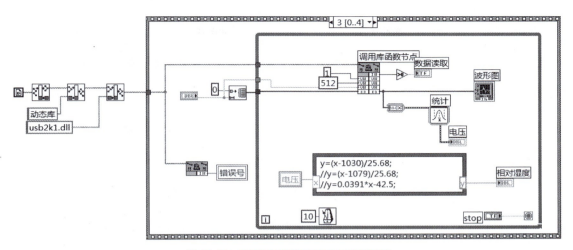

图 14-23　湿度监测模块的 VI 程序框图

14.5.3　光照强度监测模块

硅光电池是近几年国际上 HPLC 仪器使用最多的一种光检测器（高端 HPLC 主要采用光电倍增管），它分为可见区使用的硅光电池和紫外可见区使用的硅光电池两种。可见区使用的硅光电池的光谱响应范围为 320 ~ 1100nm，一般峰值波长位置在 960nm 左右，本湿度监测模块使用的 S1336 就是该种硅光电池。光照强度监测模块的 VI 程序前面板和 VI 程序框图如图 14-24 和图 14-25 所示。

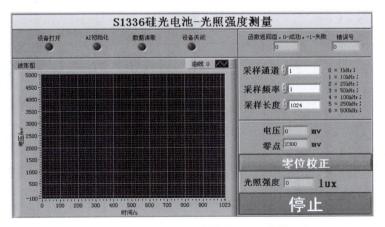

图 14-24　光照强度监测模块的 VI 程序前面板

14.5.4　CO_2 浓度监测模块

CO_2 浓度监测模块使用的是 TGS4161 CO_2 气体传感器，主要参数见表 14-5，传感器输出与 CO_2 浓度关系曲线如图 14-26 所示。CO_2 浓度监测模块的 VI 程序前面板和程序框图如图 14-27 和图 14-28 所示。

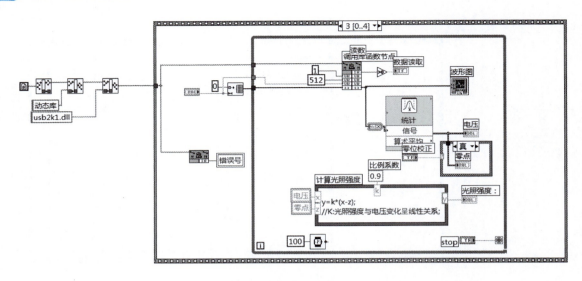

图 14-25　光照强度监测模块的 VI 程序框图

表 14-5　TGS4161 CO_2 气体传感器技术参数

项目			技术参数	
模型名称			TGS4161	
测量元件类型			固态电解质	
目标气体			二氧化碳（CO_2）	
典型测量范围			350～5000ppm	
电气特性	加热器电阻	R_H	70Ω±7Ω（室温）	
	加热器电流	I_H	约50mA	
	加热器功耗	P_H	约250mW	
	电动势	E_{MF}	在350ppm下为220～490mV	
	灵敏度	ΔE_{MF}	44～72mV	$E_{MF}(350ppmCO_2)$～ $E_{MF}(2500ppmCO_2)$
	加热器电压	U_H	DC（5±0.2）V	
传感器特性	响应时间		约1.5min（到90%的最终电压值）	
	测量精确度		约±20%（在1000ppm CO_2 下）	
	使用环境		−10～50℃，5%～95%RH	
	储藏环境		−20～60℃，5%～90%RH 用硅胶存放在防潮带中	
标准测试环境	气体测试环境		空气中二氧化碳，（20±2）℃，65%±5%RH	
	电路环境		DC（5±0.05）V	
	检测前预热时间		2天	

注：ppm 表示 10^{-6}。任何量值不能使用 ppm 缩写，但因本书介绍的监测界面使用此符号，故未予修改。

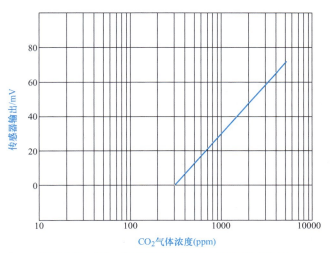

图 14-26　CO_2 传感器输出与 CO_2 浓度关系曲线

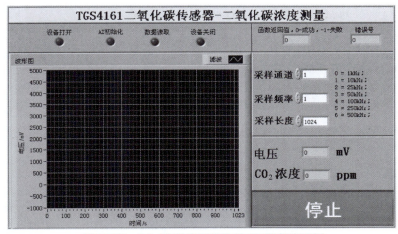

图 14-27　CO_2 浓度监测模块的 VI 程序前面板

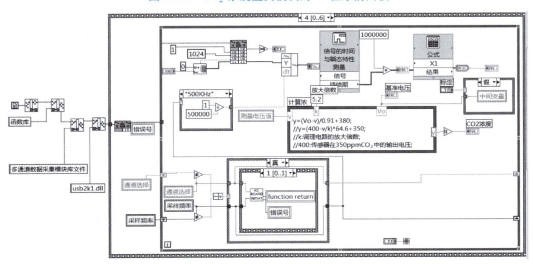

图 14-28　CO_2 浓度监测模块的 VI 程序框图

思考题与习题

一、填空题

1. 智能检测分为＿＿＿＿、＿＿＿＿和＿＿＿＿三种。

2. 智能检测系统有两个信息流：一个是＿＿＿＿，另一个是＿＿＿＿。

3. 虚拟仪器的核心是＿＿＿＿。

4. LabVIEW 的应用程序，即虚拟仪器（VI），它包括＿＿＿＿、＿＿＿＿和＿＿＿＿三部分。

5. 前面板是图形用户界面，这一界面上有用户＿＿＿＿和＿＿＿＿两类对象，具体表现为开关、旋钮、图形以及其他控制和显示对象。

6. LabVIEW 的用户界面上有三种模板：＿＿＿＿、＿＿＿＿和＿＿＿＿，通过它们即可实现程序的开发。

7. 在＿＿＿＿任意空白处单击鼠标右键将弹出控件模板，在＿＿＿＿任意空白处单击鼠标右键将弹出函数模板。

二、简答题

1. 何谓智能检测？

2. 智能检测系统由哪些部分组成？

3. 如何打开工具模板？

4. 如何进行前面板编辑区与流程图编辑区的切换？

5. 传统仪器和虚拟仪器各有何优点？虚拟仪器能否取代传统仪器？

三、综合题

1. 设计一个虚拟仪器程序用以计算以下算式，式中 x 为任意自然数：

$$178 + x \frac{\dfrac{54 + 28 \times 2}{120 - 24 \div 6} + \dfrac{2011 - 750}{42 + 5 \times 45}x}{1 + 381 \times 7.2 - 25 \div 6} \cdot 253$$

2. 设计一个虚拟仪器程序用以求 $y = x^6$，x 为任意自然数。

3. 设计完成一个十字路口交通信号灯，路口每一个方向上的红绿黄灯按绿→黄→红的顺序循环，每次循环的时间为 60s，其中通行（绿灯）的时间为 25s，等待通行（黄灯）的时间为 5s，禁止通行（红灯）的时间为 30s。当按下停止键时，循环停止。

第15章 检测装置的干扰抑制技术

测量过程中常会遇到各种各样的干扰，可能会造成逻辑关系混乱，使系统测量和控制失灵，以致降低产品的质量，甚至造成系统无法正常工作，造成损坏和事故。尤其是随着电子装置的小型化、集成化、数字化和智能化的广泛应用和迅速发展，有效地排除和抑制各种干扰，已是必须考虑并解决的问题。而提高检测系统抗干扰能力，首先应分析干扰产生的原因、干扰的引入方式及途径，才能有针对性地解决系统抗干扰问题。

15.1 干扰的来源

15.1.1 常见的干扰类型

对于检测装置总是存在着影响测量结果的各种干扰因素，这些干扰因素来自干扰源，为了便于讨论分析，可以按不同特征对干扰进行分类，按干扰的来源，可把干扰分成外部干扰和内部干扰两大类。

1. 外部干扰

随着电气设备、电子设备、通信设施等高密度的使用，使得空间电磁波污染越来越严重。由于自然环境的日趋恶化，自然干扰也随之增大。外部干扰就是指那些与系统结构无关，由使用条件和外界环境因素所决定的干扰。它主要来自于自然界的干扰以及周围电气设备的干扰。

自然干扰主要有地球大气放电（如雷电）、宇宙干扰（如太阳产生的无线电辐射）、地球大气辐射，水蒸气、雨雪、沙尘、烟尘作用的静电放电，以及高压输电线、内燃机、荧光灯、电焊机等电气设备产生的放电干扰等。这些干扰源产生的辐射波频率范围较广、无规律。例如雷电干扰的频率范围可从几 kHz 到几百 MHz 或更高的频域。自然干扰主要来自天空，以电磁感应的方式通过系统的壳体、导线和敏感元件等形成接收电路，造成对系统的干扰。尤其对通信设备和导航设备有较大影响。

在检测装置中已广泛使用半导体元器件，在光线作用下将激发出电子-空穴对，并产生电动势，从而影响检测装置的正常工作和精度。所以，半导体元器件均应封装在不透光的壳体内。对于具有光敏作用的元器件，尤其要注意光的屏蔽问题。

各种电气设备所产生的干扰有电磁场、电火花、电弧焊接、高频加热和晶闸管整流等强电系统所造成的干扰。这些干扰主要是通过供电电源对测量装置和微型计算机产生影响。在大功率供电系统中，大电流输电线周围所产生的交变电磁场，对安装在其附近的智能仪器仪表也会产生干扰。此外，地磁场的影响及来自电源的高频干扰也可视为外部干扰。

2. 内部干扰

内部干扰是由装置内部的各种元器件引起的，包括过渡干扰和固定干扰。过渡干扰是电路在动态工作时引起的干扰。固定干扰包括：电阻中随机性电子热运动引起的热噪声；半导体及电子管内载流子随机运动引起的散粒噪声；由于两种导电材料之间不完全接触时，接触面电导率的不一致而产生的接触噪声，如继电器的动静触头接触时发生的噪声等；因布线不合理，寄生振荡引起的干扰；热骚动的噪声干扰等。固定干扰是引起测量随机误差的主要原因，一般很难消除，主要靠改进工艺和元器件质量来抑制。

15.1.2 噪声与信噪比

1. 噪声

噪声就是检测系统及仪表电路中混进去的无用信号。通常所说的干扰就是噪声造成的不良效应。噪声和有用信号的区别在于，有用信号可以用确定的时间函数来描述，而噪声则不可以用预先确定的时间函数来描述。噪声属于随机过程，必须用描述随机过程的方法来描述，分析方法亦应采用随机过程的分析方法。

2. 信噪比

在测量过程中，人们不希望有噪声信号，但客观事实中噪声总是与有用的信号联系在一起，而且人们也无法完全排除噪声，只能要求噪声尽可能小，究竟允许多大的噪声存在，必须与有用信号联系在一起考虑。显然，大的有用信号，允许噪声较大；而小的有用信号，允许噪声也随之减小。为了衡量噪声对有用信号的影响，需引入信噪比（S/N）的概念。

所谓信噪比，是指在通道中有用信号成分与噪声信号成分之比。设有用信号功率为 P_S，有用信号电压为 U_S，噪声功率为 P_N，噪声电压为 U_N，则有

$$(S/N) = 10\lg\frac{P_S}{P_N} = 20\lg\frac{U_S}{U_N}$$

上式表明，信噪比越大，噪声的影响越小。因此，在检测装置中应尽量提高信噪比。

15.2 干扰的耦合方式

干扰是一种破坏因素，它必须通过一定的耦合通道或传输途径才能对检测装置的正常工作造成不良的影响。所以，造成系统不能正常工作的干扰形成需要具备三个条件：①干扰源；②对干扰敏感的接收电路；③干扰源到接收电路之间的传输途径。常见的干扰耦合方式主要有静电耦合、电磁耦合、共阻抗耦合和漏电流耦合。

15.2.1 静电耦合

静电耦合是由于两个电路之间存在着寄生电容，使一个电路的电荷影响到另一个电路。在一般情况下，静电耦合传输干扰可用图 15-1 表示。E_n 为干扰源电压，Z_i 为被干扰电路的输入阻抗，C_m 为造成静电耦合的寄生电容。若干扰源电压为正弦量，根据图 15-1 所示的电路，可以写出 Z_i 上干扰电压的表达式

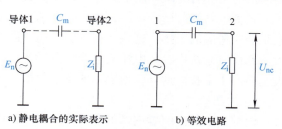

a) 静电耦合的实际表示　　　b) 等效电路

图 15-1　静电耦合

$$U_{nc} = \frac{j\omega C_m Z_i}{1 + j\omega C_m Z_i} E_n$$

式中，ω 为干扰源 E_n 的角频率。考虑到一般情况下有 $|j\omega C_m Z_i| \ll 1$，故上式可简化为

$$U_{nc} = \omega C_m Z_i E_n$$

从上式可以得到以下结论：

1）干扰源的频率越高，静电耦合引起的干扰越严重。

2）干扰电压 U_{nc} 与接收电路的输入阻抗 Z_i 成正比，因此，降低接收电路输入阻抗，可减少静电耦合的干扰。

3）应通过合理布线和适当防护措施，减少分布电容 C_m，以减少静电耦合引起的干扰。

图 15-2 所示为仪表测量电路受静电耦合而产生干扰的示意图及等效电路。图中 A 导体为对地具有电压 E_n 的干扰源，B 为受干扰的输入测量电路导体，C_m 为 A 与 B 之间的寄生电容，Z_i 为放大器输入阻抗，U_{nc} 为测量电路输出的干扰电压。设 $C_m = 0.01\mathrm{pF}$，$Z_i = 0.1\mathrm{M\Omega}$，$k = 100$，$E_n = 5\mathrm{V}$，$f = 1\mathrm{MHz}$，经计算 U_{ni} 可达到 31.4mV。

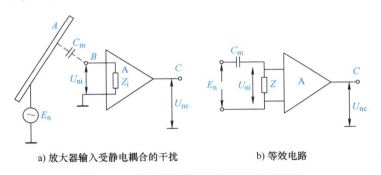

a) 放大器输入受静电耦合的干扰　　　b) 等效电路

图 15-2　静电耦合对仪表测量电路的干扰

而经放大器输出端的干扰电压为

$$U_{nc} = kU_{ni} = 3.14\mathrm{V}$$

可见，这样大的干扰电压是不能容忍的。

15.2.2　电磁耦合

电磁耦合又称互感耦合。当两个电路之间有互感存在时，一个电路的电流变化，就会通过磁交链影响到另一个电路，从而形成干扰电压。在电气设备内部，变压器及线圈的漏磁就是一种常见的电磁耦合干扰源。另外，任意两根平行导线也会产生这种干扰。

在一般情况下，电磁耦合可用图 15-3 表示。图中 I_n 为电路 A 中的干扰电流源，M 为两电路之间的互感，U_{nc} 为 B 中所引起的感应干扰电压。根据交流电路理论和等效电路可得

$$U_{nc} = \omega M I_n$$

式中，ω 为电流干扰源 I_n 的角频率。

分析上式可以得出：干扰电压 U_{nc} 正比于干扰源的电流 I_n、干扰源的角频率 ω 和互感 M。

15.2.3 共阻抗耦合

共阻抗耦合干扰是由于两个以上电路有公共阻抗，当一个电路中的电流流经公共阻抗产生压降时，就形成对其他电路的干扰电压。

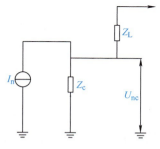

a) 电磁耦合的实际情况　　b) 等效电路

图 15-3　电磁耦合

共阻抗耦合等效电路可用图 15-4 表示，图中 Z_c 表示两个电路之间的共有阻抗，I_n 表示干扰源的电流，U_{nc} 表示被干扰电路的干扰电压。

根据图 15-4 所示的共阻抗耦合等效电路，可写出被干扰电路的干扰电压 U_{nc} 的表达式

$$U_{nc} = I_n |Z_c|$$

可见，共阻抗耦合干扰电压 U_{nc} 正比于共有阻抗 Z_c 和干扰源电流 I_n。若要消除共阻抗耦合干扰，首先要消除两个或几个电路之间的共有阻抗。

共阻抗耦合干扰在测量仪表的放大器中是很常见的干扰，由于它的影响，使放大器工作不稳定，很容易产生自激振荡，破坏正常工作。下面以电源电阻的共阻抗耦合干扰为例来分析其影响。当几个电子电路共用一个电源时，其中一个电路的电流流过电源内阻抗时就会造成对其他电路的干扰。图 15-5 表示两个三级电子放大器电路由同一直流电源 E 供电。由于电源具有内阻抗 Z_c，当上面的放大器输出电流 i_1 流过 Z_c 时，就在 Z_c 上产生干扰电压 $U_1 = i_1 Z_c$，此电压通过电源线传导到下面的放大器，对下面的放大器产生干扰。另外对于每个三级放大器，末级的动态电流比前级大得多，因此末级动态电流流经电源内阻抗时，所产生的压降对前两级电路来说，相当于电源波动干扰。对于多级放大器来说，这种电源波动是一种寄生反馈，当它符合正反馈条件时，轻则造成工作不稳定，重则会引起自激振荡。

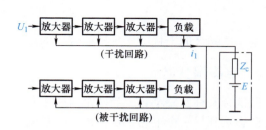

图 15-4　共阻抗耦合等效电路　　　　图 15-5　电源内阻产生的共阻抗干扰

15.2.4 漏电流耦合

由于绝缘不良，流经绝缘电阻 R 的漏电流所引起的干扰叫作漏电流耦合。图 15-6 表示漏电流耦合等效电路，图中 E_n 表示噪声电动势，R_n 为漏电阻，Z_i 为漏电流流入电路的输

入阻抗，U_{nc} 为干扰电压。从图 15-6 可以写出 U_{nc} 的表达式

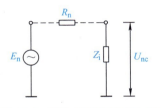

$$U_{nc} = \left| \frac{Z_i}{R_n + Z_i} \right| E_n$$

漏电流耦合经常发生在用仪表测量较高的直流电压的场合，或在检测装置附近有较高的直流电压源时，或在高输入阻抗的直流放大器中。

图 15-6　漏电流耦合等效电路

15.3　差模干扰和共模干扰

各种噪声源产生的干扰必然通过各种耦合方式及传输途径进入检测装置。根据干扰进入测量电路的方式以及与有用信号的关系，可将噪声干扰分为差模干扰和共模干扰。

15.3.1　差模干扰

差模干扰是指干扰电压与有效信号串联叠加后作用到检测装置的输入端，如图 15-7 所示。差模干扰通常来自高压输电线、与信号线平行铺设的电源线及大电流控制线所产生的空间电磁场。由传感器来的信号线有时长达一二百米，干扰源通过电磁感应和静电耦合的作用再加上如此之长的信号线上的感应电压，数值是相当可观的。例如一路电线与信号线平行铺设时，信号线上的电磁感应电压和静电感应电压分别都可达到毫伏级，然而来自传感器的有效信号电压的动态范围通常仅有几十毫伏，甚至更小。

由此可知：第一，由于检测装置的信号线较长，通过电磁感应和静电耦合所产生的感应电压有可能达到与被测有效信号相同的数量级，甚至比后者大得多；第二，对检测装置而言，除了信号线引入的差模干扰外，信号源本身固有的漂移、纹波，以及电源变压器不良屏蔽等也会引入差模干扰。

图 15-8 所示是一种较常见的外来交变磁通对传感器的一端进行电磁耦合产生差模干扰的典型例子。外来交变磁通 Φ 穿过其中一条传输线，产生的感应干扰电动势 U_{nm} 便与热电偶电动势 e_r 相串联。

消除差模干扰的方法很多，常用的有：①用低通输入滤波器滤除交流干扰；②应尽可能早地对被测信号进行前置放大，以提高回路中的信噪比；③在选取组成检测系统的元器件时，可以采用高抗扰度的逻辑器件，通过提高阈值电平来抑制噪声的干扰，或采用低速逻辑部件来抑制高频干扰；④信号线应选用带屏蔽层的双绞线或电缆线，并有良好的接地系统。

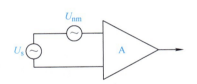

图 15-7　差模干扰等效电路

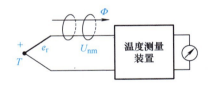

图 15-8　产生差模干扰的典型例子

15.3.2　共模干扰

　　共模干扰是指检测装置两个输入端对地共有的干扰电压。这种干扰可以是直流电压，也可以是交流电压，其幅值可达几伏甚至更高。造成共模干扰的主要原因是被测信号的参考接地点和检测装置输入信号的参考接地点不同。因此就会产生一定的电压，如图 15-9 所示。虽然它不直接影响测量结果，但当信号输入电路不对称时，它会转化为差模干扰，对测量产生影响。由图 15-9b 可知，共模干扰电压 U_{cm} 对两个输入端形成两个电流回路，两个输入端 A、B 的共模电压为

$$\dot{U}_A = \frac{r_1}{r_1 + Z_1}\dot{U}_{cm}$$

$$\dot{U}_B = \frac{r_2}{r_2 + Z_2}\dot{U}_{cm}$$

因此在两个输入端之间呈现的共模电压为

$$\dot{U}_{AB} = \dot{U}_{cm}\left(\frac{r_1}{r_1 + Z_1} - \frac{r_2}{r_2 + Z_2}\right)$$

　　式中，r_1、r_2 是长电缆导线电阻；Z_1、Z_2 是共模电压通道中放大器输入端的对地等效阻抗，它与放大器本身的输入阻抗、传输线对地的漏抗以及分布电容有关。

　　上式说明：①由于 U_{cm} 的存在，在放大器输入端产生一个等效的电压 U_{AB}，如果此时 $r_1 = r_2$、$Z_1 = Z_2$，则 $U_{AB} = 0$，表示不会引入共模干扰，但实际上无法满足上述条件，一般情况下，共模干扰电压总是转化成一定的差模干扰出现在两个输入端之间；②共模干扰作用与电路对称程度有关，r_1、r_2 的数值越接近，Z_1、Z_2 越平衡，则 U_{AB} 越小。

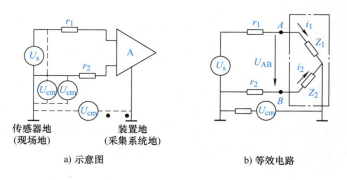

a) 示意图　　　　　　　　b) 等效电路

图 15-9　共模干扰的形成

15.3.3　共模干扰抑制比

　　根据共模干扰只有转换成差模干扰才能对检测装置产生干扰作用的原理，共模干扰对检测装置的影响大小直接取决于共模干扰转换成差模干扰的大小。为了衡量检测系统对共模干扰的抑制能力，引入共模干扰抑制比这一重要概念。共模干扰抑制比定义为作用于检测系统的共模干扰信号与使该系统产生同样输出所需的差模信号之比。通常以对数形式表示为

$$CMRR = 20\lg \frac{U_{cm}}{U_{nm}}$$

式中，U_{cm} 是作用于此检测系统的实际共模干扰信号；U_{nm} 是检测系统产生同样输出所需的差模信号。

共模干扰抑制比也可以定义为检测系统的差模增益与共模增益之比。可表示为

$$CMRR = 20\lg \frac{K_{nm}}{K_{cm}}$$

式中，K_{nm} 是差模增益；K_{cm} 是共模增益。

以上两种定义都说明了 CMRR 越高，检测装置对共模干扰的抑制能力越强。

共模干扰是一种常见的干扰源，抑制共模干扰有许多方法，常采用的有：①采用双端输入的差分放大器作为仪表输入通道的前置放大器，这是抑制共模干扰的有效方法，设计比较完善的差分放大器，在不平衡电阻为 $1k\Omega$ 的条件下，共模抑制比 CMRR 可达 $100 \sim 160dB$；②采用变压器或光电耦合器把各种模拟负载与数字信号隔离开来，也就是把"模拟地"与"数字地"断开，被测信号通过变压器耦合或光电耦合获得通路，而共模干扰由于不成回路而得到有效抑制；③还可以采用浮地输入双层屏蔽放大器来抑制共模干扰，这是利用屏蔽方法使输入信号的"模拟地"浮空，从而达到抑制共模干扰的目的。

15.4 干扰抑制技术

检测装置的干扰抑制技术，应从干扰的"三要素"考虑，即消除或抑制干扰源；阻断或减弱干扰的耦合通道或传输途径；削弱接收电路对干扰的灵敏度。三种措施比较起来，消除干扰源是最有效、最彻底的方法。但在实际中不少干扰源是很难消除的。例如，某些自然现象的干扰、邻近工厂的用电设备干扰、大功率发射台的干扰等。因此，就必须采取防护措施来抑制干扰。削弱接收电路对干扰的灵敏度可通过电路板的合理布局，如输入电路采用对称结构、信号的数字传输、信号传输线采用双绞线等措施来实现。干扰抑制技术主要是研究如何阻断干扰的传输途径和耦合通道。通过以上几节的分析可知，干扰信号主要是通过电磁感应、传输通道和电源线三种途径进入检测装置内部的。因此，检测装置的干扰抑制技术也是针对这三种情况采取相应的有效措施。常采用的有屏蔽技术、接地技术、浮空技术等硬件抗干扰措施，以及数字滤波、冗余技术等软件抗干扰措施。

15.4.1 屏蔽技术

屏蔽的目的是避免电场、磁场对系统的干扰。屏蔽的接法根据屏蔽对象的不同也各有不同。

1）电场屏蔽。电场屏蔽的目的是解决分布电容的问题，一般以接大地的方式解决。

2）电磁场屏蔽。主要是为了避免雷达、短波电台等高频电磁场的辐射干扰问题，屏蔽材料要采用低阻金属材料，最好接大地。

3）磁路屏蔽。磁路屏蔽是为了防止磁铁、电动机、变压器、线圈等磁感应和磁耦合而

采取的抗干扰方法，其屏蔽材料为高磁材料。磁路屏蔽以封闭式结构为妥，并且接大地。

4）放大电路的屏蔽。检测系统中的高增益放大电路最好用金属罩屏蔽起来。放大电路的寄生电容会使放大电路的输出端到输入端产生反馈通路，容易使放大电路产生振荡。解决的办法就是将屏蔽体接到放大电路的公共端，将寄生电容短路以防止反馈，达到避免放大电路振荡的目的。

15.4.2 接地技术

正确接地是检测系统抑制干扰所必须注意的问题。在设计中若能把接地和屏蔽正确地结合，就能很好地消除外界干扰的影响。

接地技术的基本目的是消除各电路电流流经公共地线时所产生的噪声电压，以及免受电磁场和地电位差的影响，即不使其形成地环路。

在检测装置中，有以下几种"地"线：

1）屏蔽地线及机壳地线。这类地线是对电磁场的屏蔽，也能达到安全防护的目的，一般是接大地。

2）信号地线。它只是电子装置的输入与输出的零信号电位公共线（基准电位线），它本身可能与大地是隔绝的。信号地线又分两种：模拟信号地线及数字信号地线。因模拟信号一般较弱，容易受干扰，故对地线要求较高，而数字信号一般较强，对地线要求可降低些。为了避免两者之间相互干扰，两种地线应分别设置。

3）功率地线。这种地线是大电流网络部件（如中间继电器的驱动电路等）的零电平。这种大电流网络部件电路的电流在地线中产生的干扰作用大，因此，对功率地线也应有一定的要求，有时在电路上功率地线与信号地线是互相绝缘的。

4）交流电源地线（即交流 50Hz 地线）。它是噪声源，必须与直流地线相互绝缘，在布线上也应使两种地线远离。

接地设计应注意以下几点：

1）一点接地和多点接地的使用原则是，一般高频电路应就近多点接地，低频电路应一点接地。因为在低频电路中，布线和元器件间的电感影响很小，而公共阻抗影响很大，因此应一点接地。在高频时，地线具有电感，因而增加了地线阻抗，而且地线变成了天线，向外辐射噪声信号，因此要多点接地。通常频率在 1MHz 以下用一点接地，频率在 10MHz 以上用多点接地。

2）交流地线、功率地线同信号地线不能共用，流过交流地线和功率地线的电流较大，会产生数毫伏甚至几伏电压，这会严重地干扰低电平信号电路。因此信号地线应与交流地线、功率地线分开。

3）屏蔽层与公共端连接时，当一个接地的放大器与一个不接地的信号源连接时，则连接电缆的屏蔽层应接到放大器公共端，反之应接到信号源公共端。高增益放大器的屏蔽层应接到放大器的公共端。

4）屏蔽（或机壳）的接地方式随屏蔽目的不同而异。电场屏蔽是为了解决分布电容问题，一般接大地；电磁屏蔽主要避免雷达、短波电台等高频电磁场的辐射干扰，地线用低阻金属材料做成，可接大地，也可不接。低频磁屏蔽是为了防止磁铁、电机、变压器等的磁感应和磁耦合，一般接大地。

5）电缆和接插件屏蔽时，高电平线和低电平线不应走同一条电缆；高电平线和低电平线不应使用同一接插件；设备上进出电缆的屏蔽应保持完整。电缆和屏蔽线也要经接插件连接。两条以上屏蔽电缆共用一个接插件时，每条电缆的屏蔽层都要用一个单独接线端子，以免电流在各屏蔽层流动。

常见电路及用电设备的接地方式如下。

（1）印制电路板内的接地方式　在印制电路板内接地的基本原则是低频电路需一点接地，高频电路应就近多点接地。一点接地又分为单级电路的一点接地和多级电路的一点接地两种情况。

图 15-10 为单级电路的一点接地方式。图中单级选频放大器电路中有 7 个线端需要接地，如果只从原理图的要求进行接线，则这 7 个线端可以任意接在接地母线的各个点上，如图 15-10a 所示。由于母线本身存在电阻，不同点间的电位差就有可能成为这级电路的干扰信号，如果这种干扰信号来自后级，则可能由于内部寄生反馈而引起自激振荡，因此采用图 15-10b 的一点接地方式避免这种现象的发生。

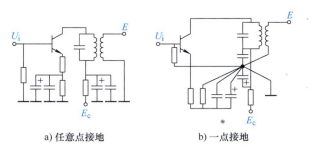

a) 任意点接地　　　　b) 一点接地

图 15-10　单级电路的一点接地方式

图 15-11 为多级电路的一点接地方式。图 15-11a 为串联接地方式，即多级电路通过一段公用地线后再在一点接地，它虽然避免了多点接地可能产生的干扰，但是在这段公用地线上仍存在着 A、B、C 三点不同的对地电位差，由于这种接地方式布线简便，因此常用在级数不多、各种电平相差不大以及抗干扰能力较强的数字电路中。

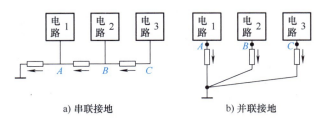

a) 串联接地　　　　　　　　b) 并联接地

图 15-11　多级电路的一点接地方式

图 15-11b 是各电路地线并联一点接地。这种接地方法最适用于低频电路，因为各电路之间的地电流不耦合。各点电位只与本电路的地电流、地线阻抗有关，它们之间互不相关。但是，这种接地方式不能用于高频。因为高频时地线电感增加了电路阻抗，同时造成各地线间的电感耦合，而且地线间的分布电容也会造成彼此耦合。

（2）传感器接口电路的接地方式　图 15-12 为传感器接口电路的接地方式，图 15-12a 为两点接地系统，传感器在现场接地，检测装置部分在主控室接地，把大地看作等电位体。实际上大地各处电位是不相同的，两点接地会产生较大的共模干扰电压 U_{cm}，它所产生的干扰电流流经信号线，转化为差模干扰，对检测装置带来很大的影响。

若将图 15-12a 改为一点接地，如图 15-12b 所示，则干扰情况会有较大改善。从图中可以看出屏蔽层也在传感器处接地，这样共模干扰电流 i_{cm} 大大减小，而且也不再流经信号线，只流经电缆屏蔽层，因此对检测装置影响很小。

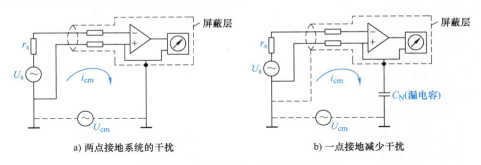

a) 两点接地系统的干扰   b) 一点接地减少干扰

图 15-12   传感器接口电路的接地方式

（3）检测装置与计算机系统的一点接地   检测装置与计算机系统中有多种地线，但归纳起来主要有三种性质的地线，即输入信号的低电平地线、会带来干扰的功率地线（亦称噪声地线）和机壳的金属件地线。这三种地线应分开设置，本身要遵循"一点接地"。此外这三种地线最后要汇集在一起，它们在一点上再通过专用地线和大地相连，这就构成了所谓系统地线，如图 15-13 所示。

系统地线包括地线带、接地线及接地极板。系统地线使系统以大地某一点作为公共参考点。接地电阻越小，抗干扰效果就越显著，它是衡量接地装置与大地结合好坏的指标，计算机系统的接地电阻应在 10Ω 以下。

（4）电缆屏蔽层的接地方式   如果检测电路是一点接地，电缆的屏蔽层也应一点接地。下面通过具体例子说明接地点的选择准则。

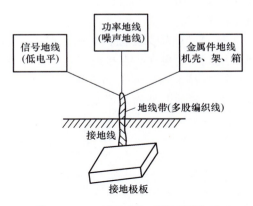

如果信号源不接地，而测量电路（放大器）接地时，电缆屏蔽层应接到测量电路的接地端。

图 15-14 和图 15-15 中信号源不接地，而测量电路接地。若电缆屏蔽层 B 点接信号源 A 点，

图 15-13   三种地线与系统地线相连

电缆通过绝缘层与地相连，U_{cm} 为两接地点的电位差。分析图 15-14 显然可见，共模干扰电压 U_{cm} 在检测电路输入端要产生差模干扰电压 U_{12}。图 15-15 中，电缆屏蔽层 C 点接地，由共模干扰电压 U_{cm} 产生的差模干扰电压 $U_{12} \approx 0$。

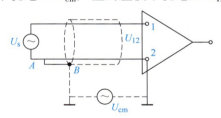   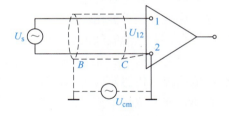

图 15-14   电缆屏蔽层不正确接地方式之一   图 15-15   电缆屏蔽层正确接地方式之一

若信号源接地而检测装置不接地时，电缆屏蔽层应接到信号源的接地端。图 15-16 和图 15-17 所示为信号端接地而检测装置不接地的检测系统。在图 15-16 中，共模干扰电压 U_{cm} 会在检测装置的输入端产生差模干扰电压 U_{12}，而在图 15-17 中，差模电压 $U_{12} \approx 0$，因而图 15-17 是正确的接地方式。

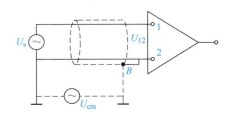

图 15-16　电缆屏蔽层不正确接地方式之二

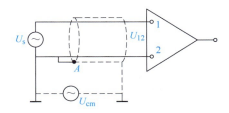

图 15-17　电缆屏蔽层正确接地方式之二

15.4.3　浮空技术

如果检测装置的输入放大器的公共线，既不接机壳也不接大地，则称为浮空。被浮空的检测系统，其检测装置与机壳、大地没有任何导电性的直接联系。

浮空的目的是要阻断干扰电流的通路。浮空后，检测电路的公共线与大地（或机壳）之间的阻抗很大，因此，浮空与接地相比能更强地抑制共模干扰电流。

图 15-18 为目前较流行的浮空加保护屏蔽方式。在图中，检测电路有两层屏蔽，因检测电路与内层保护屏蔽层不相连接，因此属于浮置输入。信号屏蔽线外皮 A 点接保护屏蔽层 G 点，r_3 为双芯屏蔽线外皮电阻，Z_3 为保护屏蔽层相对机壳的绝缘阻抗，机壳 B 点接地。

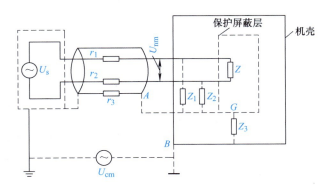

图 15-18　浮空加保护屏蔽方式

共模电压 U_{cm} 先经 r_3、Z_3 分压，再由 r_1、r_2、Z_1、Z_2 分压后才形成 U_{nm}，其关系式为

$$U_{nm} = \frac{r_3}{r_3 + Z_3} \frac{(r_1 Z_2 - r_2 Z_1)}{(r_1 + Z_1)(r_2 + Z_2)} U_{cm}$$

$$\approx \frac{r_3}{Z_3} \frac{(r_1 Z_2 - r_2 Z_1)}{(r_1 + Z_1)(r_2 + Z_2)} U_{cm}$$

很显然，只要增加屏蔽层对机壳的绝缘电阻，减少相应的分布电容，使得

$$\frac{r_3}{Z_3} \ll 1$$

成立，则由 U_{cm} 引起的差模信号 U_{nm} 将显著地减少，说明浮空加屏蔽的方法是从阻抗上截断了共模信号电压 U_{cm} 与信号回路的通路。

15.4.4 软件干扰抑制技术

前文介绍的干扰抑制技术是采用硬件的方法阻断干扰进入检测装置的耦合通道和传输途径，这是十分必要的，但是由于干扰存在的随机性，尤其是在一些比较恶劣的外部环境下工作的检测装置，尽管采用了硬件抗干扰措施，但并不能把各种干扰完全拒之门外。因此将微机的软件干扰抑制技术与硬件干扰抑制技术相结合，可大大提高检测装置工作的可靠性。常用的软件干扰抑制技术主要有数字滤波、冗余技术等。数字滤波主要解决来自检测装置输入通道的干扰信号；而冗余技术主要解决的是干扰信号已经通过某种途径作用到 CPU 上，使 CPU 不能按正常状态执行程序，从而引起误动作的场合。

1. 数字滤波

数字滤波具有很多硬件滤波器没有的优点。它是由软件算法实现的，不需要增加硬件设备，只要在程序进入控制算法之前，附加一段数字滤波的程序。各个通道可以共用一个数字滤波器，而不像硬件滤波器那样存在阻抗匹配问题。它使用灵活，只要改变滤波程序或运算参数，就可实现不同的滤波效果，很容易解决较低频信号的滤波问题。常用的数字滤波方法有算术平均值法、中位值法、抑制脉冲算术平均法（复合滤波法）。

（1）算术平均值法　算术平均值法是对同一采样点连续采样 N 次，然后取其平均值，其算式为

$$y = \frac{1}{N} \sum_{k=1}^{N} x_k$$

式中，y 为 N 次测量的平均值；x_k 为第 k 次测量值；N 为测量次数。

算术平均值法是用得最多和最简单的方法，对周期性波动的信号有良好的平滑作用，其平滑滤波程度完全取决于 N。当 N 较大时，平滑度高，但灵敏度低，即外界信号的变化对测量计算结果 y 的影响小；当 N 较小时，平滑度低，但灵敏度高。因此应按具体情况选取 N。如对一般流量测量，可取 $N = 8 \sim 16$，对压力测量可取 $N = 4$。图 15-19 所示为 $N = 8$ 的算术平均值法程序框图。

（2）中位值法　中位值法是对某一被测参数连续采样 n 次（一般取 n 为奇数），然后把 n 次采样值按大小排列取中间值为本次采样值。中位值滤波能有效地克服偶然因素引起的波动和脉冲干扰。对温度、液位等缓慢变化的被测参数采用此法能收到良好的滤波效果，但对于流量、压力等快速变化的参数一般不适合采用中位值法滤波。图 15-20 是对某点连续采样三次中位值法的程序流程图。

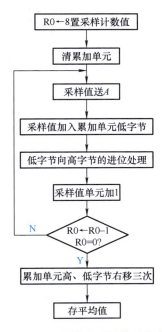

图 15-19 N=8 的算术平均值法程序框图

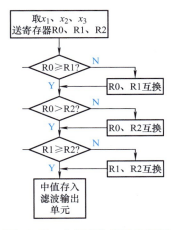

图 15-20 中位值法程序流程图

（3）抑制脉冲算术平均法 从以上的讨论分析可知，算术平均值对周期性波动信号有良好的平滑作用，但对脉冲干扰的抑制能力较差。而中位值法有良好的去脉冲干扰能力，然而，由于它又受各采样点连续采样次数的限制，阻碍了其性能的提高。因此，在实际应用中往往把前面介绍的两种方法结合起来使用，形成复合滤波算法，其特点是先用中位值法滤掉采样值中的脉冲干扰，然后把剩下的各采样值进行平滑滤波。其基本算法如下：

如果 $x_1 \leqslant x_2 \leqslant \cdots \leqslant x_n$，其中 $3 \leqslant n \leqslant 14$，$x_1$ 和 x_n 分别是所有采样值中的最小值和最大值，则

$$y = \frac{x_2 + x_3 + \cdots + x_{n-1}}{n-2}$$

由于这种滤波方法兼容了算术平均值法和中位值法的优点，所以无论是对缓慢变化的过程信号还是对快速变化的过程信号，都能起到很好的滤波效果。

2. 冗余技术

当干扰信号通过某种途径作用到 CPU 上时，使 CPU 不能按正常状态执行程序，从而引起混乱，这就是所说的程序"跑飞"。当程序"跑飞"后使其恢复正常的一个最简单的方法是人工复位，使 CPU 重新执行程序。采用这种方法虽然简单，但需要人的参与，而且复位不及时。人工复位一般是在整个系统已经瘫痪，无计可施的情况下才不得已而为之的，因此在进行软件设计时就要考虑到万一程序"跑飞"，应让其能够自动恢复到正常状态下运行。冗余技术就是经常用到的方法。它包括指令的冗余设计和数据程序的冗余设计，所谓"指令冗余"，就是在一些关键的地方人为地插入一些单字节的空操作指令 NOP。当程序"跑飞"到某条单字节指令上时，不会发生将操作数当成指令来执行的错误。例如 MCS－51 系

列单片机所有的指令都不会超过 3 个字节，因此在某条指令前面插入两条 NOP 指令，则该条指令就不会被前面冲下来的失控程序拆散，而会得到完整的执行，从而使程序重新纳入正常轨道。应该注意的是，在一个程序中"指令冗余"不能使用过多，否则会降低程序的执行效率。数据和程序冗余设计的基本方法是在 EPROM 的空白区域，再写入一些重要的数据表和程序作为备份，以便系统程序被破坏时仍有备份参数和程序维持系统的正常工作。

思考题与习题

一、填空题

1. 干扰的三要素包括：_____ 、_____ 、_____ 。
2. 干扰根据来源可分为_____和_____。
3. 常见的屏蔽方法有_____ 、_____ 、_____和_____。

二、简答题

1. 硬件干扰抑制的方法有哪些？
2. 软件干扰抑制的方法有哪些？

"创新与制作" 实训工作页

实训1 模拟电子称重装置的制作与调试

电子称重装置的应用非常普遍，电子皮带秤、电子汽车衡、电子轨道衡、抓斗秤、电子容器秤的核心元件是电阻应变式传感器。电子称重装置在日常生活中的作用非常重要，使用方便快捷，准确度高。本实训通过电阻应变片来模拟电子称重装置的工作原理。

1. 实训目的

1）更好地了解电阻应变片的结构、特点和工作原理。

2）初步掌握电阻应变片的粘贴技术。

3）更好地掌握电桥电路的搭建与调试。

4）锻炼学生分析问题、解决问题的能力。

2. 实训器材

电阻应变片（2片，型号 BF350－3AA）；电池（1个，型号 6F22，电压 9V）；电阻（1个，220Ω）；电阻（1个，350Ω）；电阻（1个，300Ω）；电阻（1个，150Ω）；可变电阻器（1个，100Ω）；可变电阻器（1个，2kΩ）；微安表（量程 199.9μA）；万用表；细导线若干；电烙铁；焊锡丝；焊片；削铅笔的小刀；细砂布；丙酮或酒精棉球；502胶；绝缘胶布；薄膜片；细线；塑料托盘；砝码（若干，20g）。

3. 认识 BF350－3AA 型电阻应变片

BF350－3AA 型电阻应变片的电阻值为 350Ω±0.1Ω，基底为改性酚醛材料，栅丝为康铜箔材料，尺寸为 7.0mm×4.5mm，适用温度为 －30~60℃，全封闭结构，可同时实现温度自补偿和蠕变自补偿。该应变片带 3~5cm 长漆包线，精度高、稳定性好、使用方便，实物图如实训图1-1所示。

4. 实训步骤

1）在小刀刀片上画出贴片定位线，刀片正反两面均要粘贴一片应变片。贴片处用细砂布按 45°方向交叉打磨，并用浸有丙酮的棉球将打磨处擦洗干净。

2）一手拿住应变片引线，一手拿 502 胶，在应变片基底底面涂上 502 胶水。而后立即将应变片底面向下放在刀片相应位置上，并使应变片基准对准定位线。将一

实训图1-1 电阻应变片实物图

小片薄膜盖在应变片上，用手指柔和地压挤出多余的胶水，然后手指静压 1min，待应变片和刀片完全粘合后再放开。从应变片无引线的一端向有引线的一端揭掉薄膜。

3）在紧挨应变片的下部贴上绝缘胶布，胶布下面用胶水粘接一片焊片。

4）粘贴后的应变片在室温下自然干燥 15~24h，强光下观察应变片粘贴层有无气泡、漏粘、破损等情况。用万用表测量应变片敏感栅是否有短路或断路现象。

5）按实训图 1-2 所示搭建好电路并将应变片的引线和连接电路的导线焊接在焊片上，以便固定。

6）将小刀刀把固定于桌子边沿，刀片悬空，用细线吊着塑料托盘挂于刀片上，可用胶布固定好细线位置。

7）接通电源，调节零点电位器 RP_1 使微安表读数为零，即电桥平衡。

8）取 20g 砝码一个放于托盘，待稳定后，记录微安表读数。RP_2 可用于调节读数为整数值。

9）依次增加砝码数量，记录微安表读数，并将数值填写于实训表 1-1 中。

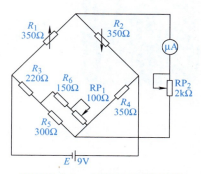

实训图 1-2　电阻应变式传感器
电子称重装置电路

10）绘制重量-电流曲线图。

11）分析本实训测得的数据中可能存在的误差情况。

实训表 1-1　数据记录表

重量/g							
电流/μA							

实训 2　土壤湿度测量装置的制作与调试

农业生产中需要对农作物进行灌溉，自动灌溉具有节约水、省人工、可针对农作物习性定制等众多优点。本实训模拟土壤的湿度检测与灌溉的自动化过程，湿度检测通过湿度传感器实现，灌溉的起停通过指示灯模拟。

1. 实训目的
1）更好地了解湿敏电阻的结构和特点。
2）掌握湿敏电阻的工作电路。
3）锻炼学生分析问题、解决问题的能力。

2. 实训器材
湿敏电阻（1 个，HR202）；电压比较器（1 个，LM393）；电阻（3 个，10kΩ）；电阻（1 个，1kΩ）；可变电阻器（1 个，10kΩ）；电容（2 个，104）；电池（3 个，1.5V）；发光二极管（2 个）；导线若干；电烙铁；焊锡丝；万能板；烧杯（2 个）；干燥土壤若干。

3. 认识湿敏电阻 HR202
湿敏电阻 HR202 是采用有机高分子材料制成的一种新型湿度敏感元件，如实训图 2-1

实训图 2-1　湿敏电阻 HR202

所示。湿敏电阻 HR202 具有感湿范围宽、响应迅速、抗污染能力强、无须加热清洗、长期稳定性好等优点，可用于大气环境监测、工业过程控制等应用领域。

湿敏电阻 HR202 的湿度测量范围为 20%～90%RH，湿度检测精度为±5%RH，使用温度范围为 0～60℃，建议保存温度为 10～40℃。湿敏电阻 HR202 的相对湿度-阻抗特性见实训表 2-1。测量电阻时使用 LCR 交流电桥进行测量。

实训表 2-1　湿敏电阻 HR202 的相对湿度-阻抗特性

相对湿度	温度												
	0℃	5℃	10℃	15℃	20℃	25℃	30℃	35℃	40℃	45℃	50℃	55℃	60℃
20%RH	—	—	—	10MΩ	6.7MΩ	5MΩ	3.9MΩ	3MΩ	2.4MΩ	1.75MΩ	1.45MΩ	1.15MΩ	970kΩ
25%RH	—	10MΩ	7MΩ	5MΩ	3.4MΩ	2.6MΩ	1.9MΩ	1.5MΩ	1.1MΩ	880kΩ	700kΩ	560kΩ	450kΩ
30%RH	6.4MΩ	4.6MΩ	3.2MΩ	2.3MΩ	1.75MΩ	1.3MΩ	970kΩ	740kΩ	570kΩ	420kΩ	340kΩ	270kΩ	215kΩ
35%RH	2.9MΩ	2.1MΩ	1.5MΩ	1.1MΩ	850kΩ	630kΩ	460kΩ	380kΩ	280kΩ	210kΩ	170kΩ	150kΩ	130kΩ
40%RH	1.4MΩ	1.0MΩ	750kΩ	540kΩ	420kΩ	310kΩ	235kΩ	190kΩ	140kΩ	110kΩ	88kΩ	70kΩ	57kΩ
45%RH	700kΩ	500kΩ	380kΩ	280kΩ	210kΩ	160kΩ	125kΩ	100kΩ	78kΩ	64kΩ	50kΩ	41kΩ	34kΩ
50%RH	370kΩ	260kΩ	200kΩ	150kΩ	115kΩ	87kΩ	69kΩ	56kΩ	45kΩ	38kΩ	31kΩ	25kΩ	21kΩ
55%RH	190kΩ	140kΩ	110kΩ	84kΩ	64kΩ	49kΩ	39kΩ	33kΩ	27kΩ	24kΩ	19.5kΩ	17kΩ	14kΩ
60%RH	105kΩ	80kΩ	62kΩ	50kΩ	39kΩ	31kΩ	25kΩ	20kΩ	17.5kΩ	15kΩ	13kΩ	11kΩ	9.4kΩ
65%RH	62kΩ	48kΩ	37kΩ	30kΩ	24kΩ	19.5kΩ	16kΩ	13kΩ	11.5kΩ	10kΩ	8.6kΩ	7.6kΩ	6.8kΩ
70%RH	38kΩ	30kΩ	24kΩ	19kΩ	15.5kΩ	13kΩ	10.5kΩ	9kΩ	8kΩ	7kΩ	6kΩ	5.4kΩ	4.8kΩ
75%RH	23kΩ	18kΩ	15kΩ	12kΩ	10kΩ	8.4kΩ	7.2kΩ	6.2kΩ	5.6kΩ	4.9kΩ	4.2kΩ	3.8kΩ	3.4kΩ
80%RH	15.5kΩ	12kΩ	10kΩ	8kΩ	7kΩ	5.7kΩ	5kΩ	4.3kΩ	3.9kΩ	3.4kΩ	3kΩ	2.7kΩ	2.5kΩ
85%RH	10.5kΩ	8.2kΩ	6.8kΩ	5.5kΩ	4.8kΩ	4kΩ	3.5kΩ	3.1kΩ	2.8kΩ	2.4kΩ	2.1kΩ	1.9kΩ	1.8kΩ
90%RH	7.1kΩ	5.3kΩ	4.7kΩ	4kΩ	3.3kΩ	2.8kΩ	2.5kΩ	2.2kΩ	2kΩ	1.8kΩ	1.55kΩ	1.4kΩ	1.3kΩ

4. 实训步骤

1）按实训图 2-2 所示电路连接电路。注意：湿敏电阻 HR202 应探出万能板一定长度，以便测量。

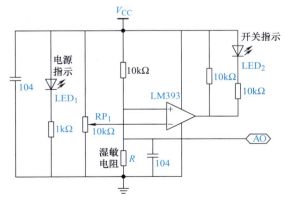

实训图 2-2　湿敏电阻实训电路

2）1 号烧杯装入干土，倒适量水并搅拌均匀，在土壤中间留出小槽，将湿敏电阻

HR202 置于槽内。调节可变电阻器 RP$_1$，使得发光二极管 LED$_2$ 从暗到亮，即表示已设置好要达到的湿度值。

3）2 号烧杯装入干土，土壤中间留出小槽。将湿敏电阻 HR202 置于槽内，因为未达到设定湿度值，发光二极管 LED$_2$ 不亮，开启灌溉模式。缓慢往烧杯中注入水使土壤湿度均匀，直到发光二极管 LED$_2$ 点亮，说明达到设定湿度，灌溉结束。

4）如果想获得更加精准的输出信号，可将模拟量输出端 AO 与 A/D 转换模块相连。

实训 3　简易酒精检测仪的制作与调试

人饮酒后，酒精通过消化系统被人体吸收，经过血液循环，约有 90% 的酒精通过肺部呼气排出。本实训模拟酒精的呼气检测，通过发光二极管点亮的个数（总共 10 个）表示酒精浓度的高低。

1. 实训目的

1）更好地了解气敏传感器的结构和特点。

2）掌握直流稳压电路、气敏传感器测量电路的搭建。

3）锻炼学生分析问题、解决问题的能力。

2. 实训器材

酒精气敏传感器（1 个，型号 MQ-3）；电池（1 个，型号 6F22，电压 9V）；稳压电源（1 个，7805）；电阻（1 个，24kΩ）；电阻（1 个，15kΩ）；可变电阻器（1 个，180kΩ）；电解电容（1 个，100μF，16V）；电解电容（1 个，10μF，16V）；发光二极管集成驱动器（1 个，LM3914）；发光二极管（10 个，φ5mm）；白酒（38% vol，20mL）；白酒（52% vol，20mL）；酒精（75%，20mL）；酒精（95%，20mL）；干棉球若干；万能板；细导线若干；电烙铁；焊锡丝。

3. 认识酒精气敏传感器

酒精气敏传感器 MQ-3 由微型氧化铝陶瓷管、二氧化锡敏感层、测量电极和加热器构成。敏感元件固定在塑料或不锈钢制成的腔体内，加热器为气敏元件提供必要的工作条件。封装好的气敏元件有 6 个引脚，4 个用于信号输出，2 个用于提供加热电流。其中，H-H 表示加热极（如 5V），A-A、B-B 表示敏感元件的 2 个信号输出极，如实训图 3-1 所示。

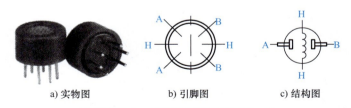

a) 实物图　　　　　　b) 引脚图　　　　　　c) 结构图

实训图 3-1　酒精气敏传感器 MQ-3

二氧化锡在清洁空气中的电导率较小。当传感器所处环境中存在酒精蒸气时，传感器的电导率随空气中酒精气体浓度的增大而增大。传感器 MQ-3 可以抵抗汽油、烟雾、水蒸气的干扰，灵敏度高、稳定性好、可重复使用、使用寿命长。

4. 实训步骤

1）首先，检测酒精气敏传感器 MQ - 3 的好坏。用万用表的电阻档检测传感器 MQ - 3 A、B 引脚之间的电阻，应该大于 20MΩ；然后给传感器的 H - H 引脚两端加上 5V 电压，开始加热几秒钟后，A、B 引脚间电阻应急剧下降到 1MΩ 以下，然后又逐渐上升至 20MΩ 以上并保持稳定。

然后，将酒精棉靠近传感器 MQ - 3，A、B 引脚间的电阻立刻降到 1～0.5MΩ；将酒精棉移开 15～40s 后，A、B 引脚间的电阻应该又恢复至大于 20MΩ。

满足以上条件，说明 MQ - 3 没有质量问题。

2）按照实训图 3-2 所示电路搭建电路。7805 输出稳定的 5V 电压作为 MQ - 3 和 LM3914 的共同电源，同时也作为 10 个共阳极发光二极管的电源。

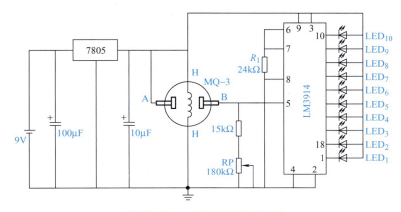

实训图 3-2　酒精检测实训电路

MQ - 3 的输出信号送到 LM3914 的引脚 5，通过比较放大，驱动发光二极管。输入灵敏度可通过可变电阻器 RP 调节，电阻减小时灵敏度下降，电阻增大时灵敏度增大。将 LM3914 的引脚 6 与引脚 7 短接，并串联电阻 R_1 接地，R_1 阻值的大小将影响发光二极管的亮度。

3）用干棉球蘸足 38% vol 白酒并移到传感器 MQ - 3 前，观察发光二极管点亮的数量。

4）移开酒精棉 15～40s 后，再用干棉球蘸足 52% vol 白酒移到传感器 MQ - 3 前，观察发光二极管点亮的数量。再重复该步骤两次，分别观察 75% 酒精、95% 酒精使发光二极管点亮的数量。将观察值记录在实训表 3-1 中。

实训表 3-1　数据记录表

被测酒精	38% vol 白酒	52% vol 白酒	75% 酒精	95% 酒精
LED 亮灯数量				

实训 4　电容触摸按键的制作与调试

触摸屏以其易于使用、坚固耐用、反应速度快、节省空间等优点，在很多场合代替了传统按键，应用越来越广泛。本实训通过基于变面积型电容式传感器的触摸按键来控制发光二极管的亮暗。

1. 实训目的

1）更好地了解电容式传感器的结构和特点。

2）掌握电容式传感器的电路连接、调试方法及注意事项。

3）锻炼学生分析问题、解决问题的能力。

2. 实训器材

电容触摸模块（1个，或者用 TTP223－BA6 芯片、电阻、电容自己搭建）；电源（5V，可由 7805 稳压电源输出）；电阻（1个，560Ω）；电阻（1个，10kΩ）；发光二极管（1个，φ5mm）；细导线若干；电烙铁；焊锡丝；万能板。

3. 认识电容触摸按键

TTP223－BA6 芯片是具有触摸按键功能的集成电路，是基于变面积型电容式传感器开发的。该芯片有 6 个引脚，其中，引脚 1 为输出信号线，引脚 2 接电源负极，引脚 3 接触摸板，引脚 5 接电源正极。另外，引脚 4（AHLB）与引脚 6（TOG）可以设置 TTP223－BA6 的引脚模式，见实训表 4-1。

实训表 4-1　TTP223－BA6 引脚模式选择

TOG	AHLB	引脚模式选择
不焊接	不焊接	直接模式，高电平有效
不焊接	焊接	直接模式，低电平有效
焊接	不焊接	触发模式，上电状态为 0
焊接	焊接	触发模式，上电状态为 1

可以按实训图 4-1a 所示电路搭建 TTP223－BA6 芯片的外围工作电路，也可以直接购买电容触摸模块，实物如实训图 4-1b 所示。电容触摸模块引出 3 个引脚，引脚 1 为信号输出，引脚 2 为电源正极，引脚 3 为电源负极。TTP223－BA6 芯片的 TOG 和 AHLB 引脚在模块中都制作成不连续的焊点，根据需要的引脚模式选择是否将焊点焊接短路。

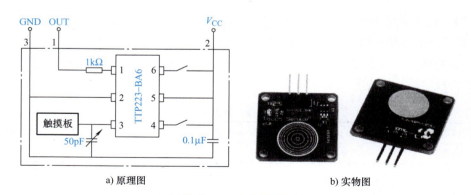

a) 原理图　　　　　　　　　　　　b) 实物图

实训图 4-1　电容触摸模块

4. 实训步骤

1）将电容触摸模块上的 AHLB 引脚焊点焊接，TOG 引脚焊点不焊接，即选择 TTP223-

210

BA6 芯片的引脚模式为直接模式，低电平有效。如果此时电容触摸模块有信号输出，引脚 1（OUT）将输出低电平。

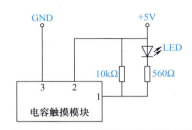

实训图 4-2　电容触摸模块实训电路

2）按实训图 4-2 所示电路搭建电路。电源接通后需要至少 0.5 s 的稳定时间，此时间段内不要触摸电容触摸模块。

3）第一次触摸电容触摸模块后，观察发光二极管 LED 的亮暗。第二次触摸电容触摸模块后，观察发光二极管 LED 的亮暗。多次触摸，将实训结果记录在实训表 4-2 中。

实训表 4-2　数据记录表

触摸次数	1	2	3	4
LED 亮暗				

4）思考如何设计电路，用电容触摸模块实现家用台灯的触摸开与关。

实训 5　压电式简易门铃的制作与调试

门铃为千家万户带来了便利，门铃的种类也多种多样。压电陶瓷片作为一种电子发音元件，由于结构简单、造价低廉，被广泛用于玩具、发音电子表、电子仪器、电子钟表、定时器等电子产品。本实训使用压电陶瓷片制作简易门铃。

1. 实训目的
1）更好地了解压电式传感器的结构和特点。
2）更好地掌握压电式传感器检测电路的搭建与调试。
3）锻炼学生分析问题、解决问题的能力。

2. 实训器材
压电陶瓷片（1 片，型号 HTD27A－1）；电池（2 个，5 号电池，电压 1.5V）；电容（1 个，470pF）；电解电容（1 个，47μF）；晶体管（1 个，9014）；晶体管（1 个，9015）；电阻（1 个，470Ω）；电阻（1 个，100kΩ）；万用表；细导线若干；502 胶；电烙铁、焊锡丝；万能板。

3. 认识压电陶瓷片
压电陶瓷是一类具有压电特性的陶瓷材料。其是人工制造的多晶体压电材料，在原始陶瓷上施加外电场时，电畴的极化方向发生转动，趋向于按外电场方向的排列，从而使材料得到极化。若外电场强度大到使材料的极化达到饱和的程度（即所有电畴极化方向都整齐地与外电场方向一致），当外电场去掉后，电畴的极化方向基本不变，即剩余极化强度很大，这时的材料才具有压电特性。

极化处理后，陶瓷材料内部存在有很强的剩余极化，当陶瓷材料受到外力作用时，电畴的界限发生移动，电畴发生偏转，从而引起剩余极化强度的变化，因而在垂直于极化方向的平面上将出现极化电荷的变化。

压电陶瓷的压电系数比石英晶体大得多，因此采用压电陶瓷制作的压电式传感器的灵敏度较高。

如实训图 5-1 所示，HTD27A－1 型压电陶瓷片是一种电子发音元件，金属片和镀银层为它的两个电极，在两个电极中间放入压电陶瓷介质材料，当在两片电极上面接交流音频信号时，压电陶瓷片会根据信号的频率大小产生振动，进而发出相应的声音。金属圆片的直径为 27mm，压电陶瓷圆片的直径为 20mm。

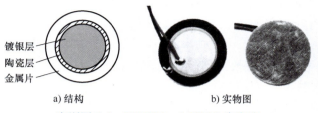

镀银层
陶瓷层
金属片

a) 结构　　　　　　　　b) 实物图

实训图 5-1　HTD27A－1 型压电陶瓷片

4. 实训步骤

1）判断压电陶瓷片的好坏。将指针式万用表拨至直流电压 2.5V 档，万用表的红、黑表笔分别接压电陶瓷片的两个电极。用手指稍用力压一下陶瓷片，随即放松，压电陶瓷片上就先后产生两个极性相反的电压信号。万用表的指针先是向零点一侧偏转，接着返回零位，又向零点另一侧偏转。在压力相同的情况下，摆幅越大，压电陶瓷片的灵敏度越高。若表针不动，说明压电陶瓷片内部漏电或者有破损。

2）按实训图 5-2 所示电路搭建电路，其中压电陶瓷片可用 502 胶将有引出线的一面固定在万能板上。该电路中，晶体管组成放大电路，压电陶瓷片既是反馈元件，又是发音元件。电阻 R_1 是 VT$_1$ 的偏置电阻，其阻值的大小一方面决定着电路的工作电流，同时对发音音调的高低也有很大影响。R_1 阻值增大，压电陶瓷片发声音调变低；R_1 阻值减小，压电陶瓷片发声音调变高。电容 C_1 是 VT$_1$ 的负反馈电容，改变其容量大小可以改变压电陶瓷片的发声音色。

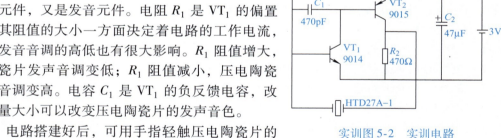

实训图 5-2　实训电路

3）电路搭建好后，可用手指轻触压电陶瓷片的金属面，观察不同力度下压电陶瓷片的发声区别。

4）调节 R_1 阻值，观察受力相同情况下压电陶瓷片的发声区别。

实训 6　温度控制开关的制作与调试

温度控制开关是根据温度的变化产生导通或者断开动作的自动控制元件。温度控制开关在家电和电子设备中的应用非常多，例如空调、饮水机、热水器和冰箱都能根据实时温度进行控制。本实训通过热敏电阻来实现温度控制开关的功能。

1. 实训目的

1）观察、了解热敏电阻的结构和特点。

2）掌握热敏电阻温控开关的测量电路和工作原理。

3）锻炼学生分析问题、解决问题的能力。

2. 实训器材

热敏电阻（1 个，型号 MF11－102）；电池（2 个，5 号电池，电压 1.5V）；电阻（1 个，15kΩ）；电阻（1 个，390kΩ）；电阻（1 个，6.8kΩ）；可变电阻器（1 个，10kΩ）；晶体管（2 个，NPN，9014）；晶体管（1 个，PNP，9012）；发光二极管（1 个，φ5mm）；暖壶（1 个）；烧杯（1 只）；导线若干；电烙铁；焊锡丝。

3. 认识热敏电阻 MF11－102

MF11 系列热敏电阻参数见实训表 6-1。

实训表 6-1   MF11 系列热敏电阻参数

规　格	标称阻值 /Ω	规　格	标称阻值 /Ω	规　格	标称阻值 /kΩ	规　格	标称阻值 /kΩ
MF11－050	5	MF11－121	120	MF11－152	1.5	MF11－153	15
MF11－100	10	MF11－201	200	MF11－202	2	MF11－203	20
MF11－150	15	MF11－221	220	MF11－222	2.2	MF11－303	30
MF11－200	20	MF11－271	270	MF11－272	2.7	MF11－503	50
MF11－220	22	MF11－331	330	MF11－332	3.3	MF11－104	100
MF11－270	27	MF11－391	390	MF11－392	3.9	MF11－124	120
MF11－330	33	MF11－471	470	MF11－472	4.7	MF11－154	150
MF11－390	39	MF11－501	500	MF11－502	5	MF11－204	200
MF11－470	47	MF11－561	560	MF11－562	5.6	MF11－304	300
MF11－500	50	MF11－681	680	MF11－682	6.8	MF11－504	500
MF11－680	68	MF11－821	820	MF11－822	8.2	MF11－105	1000
MF11－820	82	MF11－102	1000	MF11－103	10	—	—
MF11－101	100	MF11－122	1200	MF11－123	12	—	—

实训用到的 MF11－102 型热敏电阻是负温度系数热敏电阻，实物如实训图 6-1 所示，标称阻值为 1kΩ，径向引线树脂涂装，使用温度范围为 －55 ～125℃。MF11 系列热敏电阻可用于一般精度的温度测量和温度控制，也可用于电子电路、计量设备、仪表线圈、集成电路、石英晶体振荡器的温度补偿。

4. 实训步骤

1）按实训图 6-2 所示电路搭建电路。

实训图 6-1   MF11－102 型热敏电阻实物

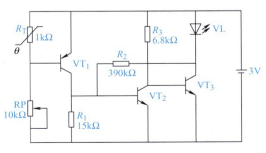

实训图 6-2   实训电路

2）调节可变电阻器 RP，使之阻值由大变小，调节至发光二极管 VL 刚好不亮为止。此时，晶体管 VT_1 导通、VT_2 导通、VT_3 截止。

3）将热敏电阻 R_T 贴在装开水的烧杯外壁，几秒钟后，观察发光二极管的亮暗。当热敏电阻的温度升高时，其阻值就会减小，使晶体管 VT_1 截止、VT_2 截止、VT_3 导通。

4）移开烧杯使热敏电阻慢慢冷却，观察发光二极管的亮暗。

实训 7   转速测量装置的制作与调试

电动机在工业中应用广泛，为了能方便地对电动机进行控制、监视及调速，有必要对电动机的转速进行测量，从而提高自动化程度。本实训通过霍尔式传感器来模拟电动机的转速测量原理。

1. 实训目的

1）更好地了解霍尔式传感器的结构和特点。

2）掌握霍尔式传感器的安装、电路连接、调试方法及注意事项。

3）锻炼学生分析问题、解决问题的能力。

2. 实训器材

钕铁硼强力磁铁（1 个，8mm 直径、3mm 厚，NS 极在最大两个面上）；霍尔模块（1 个；或者用 ES3144 霍尔式传感器、LM393 芯片、电阻搭建）；电源（5V，可由 7805 稳压电源输出）；电阻（1 个，560Ω）；电阻（1 个，10kΩ）；发光二极管（1 个，φ5mm）；饮料瓶盖；牙签；502 胶；细导线若干；电烙铁；焊锡丝；万能板。

3. 认识霍尔式传感器

ES3144 霍尔式传感器又称单极霍尔效应开关，该芯片有 3 个引脚，如实训图 7-1 所示。将芯片印字面朝向观察者，从左到右的引脚分别为 1、2、3。其中，引脚 1 接电源正极，引脚 2 接电源负极，引脚 3 为输出信号线。当磁极 S 靠近 ES3144 印字的一面时，引脚 3 输出低电平，当磁极 S 撤离后，引脚 3 输出高电平；当磁极 N 靠近 ES3144 无字的一面时，引脚 3 输出低电平，当磁极 N 撤离后，引脚 3 输出高电平。因此在安装时，ES3144 的磁感应面（芯片印字面）和控制磁极要做好相应的设置。

实训图 7-1　ES3144 霍尔式传感器

4. 认识霍尔模块

可以按实训图 7-2a 所示电路搭建 ES3144 芯片的外围工作电路，也可以直接购买霍尔模块，其实物如实训图 7-2b 所示。霍尔模块引出 4 个引脚，引脚 1 为数字信号输出，引脚 2 为电源正极，引脚 3 为电源负极，引脚 4 为模拟信号输出。

5. 实训步骤

1）在饮料瓶盖圆心处打孔，插入牙签，使牙签能带动瓶盖自由转动。将钕铁硼强力磁铁 N 极用 502 胶粘在饮料瓶盖一侧，使得 S 极朝外。

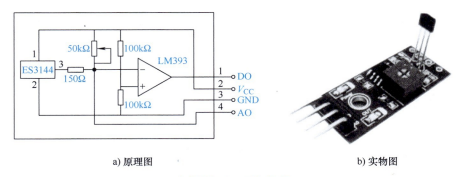

a) 原理图   b) 实物图

实训图 7-2   霍尔模块

2）按照实训图 7-3a 所示电路搭建电路。

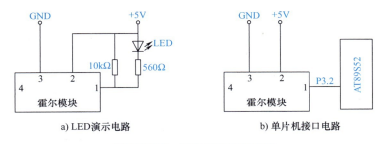

a) LED 演示电路   b) 单片机接口电路

实训图 7-3   霍尔模块实训电路

3）将霍尔模块的 ES3144 芯片印字的一面对准饮料瓶盖侧面的钕铁硼强力磁铁，距离 3mm 以内。缓慢转动牙签，带动瓶盖转动，观察发光二极管 LED 的亮暗程度。将 LED 亮的次数与旋转圈数的关系记录在实训表 7-1 中。

实训表 7-1   数据记录表

瓶盖旋转圈数	1	2	3	4
LED 亮的次数				

4）当加快旋转速度时，LED 发光变化现象变得不明显，可将霍尔模块的信号输出接单片机的 P3.2 引脚，通过外部中断 INT0 记录脉冲个数，定时器记录时间，从而计算出转速，接口电路如实训图 7-3b 所示。

实训 8   简易光控灯的制作与调试

光控灯的应用范围很广，如街道的自动路灯、住宅的走廊灯、学习用的自动调光灯等。光控灯能够根据光照实际情况来控制灯的开关，既可避免定时开灯造成的电能浪费，又可减少人力的投入。本实训通过光敏电阻的电路设计，实现光控灯的功能。

1. 实训目的

1）更好地掌握光敏电阻的结构、特性和应用电路。

2）锻炼学生分析问题、解决问题的能力。

2. 实训器材

光敏电阻（MG45）；发光二极管（φ10mm）；电阻（1个，1kΩ）；电阻（1个，100Ω）；电阻（1个，220Ω）；可变电阻器（1个，50kΩ）；晶体管（NPN，9013）；电池（3个，1.5V）；万用表；细导线若干；电烙铁；焊锡丝；黑纸片；毫安表。

3. 认识光敏电阻

用于制造光敏电阻的材料主要是金属的硫化物、硒化物和碲化物等半导体。通常采用涂敷、喷涂、烧结等方法在绝缘衬底上制作很薄的光敏电阻体及梳状电极，然后接出引线，封装在具有透明镜的密封壳体内，以免受潮影响其灵敏度。

光敏电阻的结构如实训图8-1a所示，在黑暗的环境中，它的电阻值很高。当受到光照时，只要光子能量大于半导体材料的禁带宽度，则价带中的电子吸收光子能量后就可跃迁到导带，并在价带中产生一个带正电荷的空穴，这种由光照产生的电子–空穴对增加了半导体材料中载流子的数目，使其电阻率变小，从而造成光敏电阻阻值下降，且光照越强，阻值越小。入射光消失后，由光子激发产生的电子–空穴对将逐渐复合，光敏电阻的阻值也将逐渐恢复原值。

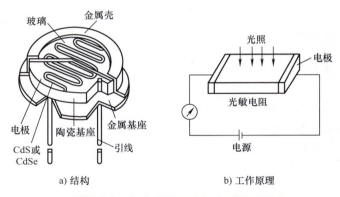

实训图 8-1　光敏电阻的结构及其工作原理

如实训图8-1b所示，在光敏电阻两端的金属电极之间加上电压，电阻中便有电流通过。当光敏电阻受到适当波长的光线照射时，其阻值会变小，电流随光照强度的增加而变大。根据电流表测出的电流变化值，便可得知照射光线的强弱，从而实现光电转换。光敏电阻没有极性，纯粹是一个电阻元件，使用时既可加直流电压，也可加交流电压。

4. 实训步骤

1）光敏电阻的检测。将光敏电阻置于阳光下，用万用表测量光敏电阻的亮电阻值；用黑纸片遮住光敏电阻的感光面，用万用表测量光敏电阻的暗电阻值。将数据记录在实训表8-1中。如果遮光前后万用表的读数变化不大，则说明光敏电阻的灵敏度较低或已失效。

实训表 8-1　数据记录表

亮电阻值/Ω	
暗电阻值/Ω	

2）按照实训图8-2所示电路搭建电路。

3）测量光敏电阻的伏安特性。将光敏电阻置于阳光下，用黑纸片遮住光敏电阻感光面的一半，并且保持好。由于光敏电阻与 RP 分压，缓慢调节可变电阻器 RP，在某一范围内，晶体管 VT 始终处于放大工作状态。调节 RP 过程中，测量 3 组光敏电阻端电压值和流过的电流值，记录在实训表 8-2 中。

4）演示简易光控灯。调节可变电阻器 RP，使发光二极管 LED 处于微亮状态。用黑纸片缓缓遮住光敏电阻，观察发光二极管的亮度变化。

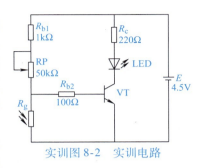
实训图 8-2　实训电路

实训表 8-2　数据记录表

电压/V			
电流/mA			
计算电阻值/Ω			

实训 9　人体感应装置的制作与调试

人体感应在自助银行、自动灯具、安全监控、保险装置、智能家居等领域中的应用越来越广泛。人体感应的方法有很多种，本实训通过热释电红外传感器进行实验。

1. 实训目的

1）更好地了解热释电红外传感器的结构和特点。
2）掌握热释电红外传感器的电路连接、调试方法及注意事项。
3）锻炼学生分析问题、解决问题的能力。

2. 实训器材

HC-SR501 人体感应模块（1 个；或者用 LHI778 热释电红外传感器、菲涅尔透镜及其他电子元器件搭建）；电源（5V，可由 7805 稳压电源输出）；电阻（1 个，220Ω）；发光二极管（1 个，ϕ5mm）；万能板；细导线若干；电烙铁；焊锡丝；螺钉旋具。

3. 认识热释电红外传感器

LHI778 是一款热释电红外传感器，它采用双灵敏元互补方法抑制温度变化产生的干扰，稳定性高。LHI778 实物如实训图 9-1 所示。

可以搭建 LHI778 的外围工作电路，也可以直接购买人体感应模块 HC-SR501。HC-SR501 模块包括热释电红外传感器 LHI778、菲涅尔透镜和外围工作电路，如实训图 9-2 所示。模块有 3 个引脚：引脚 1 接电源正极；引脚 2 为信号输出线；引脚 3 接电源负极。

HC-SR501 模块通过跳线选择可设置为两种触发方式：第一种是不可重复触发方式，即感应输出高电平后，延时时间段一结束，输出将自动从高电平变成低电平；第二种是可重复触发方式，即感应输出高电平后，

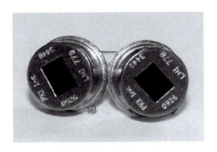
实训图 9-1　热释电红外传感器 LHI778 实物

a) 实物图   b) 拆解图

实训图 9-2　人体感应模块 HC‑SR501

在延时时间段内，如果有人体在其感应范围内活动，其输出将一直保持高电平，直到人离开后才延时将高电平变为低电平。

HC‑SR501 模块上有两个可调电位器：第一个是调节距离的距离电位器，感应距离为 3~7m；第二个是调节延时时间的延时电位器，延时时间为 0.5~300s。

4. 实训步骤

1）通过跳线选择 HC‑SR501 模块的触发方式为不可重复触发方式。分别用螺钉旋具调节好距离电位器和延时电位器，使得感应距离和延时时间为合适值。

2）按实训图 9-3 所示搭建电路。

3）电路接通电源后，会有 1min 的初始化时间，在此期间模块会间隔输出 0~3 次，1min 后进入待机状态。应尽量避免灯光等干扰源近距离直射模块表面的透镜，以免引进干扰信号产生误动作。使用环境尽量避免有风，因为风会对感应器造成干扰。

4）分别做实训表 9-1 中的几种动作，观察发光二极管 LED 的亮暗，将实训结果记录在本表中。注意，在两次动作中间留有一定时间。

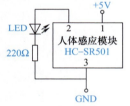

实训图 9-3　人体感应模块的实训电路

实训表 9-1　数据记录表

动作	走近传感器	静止站在传感器前	在传感器前摆手	离开传感器
LED 亮暗				

实训 10　模拟工业物料分拣装置的制作与调试

光纤传感器可以实现分辨黑白小球的功能。本实训通过光纤传感器对黑白小球的分辨，来模拟工业生产中的物料分拣过程。

1. 实训目的

1）更好地了解光纤传感器的结构、特点及电路连接方法。

2）掌握光纤放大器的设置方法和调节方法。

3）锻炼学生分析问题、解决问题的能力。

2. 实训器材

光纤传感器（1个，欧姆龙牌，型号 E3X－NA11）；光电耦合器（1个，P521）；电阻（1个，1.5kΩ）；电阻（1个，560Ω）；电阻（1个，10kΩ）；直流电源（24V）；直流电源（5V）；发光二极管（1个，φ5mm）；黑色小球（1个）；白色小球（1个）；导线若干；螺钉旋具（1把，一字槽）。

3. 认识光纤传感器

欧姆龙 E3X－NA11 光纤传感器由光纤和光纤放大器两部分组成，如实训图 10-1 所示。在光纤放大器的一端有 3 根引出线，蓝色、棕色为电源线，黑色为信号线。光纤放大器的另一端有两个固定的插孔，用于将光纤插入并且固定。

光纤放大器的设置面板如实训图 10-2 所示。光纤放大器的灵敏度调节范围较大，当光纤传感器灵敏度调得较小时，对反射性较差的黑色物体，光电探测器无法接收到反射信号；而对反射性较好的白色物体，光电探测器可以接收到反射信号。反之，若调高光纤传感器的灵敏度，则即使对反射性较差的黑色物体，光电探测器也可以接收到反射信号。

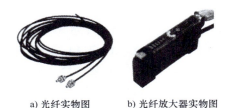

a) 光纤实物图   b) 光纤放大器实物图

实训图 10-1　欧姆龙 E3X－NA11 光纤传感器的组成

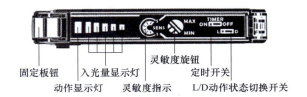

固定板钮　入光量显示灯　灵敏度旋钮　定时开关
动作显示灯　灵敏度指示　L/D 动作状态切换开关

实训图 10-2　光纤放大器的设置面板

将 L/D 动作状态切换开关打到 L 档时，如果光电探测器收到反射信号，则光纤信号输出为低电平；将 L/D 动作状态切换开关打到 D 档时，如果光电探测器收到反射信号，则光纤信号输出为高电平。

4. 实训步骤

1）将光纤传感器的棕色、蓝色引线分别接 24V 电源的正、负极。

2）将光纤插入光纤放大器的插孔内并固定好，两根光纤探头保持平行。

3）调节灵敏度旋钮，使得黑球对准光纤探头时，入光量显示灯五灯全暗或者只亮一灯；并且白球对准光纤探头时，入光量显示灯亮三个以上。

4）将 L/D 动作状态切换开关打到 L 档，面板设置完毕。

5）按实训图 10-3 所示电路接好电路。

6）用光纤传感器探头分别检测白色小球、黑色小球，观察发光二极管 LED 的亮暗。将实训结果记录到实训表 10-1 中。

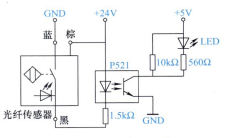

实训图 10-3　实训电路

实训表 10-1　数据记录表

物体	白色小球	黑色小球
LED 亮暗		

7）思考：光纤传感器的黑色信号线为何不能直接接到发光二极管 LED 上？

实训 11　基于 LabVIEW 的霍尔磁性开关电机转速测量

磁体接近霍尔元件时，霍尔元件就会发出一个信号，该信号经放大、整形得到脉冲信号，两个脉冲的间隔时间即为周期，通过周期就可以计算出转速。

1. 实训目的

1）学习 LabVIEW 软件的使用。

2）了解霍尔磁性开关的工作原理。

3）掌握使用霍尔磁性开关进行电机转速测量的方法。

2. 实训器材

计算机（1 台）；LabVIEW 软件（1 套，8.6 或以上版本）；LabVIEW 实验脚本（1 套，CS3020 霍尔磁性开关的应用——电机转速测量）；传感器开放电路实验模块（1 套，TS - OSC - 7A）；霍尔磁性开关（1 个，CS3020）；USB 多通道数据采集模块（1 套，TS - INQ - 8U）；基础实验平台（1 台，TS - TAB - B）；电阻（2 个，4.7kΩ）；发光二极管（1 个，φ5mm）；跳线（若干）。

3. 实训原理

霍尔式传感器是根据霍尔效应制作的一种磁敏传感器，当一块通有电流的金属或半导体薄片垂直地放在磁场中时，薄片的两端就会产生电动势，这种现象就称为霍尔效应。两端具有的电动势称为霍尔电动势 U_H，其表达式为

$$U_H = R_H \cdot I \cdot B/d$$

式中，R_H 为霍尔系数；I 为薄片中通过的电流；B 为外加磁场的磁感应强度；d 是薄片的厚度。

由此可见，霍尔电动势的高低与外加磁场的磁感应强度成正比。

霍尔磁性开关属于有源磁电转换器件，它是在霍尔效应原理的基础上，利用集成封装和组装工艺制作而成的，它可方便地把磁输入信号转换成实际应用中的电信号，同时又具备工业场合易操作和可靠性高的要求。

霍尔磁性开关的输入端是以磁感应强度 B 来表征的，当 B 值达到一定程度时，霍尔磁性开关内部的触发器翻转，霍尔磁性开关的输出电平状态也随之翻转。输出端一般采用晶体管输出，有 NPN、PNP、常开型、常闭型、锁存型（双极性）、双信号输出之分。

4. 实训步骤

1）关闭面板总电源开关，将传感器开放电路实验模块的电源线连接到基础实验平台的多路电源输出航空插头上。

2）将传感器开放电路实验模块的信号线连接到 USB 多通道数据采集模块的通道上。

3）实训图 11-1 所示为 CS3020 霍尔磁性开关应用电路原理图。在传感器开放电路实验模块上搭建好实训电路，霍尔式传感器的正表面应该与电机转盘上的磁铁处在同一水平面，且两者之间的距离不能太远。搭建好的电路如实训图 11-2 所示。

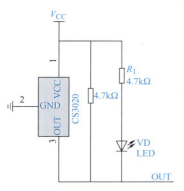

实训图 11-1　霍尔磁性开关应用电路原理图

实训图 11-2　在实验模块上搭建好实训电路

4）确定接线无误后，把 +12V、+5V 电源开关拨到"ON"位，在"TS－OSC－7A 传感器开放电路实验模块——程序 VI"文件夹中打开"CS3020 霍尔磁性开关的应用——电机转速测量 . vi"程序。

5）通道选择"5"，采样频率选择"1"，如实训图 11-3 所示，运行程序，开始电机转速的测量。

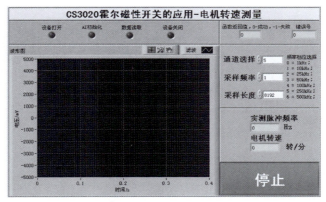

实训图 11-3　CS3020 霍尔磁性开关的应用——电机转速测量

6）把 PWM 脉宽调制模块的电源开关（S5）拨到"ON"位，把功能选择开关（S6）拨到"Motor"位。

7）调节可调电阻的阻值（即调节电机的转速），记录实验数据，填入实训表 11-1 中。

实训表 11-1　电机转速测量

实测脉冲频率/Hz						
电机转速/（r/min）						

8）单击"停止"按钮，退出程序。

9）思考：使用霍尔磁性开关进行电机转速测量的方法还可应用在哪些方面？

5. 实训注意事项

将开放式传感器电路实验主板的电源线连接到基础实验平台面板上的多路输出电源前，务必先关闭该部分电源，连接完毕后再开启电源。

参 考 文 献

［1］俞云强．传感器与检测技术［M］. 2 版．北京：高等教育出版社，2019.

［2］金发庆．传感器技术与应用［M］. 5 版．北京：机械工业出版社，2024.

［3］张青春，纪剑祥．传感器与自动检测技术［M］.北京：机械工业出版社，2018.

［4］蔡萍，赵辉，施亮．现代检测技术［M］.北京：机械工业出版社，2016.

［5］陈树学，刘萱 . LabVIEW 宝典［M］. 2 版．北京：电子工业出版社，2017.